本书为广东省哲学社会科学规划项目《成瘾：疾病模式与社会控制》（编号：GD15XGL34）成果，由广州医科大学"医学伦理学学科建设"专项经费（编号：06-410-2107123）资助出版。

# 成瘾

## 疾病模式与社会控制

韩丹◎著

陕西新华出版
陕西科学技术出版社
Shaanxi Science and Technology Press
—— 西安 ——

图书在版编目（CIP）数据

成瘾：疾病模式与社会控制／韩丹著. —西安：陕西科学技术出版社，2023.12

ISBN 978-7-5369-8833-0

Ⅰ.①成… Ⅱ.①韩… Ⅲ.①病态心理学—研究 Ⅳ.①B846

中国国家版本馆 CIP 数据核字（2023）第 194656 号

CHENGYIN：JIBING MOSHI YU SHEHUI KONGZHI

成瘾：疾病模式与社会控制

韩 丹 著

责任编辑　高　曼
封面设计　人文在线

出 版 者　陕西科学技术出版社
　　　　　西安市曲江新区登高路 1388 号陕西新华出版传媒产业大厦 B 座
　　　　　电话（029）81205187　传真（029）81205155　邮编 710061
　　　　　http：//www. snstp. com
发 行 者　陕西科学技术出版社
　　　　　电话（029）81205180　81206809
印　　刷　三河市龙大印装有限公司
规　　格　710 mm×1000 mm　16 开
印　　张　16
字　　数　280 千字
版　　次　2024 年 3 月第 1 版
　　　　　2024 年 3 月第 1 次印刷
书　　号　ISBN 978-7-5369-8833-0
定　　价　68.00 元

# 目　录

## 第一部分　理论研究

## 第二部分　实证研究

## 第三部分　应用研究

# 第一部分　理论研究

# 导　言　解构成瘾的流行观念

　　成瘾是人类社会中根深蒂固的系统性问题，是与人类文明共生的一种现象，但它在研究和治疗中往往被孤立地对待。成瘾问题的研究往往聚焦个体，脱瘾康复研究也倾向于关注个体，至多辐射到成瘾者的亲密关系圈。成瘾模式的探讨往往与社会环境和制度因素相分离。

　　成瘾分为物质成瘾和行为成瘾 2 类，在科学研究文献中，成瘾被单纯地视为一种涉及大脑特征性变化的生化紊乱，动物实验对此观点提供了许多支持性证据。面对强大的科学证据，研究人员需要注意的是，成瘾动物一般不会发生在野外，相关报道中的成瘾动物也往往特指误食发酵水果的动物。进一步来看，即使动物表现出成瘾行为和大脑的变化，但是在实验室设置的条件下，人们无法确信实验动物强迫性按杠杆或喝吗啡水的重复性行为会如同人类成瘾一样，给行为主体带来焦虑、悔恨或者心理创伤。虽然动物实验揭示了一些关于人类成瘾的奥秘，但是其所展示的现象往往局限于特发性的大脑变化和强迫性的重复行为。

　　人成瘾是涉及包括生理反应、情感、自我判断、社会关系和社会制度在内的多系统间的复杂动态交互过程。近年来，社会理论研究者开始研究导致成瘾的社会结构，他们倾向于将社会结构和制度安排视为成瘾问题的真正原因。

　　成瘾是一个过程而不是一种状态，它在本质上是一种暂时现象，涉及人的整个生命历程：一方面，成瘾者接受或拒绝使用瘾品都是暂时的；另一方面，成瘾需要时间去形成、发展和戒断。即使有人第一次尝试某种物质或活动时就沉溺其中不能自拔，他们也不会立刻成瘾。更重要的是，即使神经科学家可以描述出人类成瘾时大脑结构和功能上的变化，这些结果本身也需要解释。大脑扫描的结果是以图像的形式呈现的，影像学证据并不能提供证据证明影像记录的大脑变化是由成瘾引起的。成瘾会随着时间的推移以极其复杂的方式发展，不仅涉及大脑生化反应、精神功能障碍和行为方式，而且还可能发展为一种由人的整个生活所决定和渗透的模式。

　　不论成瘾物质是来自体内还是体外，成瘾都不仅仅是药物滥用或物质依赖。因为除了自我意识和人类社会经验之外，成瘾还有赖于一个与寻求学习和快乐相关的神经系统和神经递质的大脑。因此，使用实验动物开发的成瘾模型虽然并非毫无用处，但价值有限。例如，实验室动物不能经历概念性成瘾，因为它们缺乏必要的概念性工具，还缺乏必要的具有社会建构意义的行为和感受。值得注意的是，在人类身上，即使成瘾性因素都存在，我们也难以区分成瘾的界限在哪里。成瘾者概念的界定是由其行为塑造的，并在成瘾者进入缓解期后发生革命性的转变。有些人每天都在使用成瘾性的物质或者参与成瘾性的活动，比如赌博、暴饮暴食，但自己却感觉不到，也没有人认为他们成瘾；而另一些人只是偶尔使用成瘾性物质或从事相关行为，却感到上瘾，和他们关系亲近的人也会认为他们具有成瘾特征。

　　于是，现实生活中我们似乎面对传统哲学中的连锁悖论，即一个微小量的连续相加或相减，最后达到一个不同质的事物。这是由逻辑演绎与事实演变的差别而产生的形式思维矛盾。著名的例子有"谷堆论证"和"秃头论证"。我们知道成瘾者和非成瘾者的区别，却不知道两者的分界线到底在哪。这不仅仅是一个学术问题，也是一个技术问题。就像心理学家、神经科学家和成瘾咨询师有判断成瘾的标准、必要和充分条件，以及帮助他们将成瘾者与非成瘾者区分开来的临床指南，这些专业工具往往解决成瘾的特定方面，不同的工具将以不同的方式描述同一个对象。

　　将成瘾者与非成瘾者区分开来之所以会出现问题，部分原因是到目前为止还没有关于人类成瘾的统一且连贯的理论。从文献检索的结果来看，目前至少有 2 个主要的模型被广泛接受，一种是疾病模型，另一种是选择模型。而且这 2 种模型又衍生出许多变体，在不同的领域主导着话语权。

　　半个世纪以来，成瘾现象被广泛认为是一种疾病。受益于成像技术的进步，成瘾疾病说成为被广泛接受的观点。因为研究人员发现大脑的奖励通路可以通过反复接触瘾品和刺激活动而改变，后来还发现一些有关行为的神经递质，以及突出检测途径。长此以往，成瘾研究越来越依赖物理术语。从某种程度上来说，这种认知转变具有科学意义上的进步，因为人们越来越多地关注"疾病"的生理特征，从而减少与成瘾有关的耻辱感和指责。但这类成瘾研究的意义有没有被夸大呢？成瘾行为是造成大脑器质性变化的主要原因吗？大脑以特定方式发生改变后，人类难道就不能自我决定吗？考虑到许多有毒瘾者都成功戒断了毒瘾，答案似乎是否定的。如果大脑的变化不是行为的原因，那么研究人员对成瘾的定义是否正确呢？如果大脑发生了变化，那么人们应该根据个体经历、个体行为，还是所有这些因素来定义成瘾？尽管美国精神病学协会最新版的《精神疾病诊断与统计手册》（DSM）提到了一套吸毒导致不良后果的症状，[①]目前尚不清楚这个定义是侧重于导致产生问题的行为的症状，还是侧重于产生问题的行为。如果是前者，那么我们需要哪些症状的规范？如果行为是成瘾的关键，那么成瘾将是一种相当特殊的疾病。就像成瘾研究人员吉恩·海曼（Gene Heyman）所说的那样，这种疾病的康复不同于其他疾病的康复，比如阿尔茨海默氏症、精神分裂症、糖尿病、心脏病、癌症，等等。[②]如果成瘾是一种疾病，那么它每年都会让成千上万的人身陷囹圄，而当事人想要从这种疾病中康复，除了治疗之外，还涉及各种各样的因素。[③]

与成瘾疾病模型形成鲜明对比的是选择模型，哲学家、心理学家和行为经济学家已经发展了许多版本。将各种选择理论联系在一起的要素是合理性。这些理论家要么试图解释成瘾者如何在反复选择对他们有害的事物时是理性的，要么试图解释一个理性的人如何能够持续地选择非理性。与身体疾病模型相比，这种观点与精神疾病模型有更多共同之处，因为选择理论和精神疾病理论都认为思想或精神是独立于身体的，自由选择才是导致成瘾的原因。相比之下，身体疾病模型侧重于身体依赖和大脑变化，表明成瘾者对自己的成瘾没有那么自由。上述孤立的观点均不能够充分展现成瘾的复杂相互作用。为了理解成瘾的复杂现象，我们需要对成瘾的模式进行比过去更深入和更广泛的调查，还需要构建一个全新的解释框架。

成瘾分析必须说明心理和社会问题是如何同时成为现实的。换句话说，它必须提供某种理解身心关系的方法。根据这种观点，人们认为大脑只不过是行动中的大脑。基于这种观点提出了一个问题，即心理体验是如何发生的。然而，如果坚持身心二元论，认为心灵和身体是完全不同的东西，就会使心理成为一个谜，似乎无处不在，无法与物质世界联系。这是勒内·笛卡儿（Rene Descartes）在300年前首次提出的一个问题：如果我能够清晰地构想出自己，而不依赖于我的身体，那么似乎我的思想就是我成为我自己所

---

① American Psychiatric Association Committee on Nomenclature and Statistics. Diagnostic and Statistical Manual of Mental Disorders ［M］. 4th ed. Washington, DC: American Psychiatric Association, 1994.

② HEYMAN GENE M. Addiction and Choice: Theory and New Data ［J］. Frontiers in Psychiatry, 2013（6）: 1 – 5.

③ 截至2008年1月，美国监狱中大约有50万人因毒品犯罪而被判有罪。

需要的一切。我的身体是与我"混合"的物质，但它不是我。我是我的经验头脑。但是，如果我的身体是无可置疑的延伸物质，没有精神上的痕迹，那么我的思维和大脑（身体）如何协同工作，为我提供作为一个具体个体生活的人类经验？更重要的是，对于我们的目的，一个人，一个思想独立于身体的人，怎么会成瘾，以至于他感到被基于他自身的力量所驱使呢？这些问题的实际答案似乎会促使我们对成瘾有一种确定性的理解，因为如果所有的心理体验都是由大脑细胞或包含这些细胞的分子引起的，那么无论选择什么，都是由那些生理上微小的部分引起的。因此，根据这个论点，成瘾是大脑功能失调的表现，那么成瘾者能为脱瘾做些什么是不清楚的。不管一个人是上瘾了还是脱瘾了，似乎都是纯粹的生理原因造成的。二元论的立场似乎让成瘾成为一种自由的选择，然而，它忽略了成瘾者经常描述的那种无助感和对脱瘾的渴望。更好的解释似乎是：精神事件和身体事件之间不需要有本质的区别，情感、身体和认知元素都可以成为理解构成成瘾者生活模式的方式。

为了正确理解成瘾，我们需要反思关于成瘾的流行观念。人类思维不同于大脑的神经元、神经递质和电脉冲，它们本身就是自然的。① 心灵与身体关系的哲学问题，就像许多其他哲学难题一样，似乎源于对一种古老的、以物质为基础的形而上学的坚持。基于复杂动态系统方法的形而上学有时被描述为结构实在论，而不是基于物理对象本体论。我们需要看到成瘾不是一件孤立的事件，无论是一种思维方式还是一种生理状态，抑或是一组相互作用的生理、心理和社会模式，它们随着成瘾产生和与之相互作用的模式发生变化而发展、持续和消散。人类有意识的生活以及由此产生的问题，是嵌入我们环境中的自然过程，经历着进一步的自然涌现过程。正如笛卡儿所说，我们的心灵既不是类似灵魂的实体，也不是一种基本但未知的实体，它需要一种全新的科学来发现。人类是独一无二的、复杂的、动态的、有自我意识的有机体，从较低层次的复杂过程中涌现出来，处在一个同时塑造我们和被我们塑造的环境中。从复杂动态系统的角度理解人类成瘾，其具有涌现性特征、层次结构和杠杆点，在这些地方输入的小变化可以导致系统的大变化，这为我们提供了一个机会，看看成瘾的思维是如何改变自己的，以及成瘾过程是如何通过各种各样的方法达成的。

---

① 关于这一观点的各种陈述，参见 Stephen Stitch, Patricia Churchland, Daniel Dennett 等学者的相关论述。

　　采取形而上学的立场是本研究的关键点，它始于一个前提，即意识从物质世界中产生，但不同于整体产生于部分的方式。这种前提预设意味着情感和心理体验既不需要还原论解释，也不能简单地解释为独立事实。尽管神经科学家和哲学家尚未普遍接受这一前提预设，物理学家已经接受了涌现实体和复杂动态系统的概念。不得不承认的是，采用这种立场的优势很明显。例如，即使我们通过大脑的神经系统追踪到它单独作用的神经元，这些神经元具有特定的形状和内外化学特性，然后再进一步追踪到它们的分子构成，我们仍然无法像看到砖块如何建造建筑物一样看到物质如何创造了精神。但是有一种方法可以理解思维和大脑如何在一个单一的物理系统中相互联系，即通过把心灵想象成一个突现（涌现）的过程，由物理过程产生，但具有自主的因果关系和其他特性。假设这种涌现理论允许我们将思维理解为一个产生于更复杂的过程并对其作出贡献的过程，我们可以将成瘾理解为由更简单的生物过程组织起来，在更大的个人和社会过程中开展的过程。正如泰伦斯·迪肯（Terrence Deacon）所描述的那样，这个讨论将是"依赖于过程的过程"。① 采用这种对我们的生理和心理自我的看法，再加上一些重新配置的意义和价值概念，将使我们能够以一种不同的、远比以往更全面的方式理解成瘾。

　　采用涌现实体和复杂动态系统的前提预设意味着人们可以在不同层次的分析中解决成瘾问题，因为不存在基于成瘾根源的问题。于是，人们可以放弃寻找解决导致成瘾的原因、成瘾的体验，以及成瘾的治疗等根源性问题。本研究主张，在成瘾研究中因果关系概念本身需要认真重新思考。这一主张与现代科学并不相悖，并不会否认最近科学发展在理解神经通路、神经递质、可塑性和成瘾特征的突触变化方面的巨大重要性。本研究强调的是，对成瘾进行分析的各个组织层次，无论是就其本身，还是就其与其他组织层次的联系而言，都是有价值的。

---

　　① DEACON TERRENCE, Incomplete Nature: How Mind Emerged from Matter [M]. New York: W. W. Norton, 2012: 179.

# 第一章　成瘾的选择模型及其相关议题

我们对这个时代所面临的严重社会问题的讨论，往往集中于生态失衡、环境破坏、贫富悬殊、粮食短缺、权力匮乏、人的主体性沦丧和可行能力被剥夺等。然而，越来越多的专家提醒，不断升级的成瘾问题是人类面临的最大挑战，这不仅是因为它给个体健康和社会安全带来的沉没成本，也因为它给我们这一代人和未来带来的深远伤害。经历过去半个世纪流行的"反毒品战争"之后，关于成瘾及其相关的社会弊病已经众所皆知，人们可能会认为成瘾概念很清晰，人们达成了对成瘾相关问题的基本共识，人们看待成瘾的态度基本一致。比如"成瘾""疾病""强迫"和"康复"这样的术语如今随处可见，但是这些术语背后的含义比它们最初出现时更有问题。

在开始讨论"社会如何解决日益普遍的成瘾问题"之前，我们需要进行基础且重要的厘清工作。让我们从"成瘾是什么"这个基本问题开始。在过去50年间，出现了一种普遍不受质疑的标准化观点，即成瘾是一种精神疾病。《精神疾病诊断与统计手册》自1968年第二版发布以来，就将"成瘾"纳入其精神疾病类别。由于"成瘾"已根据世界卫生组织的疾病国际分类进行了编码，就连医疗和保险行业也"正式"接受"成瘾"与"抑郁""焦虑"和"精神分裂症"一起被定义为一种精神障碍或疾病。"正式"的意思是，尽管成瘾的疾病模式是当前的主流话语模式，来自成瘾者的证词始终表明，在社会生活层面，吸毒成瘾者一直受到嘲笑、指责和厌恶。

## 第一节　选择模型的哲学论争

就目前情况而言，将成瘾列为一种疾病的做法几乎解决不了任何实质性的问题。正如哲学家威廉·詹姆斯（William James）所指出的，命名不是一个终点，也不是一个解决方案。相反，这只是一个开始，即为一种现象命名只是打开了一扇门，让提出问题成为可能。同样，将成瘾定义为一种疾病（而不是道德瑕疵），为提出问题提供了方向，其中一些问题将深入我们关于人性和心理的基础假设。

成瘾是一种精神疾病，这意味着什么？在称之为精神疾病的情况下，我们会发现基因畸变、病毒或细菌感染、器官或系统的衰竭或缺陷。可是，在成瘾的情况下，上述大部分医学相关的成因都是不存在的。尽管关于成瘾的遗传易感性的争论已经引起了社会的广泛关注，并得到了收养研究和双胞胎研究的支持，但是并不存在导致成瘾的基因，而且先天遗传因素与可能的遗传缺陷之间的因果关系也是一个有争议的话题。然而，有人可能会以其他理由辩称，成瘾是一种疾病无疑，因为医学影像学证据显示，成瘾导致大脑功能和结构发生变化。但是，有专家不同意上述观点，如果大脑中发生的结构性或功能性变化意味着成瘾是一种精神疾病，那么毫不夸张地说，几乎所有行为都会改变大脑的结构或者功能，包括值得我们选择和追求的活动，如学习新的语言、冥想和辩论。此外，大脑的变化是身体变化的一部分，将其与精神疾病联系起来，并不像人们通常想象的那么简单和自洽。

《精神疾病诊断与统计手册》是精神病学专业的权威参考书，它应该提供一个关于成瘾的标准定义。遗憾的是，该手册没有采用定义的方法，而是提供行为标准来诊断它所谓的"物质使用障碍"，包括 2 个子类，即物质依赖和物质滥用。第一类旨在涵盖比第二类程度更严重的情况。《精神疾病诊断与统计手册》采用这样的处理方式有其合理性：一方面，对成瘾这种复杂多样、界限模糊的现象下定义不可避免地会引起争议，而且对诊断没有多大帮助。最棘手的是，思维-大脑二元论形而上学的常用定义要么是循环的，要么是不连贯的。[①] 另一方面，《精神疾病诊断与统计手册》以清单方法通过描述和枚举的方式确定成瘾，与人们对"成瘾"的惯常理解一致。综上所述，学科的权威机构并没有定义成瘾是什么。

然而，诊断的标准方法阐明了一个重要的事实，那就是没有明确的界限界定成瘾从何开始、从何结束，也没有成瘾类型的明确清单。如果当前的研究能部分解释成瘾问题，那么物质依赖和物质滥用只是迈出了成瘾研究的第

---

① 例如，有人可能会说当人觉得无法控制他自己的时候，他成瘾了。尽管当他遭受精神疾病时，他也无法自我控制。

一步。接下来有食物上瘾，① 然后还有电子游戏成瘾，② 购物成瘾，晒黑成瘾，以及其他的与物质无关的以行为模式为特征的成瘾症状。

在《精神疾病诊断与统计手册》第四版中，"物质障碍"清单所列的一系列特定成瘾中，也没有明确的界线将成瘾者与非成瘾者区分开来。根据《精神疾病诊断与统计手册》第四版，物质依赖是成瘾 2 个子类中较严重的一类，是一组认知、行为和生理症状，表明尽管存在严重的药物相关问题，但个体仍在继续使用药物。③ 尽管这个描述对于最普遍和最典型的案例来说，它似乎抓住了关键。然而，这种描述既没有描述成瘾的必要条件，也没有描述成瘾的充分条件，因为它排除了任何使用药物或酒精而没有明显物质相关问题的情况，如在早期尼古丁成瘾中发生的情况。以一名青少年的吸烟为例，他还没有经历过慢性肺病或高血压，甚至停止吸烟没有任何困难，这一事实并不能证明青少年没有成瘾的结论是正确的。进一步来看，尽管存在与瘾品有关的严重损害，但这名青少年似乎可以在一段时间内吸烟而不会上瘾。这名青少年与瘾品的关联可能涉及他与校方或家长的关系，青少年使用瘾品的根源可能在于反抗，而不是成瘾。

《精神疾病诊断与统计手册》第五版进行修订，包括添加了"行为成瘾"类别，同时列出当前的"物质滥用"和"物质依赖"子类别，以支持新类别"成瘾和相关疾病"。随着成瘾研究日益受到重视，成瘾现象涵盖的范围也随之扩大。我们甚至无法预测 50 年后，什么才算成瘾，因为成瘾的边界一直在改变。

如果成瘾是一种疾病，那么我们需要弄清楚成瘾的原因和类型。

## 一、选择理论

成瘾的类型谱系的一端是选择理论。心理学家吉恩·海曼在其著作《成瘾：一种选择障碍》（*Addiction：A Disorder of Choice*）中直接地提出了这个理论。根据海曼的观点，《精神疾病诊断与统计手册》第四版对成瘾的解释关键组成部分是上文提到的"行为标准"，即尽管存在严重的物质相关问

---

① GEARHARDT A. N, YOKUM S, ORR P. T, et al. Neural Correlates of Food Addiction [J]. Archives of General Psychiatry, 2011, 68 (8): 808 – 816.

② HELLMAN MATILDA, SCHOENMAKERS TM, NORDSTROM BRT, et al. Is There Such a Thing as Online Video Game Addiction? Across-Disciplinary Review [J]. Addiction Research and Theory, 2013, 21 (2): 102 – 112.

③ American Psychiatric Association Committee on Nomenclature and Statistics. Diagnostic and Statistical Manual of Mental Disorders [M]. 4th ed. Washington, DC: American Psychiatric Association, 1994: 176.

题，个人仍继续使用药物。因此，行为，而不是表明这种行为的一系列生理和认知症状，是成瘾概念的关键。海曼主张，使用瘾品是自愿的，也是理性的，无论是成瘾的遗传易感性，还是慢性滥用某些瘾品所带来的神经变化，都无法否认这个事实。据4项大型流行病学调查的结果显示，大多数吸毒者在30多岁时就停止吸食毒品，没有寻求治疗。他认为这很可能是因为成年人的责任、激励、惩罚和强调清醒的文化价值观。① 也就是说，成瘾者自由地、有理由地选择他们的成瘾行为。因为当动机改变时，行为也会改变，至少在没有其他精神障碍的情况下是如此。因此，当成瘾者可以控制他们自己的时候，却选择不控制，只能表明瘾品的效用对他们是有吸引力的。海曼引用的研究表明，在其他条件相同的情况下，当效用发生变化时，行为也会发生变化。

这也许正是关键所在：对于那些可能被贴上"成瘾"标签的人来说，除了成瘾这个问题之外，他们其他方面的境遇与普通人是否相同？例如，那些在医疗机构寻求成瘾治疗的人往往比那些没有求医的人更难以实现和保持戒断，并且还可能因为一些其他的精神疾病的非成瘾药物导致成瘾者的临床治疗以失败告终。被诊断为物质依赖，也符合另一种精神疾病诊断的患者，其人数可能是单一病种寻求治疗人数的2倍多，而这个数字还是保守的。② 那么问题来了，为什么那么多没有复杂诊断的人在35岁左右就戒掉了毒品。这么高的脱瘾率到底意味着什么呢？度过了鲁莽的青少年时期，到20多岁心态成熟时就停止吸毒的那些人，他们真的上瘾过吗？答案是不确定的。也许他们符合《精神疾病诊断与统计手册》中物质滥用者的范畴，但不符合物质依赖的范畴；也许他们在一段时间内符合物质依赖的标准，却不符合我们对成瘾的理解。如上所述，依赖不足以成瘾。海曼和许多其他人引用了一项极具影响力的研究，该研究显示，从越南回国的大量依赖鸦片的美国士兵中，90%的人在离开战时环境后停止使用鸦片，或成为可控的鸦片使用者。③ 面对这个事实，疾病模型的支持者会辩解，这些军人不是真正的成瘾者（传统观点认为大约10%的人群会在人生中的某些时候陷入成瘾）。海曼

① HEYMAN GENE. Addiction：A Disorder of Choice ［M］. Cambridge, MA：Harvard University Press, 2009：112.

② HEYMAN GENE. Addiction：A Disorder of Choice ［M］. Cambridge, MA：Harvard University Press, 2009：83.

③ ROBINS L. N, HELZER J. E, DAVIS D. H. Narcotic Use in Southeast Asia and Afterward：An Interview Study of 898 Vietnam Returnees ［J］. Archives of General Psychiatry, 1975, 32 (8)：955–961.

认为，这项研究恰好说明激励是如何改变药物依赖行为的，同时表明人们是选择成为成瘾者的。

大脑影像研究表明，反复使用药物会导致大脑发生变化。海曼否认的是，在被认定为成瘾者的人身上观察到的大脑变化剥夺了他们的选择，他否认这一点至少基于 2 个原因：其一，请注意这些变化是在药物使用之后发生的，而不是在药物使用之前发生的。其二，没有理由认为这些可观察到的变化排除了选择。像许多来自不同学科的学者一样，海曼对大脑以任何直接的方式决定思维，或者人们可以从肉体解读心智的观点并不感兴趣。更重要的是，海曼认为，如果大脑的可塑性允许与依赖物质相一致的变化，那么同样的可塑性也会允许大脑发生变化，而且这种变化经常发生。

当前一个重要的问题是，疾病模型与选择模型之间的分歧根源在于成瘾者无法控制自己行为的本质。当一个人沉溺于某种物质并伴有明显的不当使用时，是什么原因导致他继续使用某种物质或参与某种活动，这种行为是自愿的还是非自愿的，或者介于两者之间？基于这 2 种成瘾模型，要么成瘾者必须被迫继续使用，就像疾病模型所主张的那样，他根本停不下来；要么就像选择理论家认为的那样，他不愿意这么做。海曼曾指出，他反对以疾病模式或强迫模式看待成瘾。因为即使将物质滥用归咎于成瘾者自身，归咎于成瘾者的借口和自我放纵，而不是无能为力，很多时候成瘾者相信他们在未来不会继续使用瘾品，同时制订了停用的计划。遗憾的是，成瘾者最终背弃了自己的意愿，并且继续使用瘾品。其他持不同意见的研究者，比如神经学家乔治·安斯利（George Ainslie）和约翰·蒙特罗素（John Monterosso），他们观察到成瘾者强烈的内心波动和讨价还价。[①] 然而，成瘾者为他们所处的困境感到苦恼，当他们面对诱惑时，会反复做他们认为对自己有害的事情。这些研究人员指出，人们经常会说一些诸如"我知道我不应该这样做"之类的话，比如喝杯酒、吸支烟或打赌。那么，在这些案例中，成瘾者是被迫沉溺于自己的瘾中，还是不断地做出错误的选择？

## 二、意志薄弱论

让我们考虑意志薄弱论的可能性。成瘾表现为持续选择使用某种物质或

---

① MONTEROSSO JOHN, AINSLIE GEORGE. The Picoeconomic Approach toAddictions: Analyzing the Conflict of Successive Motivational Statesf [J]. Addiction Research and Theory, 2009, 17 (2): 115 –134.

从事某种行为。基于这种理解，成瘾者并非完全失控。他知道什么对自己是好的、什么是坏的，他并不是被迫做出更坏的选择，但他还是那样做了。

这种现象在人类历史上并不罕见，很久以前亚里士多德就在哲学中发现了这种现象，他称之为意志薄弱。亚里士多德告诉我们，节制的美德要求人们将享乐的放纵控制在适度范围内。意志薄弱的人虽然知道什么是善的，以及应该如何去做，但是常常非理性地被自己的软弱所驱使去做相反的事情。意志薄弱的人知道美好的事物，并且想要去追求，然而非理性的是，他们被自己的软弱所驱使去做别的事情。① 因此，意志薄弱的人不是坏人，他能够做出善恶判断，只是他的行为不受其认知的引导。意志薄弱的人会屈服于理性之外的召唤，比如欲望或情感冲动。从文化传统中为支持人们抵制过度沉溺于享乐而建立的社会制度可以清楚地看出，人们认识到这种弱点。例如，希腊人把节制作为好公民所重视的 4 种基本美德之一。如今，包括禁止贩卖超大杯软饮料在内的公共政策，都起到了抑制过度放纵的作用。

与古代的哲学家不同，当代的哲学家关注的往往是意志薄弱行为的非理性本质。意志薄弱的人不是无法辨识到好的事物，而是无法克制自己去追随不好的事物，他们表现得自相矛盾，因为他倾向于去选择自己不认为是最好的选项。例如，根据哲学家唐纳德·戴维森（Donald Davidson）的提法，"行为者采取行动 x 时，当且仅当（a）行动者自愿采取该行动；（b）行为者有其他可供选择的行动；（c）全面考虑后，行为者判断行动 y 比行动 x 更优"。② 也就是说，行动者明知某种行为最优，却做出非最优化的选择。戴维森表示，有意识地行动，就是做自己认为更好的事情。在某种程度上，做出更好的选择就是选择的本质。所以，我们似乎面临着一个悖论。然而，根据戴维森的观点，无自制力的选择并不是真正矛盾的，因为所涉及的 2 种判断是不同的：（a）项所涉及的意向性判断是一种无条件的判断，（c）项所涉及的判断是一种相对的判断，涉及所有考虑的事项。在这种情况下，成瘾的思维意味着在这种情况下判断放纵是更好的选择，尽管事实上人们所考虑的理由都是为了避免放纵。戴维森认为，一个人应该根据所有可能的理由采取行动，意志薄弱的人的错误就是不能做到这一点。因此，在这种情况下，人们的行为是非理性的，是基于对一种选择的善的无条件判断，而不是根据

---

① 亚里士多德在尼可马可伦理学中主张，意志薄弱的人并不邪恶，他的目的是善的，只是他的行为缺乏理性。

② DAVIDSON DONALD. How Is Weakness of the Will Possible？［M］. Oxford：Clarendon Press，1970：21－42.

所有考虑的事物做出的判断来行动。

然而，这种分析要面对的问题是，是什么原因导致人们没有考虑到所有可能的原因。很明显，这就是成瘾者陷入成瘾的原因所在。根据《精神疾病诊断与统计手册》的标准，这实际上是成瘾的本质，即尽管存在成瘾的可能，但成瘾者仍继续选择使用。然而，用意志薄弱解释成瘾者的非理性行为往往是无效的，因为它完全没有回答核心问题，即人为什么会采取非理性的行为。它只是说，这就是缺乏自制力造成的后果。

我们不妨反向思考这种可能，如果成瘾者可以做出不同的选择，那么会发生什么呢？亚里士多德的解释是通过类比"虚弱的身体"来表达的，比如，情绪可能会导致行动者故意违背其更佳利益的情况。在这种情况下，我们要完成分析就需要对情感进行说明。一方面，如果情绪是判断的理由，那么上述解释似乎是成立的；另一方面，如果情绪不是任何类型的判断或理由，那么它们如何进入判断呢？也就是说，如果情绪不是那种可以进入推理，或者通过延伸进入判断的要素，那么如何根据情绪决定做出违背最优判断的选择呢？

从这一推理看来，哲学家似乎对自己的思维方式提出了一种反证。但是请注意，这些问题只有在假设人类是理性生物时才会出现。然而，人类根据理性判断而采取行动，无论这种假设多么吸引人，它显然是错误的，就像传统经济学模型中假定的理性消费者可能会面临的问题一样，人的心理和生物方面的考虑必须被纳入成瘾行为的选择、分析和判断之中。

哲学家尼尔·利维（Neil Levy）认为，意志薄弱并不是需要哲学解释的既定现象。这个概念不能解释为什么人们在经过深思熟虑后认为他们所做的事情是次优的。在他看来，意志薄弱根本不是一种心理上的软弱。在我们上面讨论的 2 种分析中，基于判断的意志薄弱和基于欲望的意志薄弱，他的观点更倾向于前者而不是后者。但对利维来说，判断受到了所谓的"自我损耗"[①] 的影响。自我损耗理论主张智力能量（事实证明，它是身体能量[②]）是一种有限的资源，因此，如果意志力在某个方面消耗过多，那么留给其他方面的意志力就所剩不多了。在目前的情况下，当一个人在某一领域锻炼自

---

① MURAVEN MARK, TICE DIANNE M, BAUMEISTER R. F. Self Control as a Limited Resource: Regulatory Depletion Patterns [J] Journal of Personality and Social Psychology, 1998, 74 (3): 774 –789.

② GAILLOT MATTHEW T, BAUMEISTER ROY F, NATHAN DEWALL C. et al. Self-Control Relies on Glucose as a Limited Energy Source: Willpower Is More Than a Metaphor [J]. Journal of Personality and Social Psychology, 2007, 92 (2): 325 –336.

我控制，或者他每天都被耗尽了精力，当他想要放纵自己的时候，就会选择一条简单的路。更具体地说，大脑从使用更精确但难度更大的深思推理（有人称之为"智能"或"系统2"思维），转向使用更原始、更有效、更快速、更灵活的思维（有人称之为"直觉"或"系统1"思维）。① 在进行这种转换时，人们倾向于设置一个更简单的问题，或者用可接受的预设构建前提和结论。这种情况下，人们不再作出经过全面考虑的决定。

回到问题，成瘾者要么不能不使用瘾品，要么不能选择不使用瘾品。如果我们不接受意志薄弱的任何一种说法，即他要么根本不做他认为最好的事，要么他改变了自己的判断，那么剩下的可能性是她（他）无选择，只能被迫沉迷于成瘾行为，尽管这种选择会带来严重的负面后果。这是许多成瘾理论家所相信的：真正的成瘾者"控制不了自己"，他被自己的冲动"淹没"了。我们不仅在当代文学中发现了这种语言，而且早在1890年，哲学家威廉·詹姆斯就以这种方式描述了成瘾：

> 真正的嗜酒癖者对酒的渴望，成瘾者对瘾品的渴望，其强度是正常人无法想象的。如果房间一角有一桶朗姆酒，如果我和那桶酒之间有一门大炮不停地发射炮弹，我都会忍不住要穿过那门大炮去取朗姆酒，这种诉说在嗜酒如命的成瘾者中比比皆是。②

在这种描述中，成瘾者是被欲望或强迫压倒的人。一旦有机会，没有什么能阻止他们使用瘾品。在科学文献中，从眼窝前额皮质多巴胺驱动的奖赏系统的功能障碍来解释这种冲动，这类解释表明，如果不消除生理状况，当事人就会受到损害。因此，如果没有介入奖赏系统功能障碍的医疗干预，那么成瘾者就会如同机器一样重复成瘾行为。然而，我们该如何理解来自人体内部的冲动呢？进一步看，如果某人体内充斥着大量这种或那种化学物质呢？如果上述假设符合事实，该如何解释成瘾者违背趋利避害的天性，选择吸食毒品而导致自我伤害的行为呢？当然，法律并不接受犯罪嫌疑人以成瘾的理由为其犯罪行为辩护。那么，"压倒性的冲动""强迫""失控"是什么意思呢？

---

① STANOVICH KEITH E，WEST RICHARD F. Individual Differences in Reasoning：Implications for the Rationality Debate？［J］. Behavioral and Brain Sciences，2000，23（5）：645－726.

② JAMES WILLIAM. Principles of Psychology［M］. New York：Henry Holt & Company，1890：543.

哲学家贝内特·福迪（Bennett Foddy）指出，成瘾具有强迫性的理由如下：第一，成瘾者对吸毒的成本或代价不敏感；第二，成瘾者对自己的吸毒行为感到后悔，却未能减少这种行为；第三，成瘾者感受到强烈的无法控制的欲望；第四，成瘾者的强迫性行为具有可识别的神经过程。①

接下来，让我们考虑上述理由能否为强迫性行为提供合理的依据。

首先，根据哲学家们对强迫的定义，即使福迪的理由都是正确的，它们也难以被明确且有效的证据证明。回到福迪的理由清单上，第一个支持成瘾具备强迫性的理由是不计成本与代价。但是，这个理由似乎不是必需的。例如，许多"卡奴"对使用信用卡的代价并不敏感，但我们不会因此说他们是被迫使用信用卡的。第二个支持成瘾具备强迫性的理由是成瘾者对自己的吸毒行为感到后悔，但成瘾者往往继续做让自己感到后悔的事情。事实上，屈从于欲望而行动，而不是采取正确的行动，这是乔治·安斯利（George Ainslis）发现的成瘾的核心特征。以拖延者为例，只是因为拖延者对自己的拖延行为感到后悔，但还是会遵照"明日复明日，明日何其多"的态度办事。那么，拖延者的后悔态度并不能证明拖延行为是被迫的。进一步来看，当被问及是否有强迫他们不得不拖延时，他们往往承认并没有外界的强迫，只有这样或者那样的诸多借口，这样的事实又增加了他们表现出来的懊悔。第三个支持成瘾具备强迫性的理由是成瘾者感到被强迫。然而，除非强迫感像疼痛一样，否则仅仅因为成瘾者的欲望难以抑制的，并不能证明他们的行为就是无法控制的。第四个支持成瘾具备强迫性的理由是成瘾者的强迫性行为具有可识别的神经过程。然而，成瘾与大脑变化相关的事实并不能证明成瘾行为是被迫的。事实上，这一分歧正是疾病模型和选择模型争论的焦点。

## 三、身心二元论

我们在界定成瘾时所遇到的问题和困惑，似乎来自对某种形式的二元论或还原论形而上学的假设。

第一，如果意识独立于身体（二元论），那么人类的自由似乎就不会受到限制。毕竟，如果思想不受物理定律的约束，还有什么能限制我们的自由呢？然而，正如当代哲学家已经指出的那样，即使某些心理过程的神经关联已经被发现，但这并不意味着这些神经过程与意识是相同的，也不意味着它

---

① FODDY BENNETT. Addiction and its Sciences: Philosophy [J]. Addiction, 2010, 106 (1): 25 - 31.

们决定了意识。事实上，在二元论的实在观的基础上，这种决定论是不可能的被证成的。

就像笛卡儿主张身心二分那样，考虑到精神和身体的划分，做出判断是一种心理过程，而不是生理过程，所以成瘾行为无疑是选择的结果，除非人们被无意识的生理欲望驱使，但事实并非如此。对于那些接受二元论的人来说，人类是有思想的，他们能做出判断和选择。那些接受选择模型的人似乎也持有相似的观点。基于这种观点，判断成瘾行为的标准应该是心理层面的。"在典型案例中，成瘾不但涉及心理和选择，而且还与其他因素有关。但是无论这些因素是什么，都超出了生理决定的范畴。"在身心二元论和选择模型的前提下，解决成瘾难题的恰当方式是调适成瘾者的性格、动机、信仰和心理态度。

第二，如果成瘾者的行为、想法、信念和情绪是由不断振荡的神经元在一场永恒的电风暴中相互发射神经递质决定的，那么就有一个不同的故事版本了。无论是人类还是其他物种，都只是构成自然世界的因果矩阵的一部分。许多哲学家和神经科学家相信，人类并不是自由的，而只是经历自由意志的幻觉。[①] 持有这种观点的学者仅仅在神经递质和奖励回路的层面上理解成瘾，在极端情况下，会让人类处于一种类似傀儡的尴尬境地。因此，成瘾者对自己的成瘾问题无能为力，一方面，成瘾改变了他们的大脑结构；另一方面，放纵欲望的行为由他们无法控制的物理过程决定。从逻辑的角度来看，这种观点不支持心理过程真实存在，且具有因果性特征等。在他们看来，心理学范畴总是可以归结为物理范畴，心理学本身并没有发挥独立的作用。

人类的身体和心灵组成一个有机整体，而不是这 2 种选择中的任何一种。尽管人的不同"部件"之间似乎彼此冲突，尤其是在成瘾的情境中，身心冲突尤为突出。试图通过深入地观察生物体的"部分"解释这种特殊的人类体验的研究路径，也无法解决这个问题。对神经元、突触和神经递质，或构成它们的分子的精确理解，并不能最终告诉我们成瘾是如何产生的，或者成瘾如何消失。这些元素之间的关系和元素本身一样重要。部分整体论从根本上误导了我们的思维，试图运用这种方式帮助成瘾者可能会碰到一些困难。

正如哲学家詹姆斯·雷德曼和唐·罗斯（Don Ross）所言，试图归化我

---

① 大多数研究者认为，人类的自由意志是任何人都想拥有的。

们对现实终极本质的探索，转而用微小粒子的平凡形象来理解现实，注定是一项无望的工程。① 他们主张，研究的重点不应该是挖掘更微小的构成部分，重要的是根据一种来自科学的形而上学予以回答。孤立地研究世界或世界的某个特定体系，并且将其看作是由某些物质构成的，这一研究路径已经不再有帮助了。我们每天看到和使用的东西并不比我们用来描述它们的小部分更真实或更不真实。但是那些更小的部分，它们本身可以用更小的部分来理解，并不比它们所构成的东西更基本。没有一个部分比其他部分更重要。与典型的物理事物是 1 种或 2 种，或 2 种以上物质构成的观念相反，在这种形而上学的研究路径中，所有的实体最终都是由运动的关系构成的。

类似其他的有机体，人类属于更加特殊的系统类型。人类是复杂的、动态的、开放的系统，由相互关联、相互依赖的主体组成，这些主体不断地相互作用，相互影响着自己的环境，并随着周围世界的变化而做出调整。人类系统具有如下特征：第一，系统内部的行为是混沌的，微小改变可能对整个系统产生巨大的影响。对于成瘾者来说，微小的改变可能会对个人的整个取向产生惊人的变化。第二，这类系统会自动执行操作，因为它们的元素不是固定的，而是自适应的。它们是由实体组成的，这些实体在积累经验的过程中改变它们的策略，使这些系统真正具有动态性。② 第三，要理解成瘾的本质，并改善它所带来的问题。我们必须充分调和人类的本性以及我们与周围世界的关系，必须清除来自整体部分论和因果论的假设带来的偏见，支持一个现实的观念，它允许"事物"的多种涌现层次的真实存在，每一种都拥有自己的行为类型、属性和关系。至关重要的是，我们思想的框架必须从物质上转移到"正在发生的事情"上。

## 四、过程论

尽管成瘾涉及生物、心理和社会系统，成瘾的合理解释既不是一种选择、一种疾病，也不是任何形式的心理或社会实体。相反，成瘾是一个相对稳定的过程，它既限制某些人类生活的过程，也受到这些过程的制约。理解这一点的关键是，无论是人类还是其他生物体，都不是由所谓的部件组成的。我们在生物体中识别出的具有功能的组织和器官并不是相互独立的部

---

① LADYMAN JAMES, ROSS DON, DAVID SPURRETT, et al. Everything Must Go：Metaphysics Naturalized ［M］. New York：Oxford University Press, 2007：4.

② HOLLAND JOHN H. Complexity：A Very Short Introduction ［M］. Oxford：Oxford University Press, 2014：36.

分，而是与它们赖以生长和发挥作用的生物体相联系，共同组成了生命体。对比机械产品，机械的部件先被制造出来，然后被组装成机器，这就是所谓的自上而下的因果关系。但是，生命体并不是首先存在，然后生物体告诉细胞形成哪种器官。恰恰相反，生命体只有在构成它的细胞发育成熟后才会存在。所以在生命体形成之前，没有顶层设计规划较小的单位活动。因此，将"自组织"这个术语用于描述这样的系统以及其他无机系统，如旋涡和旋风，在某种程度上是有误导性的。当然，没有其他东西组织这样的系统，但这个术语似乎表明有一个"自我"来组织。情况并非如此。人类学家特伦斯·迪肯说，"事实上，系统整体的一致性特征被识别为是突发性的结果，而不是它的前因"。① 也就是说，作为整体的有机体不能成为系统的控制者，因为它本身是从系统中涌现出来的。

即使是普通的无生命物体，根据目前科学也不能究其有终极的部分。相反，人类研究所触及的只有过程。詹姆斯·雷德曼和唐·罗斯认为，物理学简明扼要地告诉我们，物质在延展物的意义上是一种突显现象，它在本体论中没有对应物。在任何情况下，宏观物体都是从运动的分子中出现的。这些分子本身由原子级或更低一级的过程组成，包括整个过程，或更高一级的过程，与环境中的其他过程相互作用，直到对象的过程分解为止。无论我们谈论的是山脉、滑板，还是太阳系，所有的物理事物不仅可以被理解为过程，而且也可以被那些处于科学前沿的人所理解。这种想法并不新鲜。事实上，我们可以说它和古希腊哲学家赫拉克利特（Heraclitus）一样古老。赫拉克利特与同时代的爱奥尼亚人不同，他曾说过："一个人不可能两次踏入同一条河。""但是，过程就是终极的观点是人类凭直觉抵制的，而且有充分的理由：我们周围的事物似乎是稳定的、实质性的、持续的。"因此，至少从亚里士多德与赫拉克利特宣称，所有的物质对象都是由基质所固有的性质构成的那一天起，过程论在哲学上就遭到了抵制。自笛卡儿明确区分思维实体与物质实体以来，过程观在现代世界一直受到抵制。从个人和科学的角度来说，我们更容易想到我们周围的物体（通过类比，把它们组成的微观实体）看作事物。毕竟，这是经验在儿童时期教给我们的东西，也是我们通常与事物互动的水平。然而，我们认为太阳升起和落下比地球自转更容易理解，但这并不能使它成为事实。

---

① DEACON TERRENCE W. Incomplete Nature：How Mind Emerged from Matter [M]. New York：Norton，2012：244.

即使所有的事情最终都是过程，问题仍然是，为什么这个事实可能有助于更全面地理解成瘾，这是一个明显发生在宏观层面的现象。一种反应是，如果成瘾是一个过程，那么它就是一种暂时的现象，在条件允许的情况下出现和消失，并不是一个人永久的，甚至半永久的特征，而是它的性格或天性的一部分。正如认知科学家马克·比克哈德（Mark Bickhard）认为的那样，我们是复杂的动态系统，或多或少是稳定的活动模式，受到其他模式的约束和制约。从这类复杂系统中涌现出来的是心理状态、倾向和行为。在有成瘾问题的人身上，我们发现了一种内部和外部互动的模式，一种动态的模式，有时不稳定，这取决于较低层次的模式所处的条件，而较高层次的模式是从这些条件中产生的，同时依赖于它所进入的社会条件。这里的"稳定"不是指不健康和精神状态不佳，而是指根深蒂固的习惯。

构成人类及其癖好的模式似乎受到了约束，或被阻止经历某些变化。例如，形成成瘾模式的必要条件似乎是家族遗传的，一部分归因于基因，一部分归因于与父母共同生活的环境，但这些模式本身是从较低层次的模式中浮现出来的，并依赖于较高层次的模式。遗传特性并不完全与遗传学有关，遗传学也不是决定性的。基因对成瘾的影响是由许多同时存在（或缺失）的表观遗传因素共同作用的结果，因此，从这个角度来看，破坏成瘾行为模式稳定是完全可能的。在更宏观的层面上，我们将看到，在某些情况下，环境阻碍了成瘾模式的形成，因为它没有提供使用成瘾物质的机会，甚至仅仅因为存在强烈的社会劝阻，阻止人们沉溺其中。鉴于这种因果联系的相互性，指向性语言是一种误导，我们可以合理地说，成瘾行为模式是自上而下和自下而上合力塑造的。

但是，有人可能会问，模式如何约束模式呢？我们认为，并不是模式约束了其他模式，而是模式是由什么构成的。也就是说，我们倾向于实体思维，这表明模式是抽象的，其本身不会引起或阻止任何事情（另一种因果关系）。然而，正如科学史所示，那些被安排成模式的东西才是有价值的。马克·比克哈德提醒我们，笛卡儿形而上学的物质被替换为过程模型，就像燃素理论，在燃烧和生锈的过程中释放出一种类似火的物质（热量）被认为可以解释某物的温度，最终被分子运动分析所取代。更重要的是，量子物理学告诉我们，没有终极粒子，只有量子场的过程，在这个过程中，由于纯粹的启发式原因，更容易被描述为粒子的物质，实际上是量子场部分的"激发"。同样，我们考虑的是粒子，但是这并不意味着它们真的像我们想象的那样存在，即使是在它们构成的理论中。在所有这些情况下，最终被理解为由我们周围的事件和物体，以及我们称之为原因的事物组成的相互作用的模式，而不是实质性的事物。

组织模式具有因果效力。正如狄肯（Deacon）所说："没有任何物质实体不是过程，因为过程是由它们的组织定义的，我们不得不承认一种可能性，即组织本身是因果关系的基本决定因素。"① 根据这个观点，还原主义物理主义者至少在某种意义上是正确的：一旦物质被拒绝，剩下的就是组织形式……以及这些模式在组织的高层和低层为其他人创建的约束。有趣的是，正是由于这种结构，过程本体论不能被经验地辩护，即没有人可以观察到任何证据能够证明这样的本体论是正确的，所有能被观察到的东西都是我们通常认为存在的东西。在这种情况下，争论的焦点是模式本身是否实际上算作它们自身的实体，显示出归因于它们自己的特定水平的因果能力。模式确实很重要，但是它们被忽视的时间太长了，导致错误地强调了模式所涉及和引发的事情。物质形而上学试图做某些科学的暗示使它站不住脚。任何使我们实际上已经成功完成的事情变得不可能的假设都可能被认为是错误的。正如我们所看到的，认为物质是所有性质和关系基础的假设，在科学研究的许多领域中产生了不可接受的后果。例如，合理的结论并不是说我们应该保持燃素假说，并继续根据这个假说解释金属在燃烧时会变得更致密这一事实。相反，合理的结论是，我们应该放弃包含燃素的本体论，而选择假设氧化过程是其开始的本体论。经过必要的修改，我们不应该继续试图从物质形而上学的角度理解精神和身体关系的事情。相反，我们应该抛弃这种本体论，而选择解释力更强的过程形而上学。

## 五、涌现论

对于通常不从哲学角度思考的人来说，这似乎很神奇。但事实表明，人所持有的本体论与其对成瘾的思考有关。支持过程本体论的一个原因是，把人类和他们的癖好理解为过程，而不是事物，强调了他们的现世本性。正常情况下人们是不会成瘾的。如果婴儿一出生就成瘾，那么他们会在早期就有机会接受治疗。幸运的是，大多数人在他们最初的几年里根本没有成瘾。大多数形成成瘾模式的人在十几岁和二十几岁的时候都经历过这种转变，而且，至少就成瘾的行为概念而言，有重要的研究表明，即使没有治疗，大多

① DEACON TERRENCE W. Incomplete Nature：How Mind Emerged from Matter ［M］. New York：Norton, 2012：177.

数人在成年后期也不会继续成瘾。① 同样，在那些接受治疗的人当中，许多人从成瘾中恢复过来。从过程的角度来思考成瘾，可以让我们更自由地思考破解它的可能性。一种方法是让成瘾者认为自己是一个不断变化的存在，有许多无限的可能性。特别是当我们从复杂系统的角度考虑人的时候，系统某一部分的小变化会导致其他地方的大变化，这个过程模型尤其有希望。

过程本体论的主要价值是具有一致性的概念的出现。这是一种连续统一体的思维方式，一套本质上由他人维持并与他人融合的模式，并在相互的因果循环中运作。这种观念上的转变对我们正确理解生物体的本质至关重要，尤其是对人类生物体。但最重要的是，它对我们理解成瘾者的特性很重要。生物是自然生物，但与非生命的自然生物不同，即使后者涉及复杂的动态系统。生物体在自我维持和发展的过程中，会带来有序的增加或熵的减少，而其非生物分子成分趋向有序或熵的增加则是自然趋势。正如狄肯在一个精心设计的模型中所展示的那样，生物的特性是由非生物的特性衍生而来的。② 这一点很明显，因为第一个类生命的过程并没有被复制，它没有母体，因此也就没有进化。类似地，意识也从与环境相互作用的有机体中产生。成瘾所特有的心理和生理模式，也是在条件恰好如此的情况下，在有意识的有机体中出现的过程。

涌现这个概念对于正确理解生命本身，以及我们将看到的价值甚至心灵都很重要。尽管在物理科学中，涌现这个概念更受欢迎，但它目前在哲学和心理学中都没有被普遍接受。在哲学上，涌现理论有着悠久而斑驳的历史。首先要指出，这里使用的涌现概念指的是作为 2 个或 2 个以上事物的功能而存在的一种属性或实体，它们本身具有不同于整体的性质。早在 1843 年，哲学家穆勒（J. S. Mill）就为这一概念进行了辩护，尽管是他的学生乔治·亨利·刘易斯（George Henry Lewes）创造了"涌现"一词。根据密尔的理论，因果构成的原则（共同作用产生结果的原因，如特定重量的金属块聚集在一起，形成一块重量为这些金属块总和的金属板）有时是矛盾的。例如，在化学反应中就是这种情况。穆勒说，众所周知，2 种物质的化学结合会产生第 3 种物质，第 3 种物质的性质与这 2 种物质分别或同时具有的性质不同。以食盐为例，钠是一种金属，氯是一种危险的毒药，当它们结合在一

---

① ANTHONY J. C, HELZER J. E. Syndromes of Drug Abuse and Dependence［M］.//Psychiatric Disorders in America：The Epidemiologic Catchment Area Study［M］. New York：Free Press, 1991；116 – 154.

② DEACON TERRENCE W. Incomplete Nature：How Mind Emerged from Matter［M］. New York：Norton, 2012；10.

起时，就成了最广泛使用的食物调味料之一。但是，无论如何，我们都无法解释这个结果。穆勒之后的许多哲学家都为涌现主义辩护，如布罗德（C. D. Broad），他认为在意识的情况下，涌现或不可简化。①

到了20世纪中叶，许多困难使涌现主义声名狼藉。首先是来自逻辑实证主义者的挑战，即涌现主义是一种解释破产的神秘理论，类似于活力论，一个解释空洞的信念，认为生物体之所以存在，是因为它们被注入了生命力，② 这个挑战的核心是，所谓的涌现性是没有意义的，因为它们无法回答这样一个科学问题：为什么2种具有各自属性的事物，在一起会变成具有新的不同属性的不同事物？在这种观点下，新的属性出现了，或者说是一个新的实体出现了，无非是说对象具有属性，或者实体存在了。例如，如果钠和氯是具有自身固有特性的实体，那么它们就是其本身，而由它们产生的任何结果都必须追溯到这些特性。然而，如果涌现理论是正确的，那么当这2个元素以某种方式结合在一起时，就会出现具有新特性的新事物，而这些新特性是根据一套原则运作的，而这些原则并不是描述任何一个成分行为的原则。但是根据空洞的解释批判，如果说这些新的性质出现了，并且不能用原始的2种物质的特征解释，那就等于说新性质的存在是一个荒谬的事实。

哲学家金在权（Jaegwon Kim）认为，到目前为止涌现的解释还面临2个强大的批评：首先，如果涌现的实体和属性依赖于微观层面的实体和属性，如果它们同时被认为会引起微观层面实体的变化，那么涌现的概念似乎会涉及一种恶性循环。一类事物引起另一类事物，而另一类事物又反过来对引起它们的事物产生因果影响。其次，涌现的实体及其属性似乎是因果冗余的，因为源于它们所依赖的微观实体，所以它们所表现出的任何因果效力实际上都可以追溯到那些微观实体。③ 因此，如果涌现实体和属性可以成为原因，那只是因为它们可以追溯到较低级别的实体和属性。但是，在这种情况下，只有较低层次的东西才能被认为是真实的。正如金在权所指出的那样，可以避免上述问题的一种方法是在概念上使用涌现属性，作为（纯粹的）描述级别，这可能有助于深入了解我们感兴趣的现象的各个方面，但不能接受它们是真实的。如果涌现的特性不被认为是真实的，并且具有它们自己的因果效力，那么悖论和困惑就会消失。然而，不幸的是，我们所寻求的解释

---

① BROAD C. D. The Mind and Its Place in Nature［M］. London：Kegan Paul, 1925.

② HEMPEL CARL, OPPENHEIM PAUL. Studies in the Logic of Explanation［M］. New York：The Free Press, 1965.

③ NAGEL THOMAS. The Structure of Science［M］. New York：Harcourt, Brace & World, 1961.

也是会消失的。

另一种避免传统涌现理论缺陷的方法是否定物质世界的基本假设，转而支持过程世界。这也是本研究尝试捍卫的方法。我们在这里关注的过程是那些围绕着维持远离平衡的系统而组织起来的过程，也就是说，那些与熵增加的一般趋势相反的过程。自我维护系统的一个简单例子是蜡烛火焰：

> 蜡烛火焰保持在燃烧阈值温度以上；它能融化蜡，使蜡渗入灯芯；它将灯芯中的蜡蒸发成燃料；在标准的大气和重力条件下，它会引导对流，从而带来新鲜的氧气和摆脱废物。①

当然，这种过程依赖于较低级别的过程（如除燃烧和对流等高级过程外，还有氧气和蜡分子）。生命是另一个更复杂的自我维护实例，从非生命的过程中产生，有机体不断地参与组织的过程。它们不断地生成新的结构合适的分子结构，利用外部的能量和材料驱动内部过程。因此，这些自我维护系统本质上是动态的、持续的，成功地对抗热力学第二定律无处不在的、无情的、不断退化的趋势。② 个体有机体不仅通过自我维持逆转熵，而且还通过复制构成它们的模式和辅助这些模式的物质复制自己。更重要的是，生物体通过进化适应环境，与生态系统中的其他元素协调，从而在全球范围内减少熵。增加复杂性和增加秩序是这些系统的自然动力，是热力学第二定律的普遍例外。

以这种方式看待事物，需要把我们看到的前景和背景调换一下。在传统的物质形而上学中，事物处于前台，它们之间的关系构成了背景。这种自然过程方向的根本逆转是突发性转变的一个决定性特征。这种转变很自然地来自 2 个或 2 个以上的普通过程，它们互相拆台，每个过程都以某种方式约束另一个过程，这种方式的总体效果是导致一个全新的模式出现。③ 这种新的动态模式受到产生熵的普通模式的限制，它会减少熵，因为它利用环境和变化更有效地利用熵。随着自我维持模式的出现，功能也随之出现，因为有机

---

① BICKHARD. Representational Content in Humans and Machines [J]. Journal of Experimental and Theoretical Artificial Intelligence, 1993, 5 (4)：285 – 333.

② DEACON TERRENCE W. Incomplete Nature：How Mind Emerged from Matter [M]. New York：Norton, 2012：265.

③ DEACON TERRENCE W. Incomplete Nature：How Mind Emerged from Matter [M]. New York：Norton, 2012：266.

体与环境中其他事物的关系的不对称性也延伸到有助于自我维持的内部过程。一个活动或过程只能是目标语境中的一个功能，就像相对价值只能存在于目标语境中一样。一个远离平衡的系统，如果没有自我维护活动就不会继续存在，对它的自我维护作出贡献是一项职能的本质。

更重要的是，自我维护的过程，特别是那些也是自组织的过程，如生活过程，定义了自我和非自我之间的区别。有些过程对于自我维护是必不可少的，而有些则不是。那些对自我维护过程至关重要的部分将被视为自我的一部分，即使我们所谈论的自我不过是一个持续的、独特的动态组织轨迹，它在时间和不断变化的条件下也保持着自我相似性。也就是说，即使自我实际上不是一个实体，而更像是一个抽象概念，仍然会有一个轨迹。围绕着这个轨迹，一个动态的模式在一个时间和环境中维持着某种类似于一个身份的东西。即使没有严格意义上的同一性，一个动态系统也会区分那些促使系统继续存在的（好的）外部事物和那些威胁系统存在的（坏的）外部事物。系统自身的子过程的运作，也可以有助于（运作良好）或削弱（运作不良）系统的持续自相似性。因此，根据这种基于过程的涌现观，规范性属性（价值）包括功能，自然地从非规范性属性（功能）中产生，但只是相对于相关的系统而言。这些不是世界上客观的性质，但它们也不能被简化为服从熵一般原理的辅助普通过程。当较低级别的过程以这样一种方式相互关联时，各个自毁的过程就会相互抵消，系统作为一个整体就会朝着增加开发和稳定性的方向前进，并建立与其他过程相关的价值关系。

比克哈德说，规范功能只是一长串规范出现的层级结构的底层。所有的思想、精神和社会现象从根本上都是规范性的，它们都出现在一个以生物功能规范性为基础的层次结构中。就像功能和价值一样，对这种过程本体论的思考也是从生物过程固有的不对称性中产生的。然而，心灵不能直接还原为生物组织或功能，正如价值和功能不能还原为与这些属性相关的系统组成部分一样。事实上，我们之所以在哲学上难以解释心灵（精神）的存在，是因为我们固执地坚持要在精神不可能存在的地方，即世界的物质中去寻找它。要想知道精神和身体的关系，需要看一看物质世界中没有什么；我们需要关注的不是物质，而是由相反的行为模式缔造的约束。

哲学家和认知科学家试图将生活动态和认知过程直接映射到更简单的物理过程中，从而试图将心理过程简化为机械性过程。他们试图把一种现象追溯到完全不同的一种物质上。这样的解释往往令人费解。普通的过程不会以任何直接或附加的方式机械地产生思维活动，如果试图以这种方式理解它们之间的关系，你将不可避免地面临一个解释鸿沟。宏观现象需要微观物质，但仅靠微观物质是不够的。心理过程就像生物体本身一样，是从适应环境变化的自我维持系统中产生的，而以这种方式出现的心理过程是其组成部分不可减少的活动模式。因此，心态可以被自然地描述为有意识的，包括进一步的信息接收过程、行动准备过程，以及在组织的不同层次上的许多其他过程。从原则上讲，从同一基本制度中产生的组织秩序是没有限制的。

这就是我们讨论成瘾的基石。在完全基于自然过程的复杂动态系统中，重复行为、在特定对象和活动中寻找显著性、经历特定类型的心理体验的成瘾心理倾向，只不过是更高层次的组织。成瘾涉及复杂的交互模式，从分子到细胞再到系统，从有机体到环境。它涉及生理的、心理的以及更高或更低层次的复杂性，甚至包括社会的交互模式。成瘾是一种不可通约的现实。

一旦我们不再试图去理解它的特征，无论是神经元的化学——电功能，还是只有成瘾者才知道的有意的、经验的现象，我们就可以摆脱激进的还原论和无法解释的二元论。比克哈德说，精神状态并不存在，就像火焰状态一样。他的观点是，精神状态和火焰状态都不是事物，它们没有那种本体论的地位。相反，它们都是过程。① 从其他过程中涌现出来，并与其他过程相互作用，从而产生更广泛的过程。这些都是不可分割的，所以自上而下和自下而上的变化特征是根本错误的思维的结果。每个过程都是对与之交互的可能性的约束或限制。将心理状态或生理状态视为一种状态，会导致各种误解，从而对我们如何理解成瘾产生深远的影响。

正如我们将看到的，从涌现模式而不是二元论或激进还原论的角度理解人类的精神和身体生活，将为我们提供一个不同于现有的成瘾概念。这种与目前的二分法不同的方法将使我们能够欣赏神经解剖学、神经生理学以及生物化学和心理学的贡献。此外，还有遗传学、社会学和文化人类学的贡献空间。成瘾是一个多层面的过程，它产生于较低规模和较高规模的相互作用的动态模式，是开放的，至多是相对稳定的。从分子到细胞，从心理到社会，构成生物体成瘾模式的每一层次的组织都是一个真实的系统，有其自身真实的因果关系。分析成瘾的各个层面及其相互作用，有助于我们了解它是如何由遗传和表观遗传影响、依恋失败和创伤，以及压力重重的社会导致的。它将为我们解决这一现象提供一条前进的道路，既不会使人沦为无能的化学系

---

① BICKHARD MARK. Consciousness and Reflective Consciousness [J]. Philosophical Psychology, 2005, 18 (2): 205－218.

统,也不会将导致生活失败和社会混乱的选择归咎于成瘾者。

# 第二节 选择理论的微观经济学探索

微观经济学从个体层面对成瘾现象作出了自己的解释,以预测人的成瘾性行为并对行为的后果进行评估。

## 一、行为理论

一种理解成瘾的途径是关注行为。例如,行为心理学方法认为,虽然成瘾者无法战胜自己的冲动,但最终没有人会像疾病模型所显示的那样失控。人总是被自己的选择所感动。

有些人有时不能激励自己在特定的情况下选择他们想要做的事情。第一章在意志薄弱的哲学框架下对此进行了思考。根据乔治·安斯利的微观经济学方法,成瘾者对诱惑的屈服是 2 种内在动机力量竞争的结果,其中一种由于潜在回报的时间接近而战胜了另一种。根据这个理论的某些假设,它是在做一种带有自由意志碰撞的游戏,它表明,尽管成瘾者在面对即时奖励时屈服了,但他们确实有能力做出不同的选择。要了解这一理论是如何运作的,首先要承认,行为人有被限制去选择他之前承诺最大回报的选项,这并不是最理性的选择。与古典经济学家不同,行为经济学家在我们的价值评估中把情感因素也包括在内。这似乎是一个相当确定的假设,但正如我们在第一章中观察到的,很难理解为什么有人会选择自己认为不会带来最大回报的选择。安斯利认为,解释成瘾反复复发的方法,不是假设人作为一个整体的行动者,根本没有作出决定的能力,而是被迫的,就像来自外部(无论是他的大脑还是其他东西)的强力,在这个意义上行为人所做出的选择是无法控制的。从理性观察者特有的视角来看,成瘾者自由选择的观点是不正确的。在安斯利看来,个体应该被理解为 2 个或者多个独立的行动者,或者是从连续的动机状态来看待个体行为,不同的行动倾向和行为动机将决定个体的行为选择。

然而,正如安斯利和他的同事约翰·蒙特罗索发现,判断即时可用的好处(即使价值较低)是否比只在未来可用的好处更可取这一普遍现象,在依赖物质的人群中比在我们其他人中表现得更为明显。在过去的 30 年中,众多行为经济学家、心理学家和神经科学家已经开展了一系列的实验,实验结果一再证明,包括吸烟者、可卡因和甲基苯丙胺使用者、成瘾者和酗酒者在内，与对照组相比，这类人群对未来的折现率都要高得多。与长期的好处相比（如远离成瘾的生活状态），人可能会回避奖励，因为奖励的价值偏低，但当奖励触手可及时，人的偏好就会突然转变。虽然这对我们大多数人来说都是事实，但在药物使用者中，对更近而不是更远的奖励偏好的差异更明显。不管出于什么原因，吸毒者和药物依赖者对奖励的折扣更大，即使那些奖励是金钱，可能与他们的成瘾没有什么关系，即使延迟很短，他们对奖励的折扣也比非吸毒者大得多。

然而，正如蒙特罗索和安斯利所意识到的那样，相关性并不是因果关系，即使存在因果关系，所进行的研究也没有说明这种关系的走向。成瘾可能是成瘾者对未来商品的大幅折价的原因，也可能是这种折价的结果。尽管如此，这种特殊类型的折扣确实说明了物质依赖者的冲动，或许还暗示了这一点：只要短期可用的善还在一定距离内，人们对长期善的偏好就会相对稳定，一旦短期可用的善变得迫在眉睫，这种折扣就会突然大幅逆转关于他们自我控制的能力。安斯利和蒙特罗索认为，这些意想不到的偏好的急剧转变，最好的解释是假设一个人的 2 个"自我"之间存在冲突，或者 2 种动机状态。安斯利提出的模型首先假定，"心理过程的习得程度取决于它们得到的回报"，所以人们会做能给他们带来回报的事情。然而，让这一点更加复杂的是，人们并不是简单地喜欢一种奖励而不喜欢另一种奖励；相反，他们的偏好随着时间的推移，相互影响。安斯利说，在这个明显受经济影响的模型中，双曲线偏好曲线表明，相互矛盾的过程会为行为人的行为相互竞争。在某一时刻，我对于未来的自我可能喜欢的东西是无法控制的。因此，尽管成瘾者会珍惜清醒的自我，但自我的状态在时间轴上并未统一，因此存在着可能性（如果某件事不存在，也存在这种可能性），当诱惑再次出现，成瘾者的偏好会突然改变，他可能会发现自己再次陷入成瘾的行为模式中。

## 二、自我损耗理论

另一种成瘾行为理论是自我损耗假说。根据这个假设，自我控制是一种有限的善。如果人承受了太多的压力或有太多需要自我控制的要求，他们抵御诱惑的可用资源就会减少。在这一领域进行了许多实验。在一项实验中，一组实验对象被要求只吃自助餐中的健康食品，如萝卜和芹菜，同时避免吃丰富的甜点。这一组后来在一项艰难的认知任务中坚持的时间比对照组短，而对照组则被允许自由进食。正如其他研究表明的那样，自我控制的相关练习也不只是短暂的。例如，长期致力于自我控制的人，比如节食者，在特定的情况下不得不进行大量的自我控制后，他们的自我控制能力通常会比那些没有这样做的人表现得更弱。在一系列表明这一点的实验中，长期节食者和非节食者被暴露在诱人或不诱人的情境中（满满一碗零食要么随时可以得到，要么就在远处），随后他们被要求在另一种情境中确定自己的自控能力。其中，在某实验中，节食者和非节食者都被要求吃冰激凌，这是一项表面上的口味排序任务，而在另一个实验中，节食者被要求做一项困难的认知任务。在冰激凌实验中，那些受到诱惑的节食者比那些没有受到诱惑的节食者吃得更多，但非节食者没有表现出这样的差异。在认知任务实验中，暴露在食物诱惑下会导致受试者更快地放弃所提出的问题。在所有这些案例中，那些在某一领域表现出自我控制能力的受试者，其自我控制能力似乎已经耗尽，无法应付以后的挑战。[1]

成瘾者就像慢性节食者一样，必须不断地进行自我控制。因此，当他们面对诱惑时，尤其是遇到意想不到的诱惑时，他们往往会很快放弃坚持自己的认知。例如，在面对自己支持使用的糟糕论据时，那些以这种方式承受压力的人往往没有他们原有状态那么敏锐。由于处于这种情况下的人缺乏额外的认知资源来辨析他们的观点，他们的判断就会从理性的戒断立场转向使用的理由。根据尼尔·利维的观点，相关的分离并不是像上面提到的欲望和喜欢之间的分离，而是动机和任何现象状态之间的分离。[2] 他的观点是，如果自我控制是一种可耗尽的资源，无关诱惑吸引力的大小，它可以被任何持续时间足够长的诱惑耗尽。这一假说解释了一个看似无法解释的事实：成瘾者可以在相当长的一段时间内戒掉毒瘾，然后，在面对一些没人会认为是重大挑战的事情时，他们却会屈服于诱惑。在很长一段时间内保持戒断需要大量的意志力储备，而在面对反复的诱惑时，意志力的储备会使复发的可能性越来越大。根据这一假设，问题不在于导致毒瘾复发的具体事件，而在于成瘾者在某个随机事件或情绪超出耗尽的自我所能克服的范围之前，要控制自己的冲动多久，以及要面对多少诱惑。利维说，这个假说也解释了触发机制的力量。因为每一个诱惑都需要成瘾者的自制力，每遇到一个

---

① KAHN D, POLIVY J, HERMAN C. P. Conformity and Dietary Disinhibition: A Test of the Ego Strength Model of Self-Regulation [J]. International Journal of Eating Disorders, 2003, 33 (2): 165 – 171.

② LEVEY NEIL. Addiction, Responsibility, and Ego Depletion [M]. Cambridge, MA: MIT Press, 2011: 101 – 111.

诱惑都会增加成瘾者故态复燃的机会。最后，根据利维的观点，这一理论为远端成瘾行为提供了最好的解释，远端成瘾行为是为了完成一个非自动的使用情节所必需的一套复杂的行为。与疾病模型不同的是，疾病模型在某种意义上必须把这些活动看作是自动的。而自我损耗模型，通过判断的转变观察复发耗尽了自我控制的能量储备，可以将成瘾的远端活动解释为"目的"———旦做出使用决定，就会进行通常意义上的推理。

虽然微观经济学和自我损耗理论都有助于阐明成瘾的某些因素，但它们本身并不比疾病模型更完整，因为它们只是把核心问题往后推了一步。例如，关于对未来的双曲线贴现，目前还不清楚是这种趋势导致成瘾，还是成瘾导致短期思维。一些研究人员提出了一种循环效应，即那些容易成瘾的人一开始会对未来的利益打更大的折扣，但当他们进入成瘾的行为模式时，折扣的程度会更大。应该指出的是，自我损耗是一个众所周知的现象，它影响着每个人的选择，因此它本身并不能充分解释成瘾。就像微观经济学理论一样，它也解释了为什么人可能会对成瘾性的药物和活动做出选择。然而，这2种解释都不能解释为什么只有一些人会做出成瘾的选择。经验主义理论就其本身而言是很好的，但它们并没有告诉我们是什么导致了成瘾者和不成瘾者之间的区别。

# 第三节  成瘾者的自主增强

## 一、自主增强及其弊端

对于成瘾者来说，其自由意志是否可以增强？增强的方式有哪些？何种增强方式更为可取？厘清这些问题具有较强的现实意义。已有研究表明，在没有外界干预的情况下，多数成瘾者在多年之后可以实现自主脱瘾，因成瘾而弱化了的自由意志也相应地得以实现自主增强。例如，奎因特罗（Lopez Quintero）通过大规模调查及数据分析发现，多数物质成瘾者在其被诊断为成瘾者的几年至几十年后，其成瘾程度会得以自然降低或缓解；[①] 海曼在汇总分析了3个在全美范围内开展的大型研究数据后也得出相似结论：约80%的成瘾者的成瘾程度会最终得以实现自主缓解，且这些成瘾者的脱瘾状

---

① LOPEZ-QUINTERO C，DS HASIN，COBOS JPDL，et al. Probability and Predictors of Remission from Life-time Nicotine，Alcohol，Cannabis or Cocaine Dependence：Results from the National Epidemiologic Survey on Alcohol and Related Conditions［J］. Addiction，2011，106（3）：657－669.

态已持续至少 1 年。① 奎因特罗等人的研究还进一步表明，成瘾物质的可获取性及成瘾者个体差异是影响自然缓解的 2 个主要因素。具体而言，对于违禁物质（如可卡因、大麻）的依赖年限要远远短于对于合法物质（如酒精、香烟）的依赖年限，也就是说，某种物质越容易获取，对于该物质的依赖年限就越长，达到自然缓解所需要的时间也就越久；对于同一种物质的依赖年限也会因成瘾者个体差异呈现不同，这里的个体差异一般体现为自由意志弱化程度的差异。以可卡因成瘾者为例，在成瘾后的 4 年左右的时间点，有约 1/2 的可卡因成瘾者其成瘾程度会自然缓解；在 10 年左右的时间点，有约 1/4 的可卡因成瘾者处于重度成瘾状态；在 15 年左右的时间点，仍有约 1/10 的可卡因成瘾者没有实现自主脱瘾。

此外，从自主调控的角度来说，也有实证研究论证了成瘾者的自由意志可以实现自主增强。哲学家法兰克福（Harry Frankfurt）曾对人的欲望做过"一阶欲望"和"二阶欲望"的区分并举例说明：一个成瘾者想要吸食毒品是一种一阶欲望，他同时也有一种想为了安心工作克服毒瘾的欲望即二阶欲望。因此，二阶欲望是关于欲望的欲望，是对一阶欲望的调控，可对一阶欲望的可行性进行反思性评价和选择，并促使人这个行为主体产生实际行动，此时人的二阶欲望使人具有了二阶意愿；当一阶欲望和二阶欲望发生重叠时，若某种二阶欲望得到了满足，人就享有了自由意志。② 海曼基于法兰克福的观点提出：成瘾者要具备较强的自由意志，就必须能自主地调控其自身对于成瘾物质的渴求水平，从而使得成瘾物质对其而言不再不可抗拒，③ 也就是说，他们可在高渴求水平和低渴求水平之间进行自主调控和选择。一项针对主动寻求戒烟的烟瘾者进行的研究支持了海曼的观点。该研究结果表明，有烟瘾者可以自主调控其吸烟渴求。④ 具体而言，戒烟前，吸烟者的渴求水平相对较高，从戒烟的第 1 天起，平均渴求水平持续降低。但是多位参与者出现了复吸现象，且复吸者在复吸当天早晨的吸烟渴求水平显著高于该日之前若干天的同一时间点的水平。鉴于该研究中戒烟是自愿、主动的行

① HEYMAN G. M. Do Addicts Have Free Will? An Empirical Approach to a Vexing Question [J]. Addictive Behaviors Reports, 2017, 5 (1): 85 – 93.

② FRANKFURT H. G. Freedom of the Will and the Concept of a Person [J]. Journal of Philosophy, 1971, 68 (1): 5 – 20.

③ HEYMAN G. M. Do Addicts Have Free Will? An Empirical Approach to a Vexing Question [J]. Addictive Behaviors Reports, 2017, 5 (6): 85 – 93.

④ SHIFFFFMAN S, ENGBERG, JOHN B, PATY, JEAN A, et al. A Day at a Time: Predicting Smoking Lapse from Daily Urge [J]. Journal of Abnormal Psychology, 1997, 106 (1): 104 – 116.

为，研究者认为成瘾者可感知到的香烟可获取性，即可以随时拿起香烟复吸，可以解释上述结果，当吸烟者戒烟的意志最强时（决定戒烟的第 1 天），吸烟的渴求会显著降低；当吸烟者决定拿起香烟复吸时，其吸烟渴求会重新升高。显然，依靠自主调控增强自由意志的效果不甚理想。

上述研究首先证实了成瘾者所具有的弱化了的自由意志可以得到自主增强。但是我们也注意到，上述自主增强自由意志的方式存在明显弊端。其一，在奎因特罗和海曼的研究中，自主增强自由意志需要经过相当长的时间跨度，一般需要几年至几十年之久，而且在这个漫长过程中，成瘾对成瘾者自身以及他人乃至社会造成的损害或已发生。其二，在成瘾者能自主调控自身渴求的研究中，我们也发现，这种调控实质上是朝自由意志这个连续体的两端进行的一种双向渴求调控，而不是我们期望的单向、负向的调控，因此增强了的自由意志会由于外界诱因（如成瘾物质的可获取性）的影响而再次弱化，呈现出反复性。正如上文所述，在成瘾物质可随时获取的情况下，成瘾者由于"法兰克福式的自由意志"的存在而在一阶欲望和二阶欲望间自由切换，导致复吸现象的发生。虽然成瘾者在主动寻求戒烟的过程中表现出阶段性较强的自由意志，但这种对于渴求水平进行双向调控的自由意志并没有实现真正意义上的自由意志增强，这种自由意志指引下的行为仍然会让成瘾者自身付出身心俱损的代价，实际上是自由意志在得到增强后再次发生弱化。而对于成瘾群体而言，要实现真正的自由意志增强，较为理想的状态应该是不论成瘾物质的可及与否，成瘾者均能表现出一个较低的渴求水平并相应控制或减少自己的成瘾行为，并且这种低渴求状态可以保持较长时间。

## 二、记忆更新路径

鉴于成瘾者自主增强自由意志存在诸多弊端，寻求一个高效便捷、可操作性强的方法来增强成瘾者的自由意志显得十分必要。实际上，学界已通过实证研究发现，可以通过对成瘾者的成瘾记忆进行更新这一路径增强其自由意志。[①] 在介绍这个记忆更新的路径之前，有必要提一下鲍迈斯特（Roy F. Baumeister）的自我损耗理论。

---

① GERMEROTH L. J, CARPENTER, MATTHEW J, et al. Effffect of a Brief Memory Updating Intervention on Smoking Behavior: A Randomized Clinical Trial [J]. Jama Psychiatry, 2017, 74 (3): 214 – 223.

　　自我损耗理论认为，大脑中用来进行自主调控的意志力资源会因应对压力以及抑制不断出现的心理冲动而处于损耗状态，而在一定时期内，大脑会保护余下的资源而不是任其损失殆尽，但如果有足够的动机出现，大脑仍然会调用意志力资源来进行自我控制。[1] 鲍迈斯特在一个综述性研究中提出，香烟成瘾者的自由意志并没有因为成瘾而被完全损耗，有烟瘾的人无法控制自己对于香烟的渴求，但可以根据香烟价格、社会规则等因素自主地、有意识地调控自己的吸烟行为，包括重度烟瘾人群在内的很多烟瘾者在若干年后都能自主戒除烟瘾。[2] 这说明虽然吸烟渴求或冲动是无意识、自发产生的，但其强度并没有达到使烟瘾者无法自主控制自己吸烟行为的程度。

　　鲍迈斯特认为，对于那些终生没有戒烟的人以及戒烟后又复吸的人而言，均不能说明他们自由意志的缺失，没戒烟的人认为运用自己的意志力去抑制吸烟渴求，进而失去吸烟带来的乐趣是不值得的；而戒烟后又复吸的行为本身就是烟瘾者自由意志的体现，这种自由意志使其在一定的时间跨度中可以暂时性地戒烟，先戒烟而后复吸是吸烟者在不同的时间点自主做出的相反决策，而这组相反决策得以实施的原因就是成瘾者自由意志的存在。鲍迈斯特运用自我损耗理论进一步阐释烟瘾者戒烟后复吸的自主调控渴求的行为。根据自我损耗理论，戒烟后复吸的行为正是源于大脑对自由意志资源的保护。在我们看来，烟瘾者有自由意志，但不去调用自由意志对自己的重复吸烟行为进行控制并任由复吸行为的发生，这实质上是自由意志的弱化。这种弱化，一是由于成瘾者需要抑制频繁涌现的心理渴求而导致的自由意志资源的损耗，二是由于自由意志资源损耗导致的对于成瘾行为自我控制的弱化，即成瘾行为的重现。因此，成瘾者的自由意志增强需要在其心理渴求水平（直接影响自由意志资源的损耗）和成瘾行为 2 个维度上都有体现。要增强成瘾者自由意志，首先应是缓解成瘾者大脑中自由意志资源的损耗，其次应使得成瘾者能够自主调用其自由意志资源对成瘾的行为实现自我控制，而缓解自由意志资源的损耗是通过降低成瘾者对于成瘾物质或相关线索的渴求实现的。

　　通过对成瘾记忆进行更新这条路径，即可从心理和行为 2 个维度上实现

---

　　① BAUMEISTER R. F. "Strength Model of Self-Regulation as Limited Resource: Assessment, Controversies, Update [J]. Advances in Experimental Social Psychology, 2016, 54 (2): 67 – 127.

　　② BAUMEISTER R F. Addiction, Cigarette Smoking, and Voluntary Control of Action: Do Cigarette Smokers Lose Their Free Will? [J]. Addictive Behaviors Reports, 2017 (5): 67 – 84.

对成瘾者自由意志的增强。① 具体而言，成瘾记忆的更新不仅可以降低成瘾者对于成瘾相关物质的心理渴求，而且可以降低其成瘾行为发生的强度。记忆更新的路径对于涉及经典条件反射（如有烟瘾的人看到打火机等与香烟相关的线索就会产生渴求反应）的记忆的更新具有较好效果。在记忆更新这条路径上，包括记忆的提取和消退 2 个阶段。人的记忆在形成之后，可以通过呈现与该记忆相关的线索将其提取，而被提取后的记忆会经历一个再巩固的过程，这个再巩固的时间窗是有限的（一般为 2 小时），并且在记忆再巩固的时间窗之内，记忆是不稳定的，因此易于在此期间通过行为干预对记忆进行修改或更新；而消退就是在再巩固的时间窗之内，多次重复呈现能引起条件反应的条件刺激，使得条件刺激与条件反应间的连接趋于中断，最终不再产生条件反应，从而达到更新记忆的效果。因此，用记忆的提取-消退的干预方式对成瘾记忆进行更新之后，当成瘾者再次接触到与成瘾物质相关的线索时，成瘾物质所诱发的奖赏性记忆已被更新，取而代之的是产生较低的渴求，并能充分调用其自由意志资源，减少后继成瘾行为的发生，成瘾者的自由意志增强得以在心理和行为双维度上实现。

　　一项关于烟瘾群体的研究采用了记忆更新这一路径对吸烟成瘾人群的成瘾奖赏性记忆进行了更新。实验招募了 88 位吸烟成瘾且有意愿戒烟的成瘾者为被试，所有被试者被随机分成 2 组，研究人员对实验组进行了成瘾记忆的提取和消退训练；对照组的实验流程与实验组一致，但是记忆的提取阶段使用的材料是与吸烟无关的中性内容的视频，即实质上与吸烟成瘾相关的奖赏性记忆并未被提取，因而尽管对照组也接受了同样的消退训练，但与成瘾相关的奖赏性记忆并不会被更新。实验结果显示，经过成瘾记忆的更新，实验组对于吸烟相关线索的渴求反应水平显著低于对照组（干预结束后 30 天测量），并且在吸烟行为上，实验组吸烟量也显著少于对照组（干预结束后 14 天和 30 天 2 次测量）。因此该研究通过记忆更新路径首先降低了烟瘾者的渴求水平，使得其自由意志资源在原有的基础上得以扩充，进而能够在面对成瘾相关线索时，调用充裕的自由意志资源对吸烟行为进行意志控制，实现了在心理和行为 2 个维度上的自由意志增强。与前述自主增强自由意志相比，记忆更新这条路径展现出耗时短、效果稳定性强等显著优势。②

　　① GERMEROTH L J, CARPENJER, MATTHEW J, et al. Effffect of a Brief Memory Updating Intervention on Smoking Behavior: A Randomized Clinical Trial [J]. Jama Psychiatry, 2017, 74 (3): 214 -223.
　　② 张永军，张效初. 成瘾人群的自由意志及其增强路径 [J]. 自然辩证法通讯, 2022, 44 (11): 26 - 34.

# 第二章　成瘾的疾病模型及其相关议题

自 18 世纪末以来，酒瘾在各种文献中被称为一种疾病。① 1956 年，美国医学协会（AMA）已经认可了疾病模型，这一观点也得到了包括世界卫生组织在内的许多有影响力的医疗组织的公开和明确的认可。② 研究人员通常使用各种依赖于疾病模型的方法试图理解成瘾的各个方面，而一些用于研究成瘾的方法表明疾病模型是一个很好的方法。例如，双胞胎研究和收养研究提供了证据，证明遗传（基因）在成瘾中起着一定的作用。此外，分子生物学解释了在反复接触成瘾药物后大脑中出现的某些现象。这些发现似乎解释了与许多成瘾案例相关的强迫性因素，至少表明成瘾问题涉及的不是简单的选择。然而，如果要评估成瘾是一种疾病，就必须理清成瘾研究中许多不同的线索。

## 第一节　疾病模型的心理学描述

心理学作为一门学科的发展历程，至少出现了 2 种截然不同的范式来指导成瘾研究。一种是用民间心理学术语如渴望和焦虑描述成瘾，另一种是用神经生物学术语描述成瘾。尽管它们的研究方向完全不同，但这 2 种概念框架被许多研究人员同时使用，因为他们试图从神经生物学的角度解释成瘾的心理体验。另一些人则寻求谈话疗法来治疗某些行为和生物症状。然而，心理结构和功能显然不是生理结构和功能。这 2 组类别甚至没有重叠，也不清楚这 2 种范式应该如何联系起来。部分心理学家说，心理体验是由神经活动调节的，部分心理学家则认为神经活动提供了心理体验的基础或辅助。这些

---

① VALVERDE M. Diseases of the Will: Alcohol and the Dilemmas of Freedom [M]. Cambridge: Cambridge University Press, 1998: 124 – 130.

② WHO. Neuroscience of Psychoactive Substance Use and Dependence [M]. Geneva, Switzerland: World Health Organization, 2004: 158 – 159.

模糊的短语指向需要的东西，但它们不能解释任何事情。然而，由于研究方法的不同，一些科学家认为成瘾是一种生理现象，任何对成瘾的心理描述最终都会归结为生理现象；另一些科学家认为心理范畴是基本的，并希望保持这些结构和功能的独立性和因果效力。我们接下来将对上述生理和心理两种疾病展开讨论，同时第一章的分析将有助于我们协调生理和心理两个元素的内在关系，避免陷入二元论的桎梏。

从最明显的地方开始，让我们考虑成瘾的疾病是在心理学术语的临床目的下定义的。这已经成为疾病模型理论家们的标准公式：

> 药物成瘾是一种慢性复发性疾病，特点是由：①强迫自己寻找并服用毒品；②在限制摄入量方面失去控制；③消极情绪状态（如烦躁、焦虑、易怒）的出现，反映了药物使用被阻止时的动机性戒断综合征。[①]

成瘾的特征是行为和情感上的症状，包括情感和精神状态上。更具体地说，根据美国国家药物成瘾研究所所长诺拉·沃尔科夫（Nora Volkow）和乔治·库布（George Koob）的主张，成瘾有 3 个不同的阶段，这些阶段统称为成瘾周期，包括暴饮暴食、戒断/消极情绪和先入为主/渴望。根据疾病模型，这些阶段一个接一个地增加，如果长期接触成瘾药物，强度不断增加，直到成瘾者失去控制"行为"的能力。DSM 列出了 4 种能够形成这种循环的药物：精神兴奋剂（甲基苯丙胺、可卡因）、阿片类药物（海洛因、吗啡、奥施康定）、酒精和尼古丁。赌博是目前唯一被列在成瘾障碍中的活动，即使是这种活动也被描述为一种冲动控制障碍，而不是上瘾本身。尽管如此，对那些滥用药物和依赖药物的人来说，它的描述几乎是等同的，而且这个名单很可能还会增加。购物、玩电子游戏和对性的专注这些活动已经被认为是成瘾，或者是非常接近成瘾的行为。

## 一、享乐论

物质和至少一种活动的共同之处在于，它们能产生有益的体验，而且对某些人来说，这些体验带来的回报远远大于普通的快乐，比如食物、锻炼或性。"高"的概念在这里真的很重要；体验过的奖励是超越了通过其他方式获

---

① KOOB GEORGE F, VOLKOW NORA D. Neurocircuitry of Addiction [J]. Neuropsychopharma-cology, 2010, 35 (1): 217 - 138.

得奖励的体验。更重要的是，通过成瘾的物质和活动所获得的奖励时间远远超过了正常的、不上瘾的快乐。也就是说，性的乐趣可能是强烈的，但相对于酒精、香烟或鸦片的影响，它不会持续很长时间。考虑到这2个事实，有人想要重复这种经历就不足为奇了。成瘾的享乐主义理论把他们的注意力集中在这一特征上。成瘾物质带来的愉悦、高涨的情绪、警觉性或放松是即时的、不可否认的，而且是相对持久的，不管在使用过程中可能出现的负面体验。重复的循环还在继续，因为与使用相关的事情并没有消除使用带来的满足感的情感关联。正如约瑟夫·勒杜（Joseph LeDoux）所发现的，记忆与情感紧密相关。事实上，他的研究表明，任何特定记忆中的情感因素似乎都是永久性的。当记忆本身完全被遗忘时，我们的大脑对人、地点、事物和经历所产生的情感联系仍然完好无损。即使当这种情绪似乎已经消失，使你不再经历，如在蛇面前的恐惧，也可以通过某些刺激而复活，比如回到看到蛇的地方。从最本能的意义上来讲，成瘾者可能会继续建立这种联系，在他不再记得愉快地使用某物的特定经历，甚至在他不再记得"美好时光"的特定体验之后很长一段时间内继续做某件事。享乐主义理论强调，情感比深思熟虑的理性更古老，对我们的影响也更快，所以成瘾者很可能保留自动积极反应的物质滥用。

有些人认为，成瘾者可能会因为快乐的回报而开始沉迷于药物或活动，但他们会继续寻找并吸收他们喜欢的物质或活动，因为停止会导致痛苦的戒断。根据这个理论，正是快乐的对比解释了成瘾行为。当瘾品或赌博带来的冲动离开系统时，同样的动机系统允许高度的或出乎意料的积极的消耗来调节上瘾者寻求重复的行为，这也能产生一种厌恶的反应。从这个观点来看，正是对戒断的痛苦的逃避激发了成瘾者。从享乐主义的观点来看，要么是快乐本身，要么是快乐或痛苦的对立，这解释了成瘾物质和活动的持续使用，以及在达到戒断之后，成瘾物质和活动的回归。

## 二、刺激敏感性

在许多研究中，主观的愉悦状态和吸毒的持久性并没有被发现是高度相关的。[①] 在反复接触瘾品之后，有些人甚至在不再喜欢瘾品的效果时，仍

---

① ROBINSON, BERRIDGE. The Incentive Sensitization Theory of Addiction: Some Current Issues [J]. Philosophical Transactions of the Royal Society of London. Series B, Biological Sciences, 2008, 363 (1507): 3137 - 3146.

然想要沉迷于它。这种对药物的持续缺乏或敏感是成瘾现象的重要组成部分，也是将其与药物依赖区分开来的主要因素之一。由于发生了联想学习，在接触瘾品后很长一段时间内，成瘾者可以对与瘾品和成瘾活动有关的线索以及与瘾品或活动本身有关的线索保持敏感。因此，当接触到与所选择的瘾品有关的图像、地点或人，更不用说瘾品本身时，这个人就强烈地倾向于重新寻找和使用瘾品。只有在某些情况下，成瘾者才会对他们选择的物质或活动表现出持续的积极态度。通常面对直接遭受的伤害，成瘾者会有意识地对他们成瘾的对象持消极态度，但这并不能停止对它的渴望或寻求它。就像2个人之间悬而未决的敏感问题，一旦发生，任何涉及这个问题的讨论或活动都很难不再唤起那些敏感的感觉，当任何事情让人想起它时，也很难不去想它。因为多巴胺所做的事情之一是激发寻找，当这个系统变得敏感时，任何提醒他上瘾的对象，无论是某种特殊的感觉，还是毒品或随身用品的图像，或者与毒品使用或赌博有关的人或地方，寻找和使用的反应都被投入运作。即使没有任何有意识的奖励或厌恶联想的参与，这种情况也会发生。① 由于所涉及的自动性，一旦在使用方向上启动了操作，通常就会一直执行到完成。②

大脑中发生的大部分事情，包括驱动动机的联想和情绪学习，在很大程度上是在幕后操作的。因此，某些事物或活动对我们意味着什么，或唤起我们什么，往往是不被有意识地认识到的。我们一天中所做的大多数事情或多或少都是无意识的，从洗澡、穿衣的例行公事，到熟悉的驾车路线，再到浏览网络新闻。考虑到这一点，这似乎很明显，当成瘾者发现自己在吸烟或吸毒，或只是渴望这样做的时候，保持清醒的头脑可以抗拒欲望。

## 三、习惯论

基于观察，一些研究表明，习惯化的普遍现象及其伴随的自动性可以解释重新陷入成瘾行为的现象。然而，这种解释并不像动机显著敏感性那么有效，因为大多数习惯并不是在驱动人采取行为的触发器方面经历的。例如，当我开车去上班时，如果我们没有提醒自己今天要去医院办公而不是去学校

---

① EVERITT B J, DICKINSON A, ROBBINS T W. The Neuropsychological Basis of Addictive Behavior [J]. Brain Research Review, 2001, 36 (2/3): 129 – 138.

② LOGAN G D, COWAN W. On the Ability to Inhibit Thought and Action: A Theory of an Act of Control [J]. Psychological Review, 1984, 91 (3): 295 – 327.

上课，那么习惯的力量可能导致我开车去往大学。

习惯通常可以通过一种似乎与许多人认为的成瘾特征相反的强迫性行为来识别和打破。更重要的是，尽管习惯肯定是成瘾的一个组成部分，用它解释成瘾的"失控"特征，将与我们正在考虑的定义的疾病模型不一致。我们通常不认为习惯是可以治疗的疾病，医疗保险也不支持这种治疗支出。

因此，有几种不同的心理学解释被用来解释为什么成瘾者表现出他们所做的行为和经历所描述的感觉。在试图确定这些说法中哪一种能提供最好的解释时，随着技术的发展，心理学家开始尝试和识别发生在成瘾中的生理过程，并利用这一知识确认其中一些说法，发展其他说法。通过这种方式，疾病模型在研究成瘾的科学家中成为公认的观点。如果成瘾是可观察到的生物因素的结果，推理是：它不可能是简单的错误选择的功能。

## 第二节　疾病模型的生物学路径

我们应该注意到，成瘾的享乐、习惯化和显著敏感化模型并没有告诉我们成瘾周期为何会开始，以及它是如何运作的。心理学、生物学方面的专家试图为这些问题提供答案。通过动物模型实验和使用成像技术研究人脑、研究成瘾的生理方面的科学家已经发展出了分子、神经和神经系统层面上成瘾的发生理论。许多心理学家表示，成瘾的心理特征是通过这些模型中描述的神经系统介导的。接下来，我们在生物心理学框架下探讨享乐主义、显著性敏感和习惯描述的相关理论。

### 一、成瘾的发生理论

为了理解这些理论，我们首先必须对大脑如何工作以及瘾品如何影响大脑有一个大致的了解。大脑是一个极其复杂的动态系统，由许多不同种类的细胞组成，控制着人体的各种活动。与这一讨论最相关的细胞是神经元，它们数量众多（在人类大脑中可能多达1000亿），而且是复杂的细胞，它们之间的交流调节着体内发生的一切，处理着我们所有的经历。神经元是一种电化学的细胞，通过化学信号相互交流。它们接受位于树突或尖突延伸上的受体的输入，并通过轴突向其他神经元发送输出。一旦它们接收到足够的兴奋输入并达到一个临界兴奋阈值，它们就会发射或产生动作电位。这些刺激的输出是神经递质，这些化学物质反过来与邻近神经元上的受体结合，对该神经元产生兴奋或抑制性影响。神经元本身非常复杂和动态，并以数百万种方式分化，就像它们之间的空间，即突触一样。神经元向这些突触释放特定的神经递质，它们要么与突触另一侧的细胞结合，要么被释放细胞重新吸收。这些上千亿的神经元都以它们自己的模式或振荡放电，并与其他神经元联系在一起，以不断变化的模式放电，这种模式受限于与更大模式的连续电活动的相互作用。

其次，神经元的放电并不仅仅在单次情况下影响整个突触的神经元。相反，当一个神经元放电刺激另一个神经元放电时，它也会导致长期增强（Long Term Potentiation，LTP），这是 2 个神经元同步的一种配置。神经元倾向于对于它们有联系的其他神经元的放电变得敏感，这被认为是使学习和记忆成为可能的机制的一部分，也就是我们常说的"神经元一起放电，连接在一起"的意思。这种突触强度的调整是大脑可塑性的基础，在过去的 20 年里，这种现象已经成为神经科学研究的中心。可塑性在成瘾的疾病模型中很重要，因为我们大部分的学习都是在无意识中进行的，特别是某些类型的学习，比如联想学习和程序学习。成瘾的部分原因是，人们通过突触强化来养成习惯，同时对与上瘾有关的气味、声音、人和事物产生强烈的情感、概念和积极的联想。更重要的是，过去的经历，通过它们塑造我们的大脑，塑造我们的期望（主要是在联想方面）。反过来，这些期望甚至比新的输入更能塑造我们的感知和反应。这是因为我们大脑中的神经元网络也是周期性的。也就是说，神经元之间的反馈交流和前馈交流一样多。事实上，前馈的输入可能是前馈的 10 倍。这意味着重复的相似经历塑造了我们对世界的理解，进而影响了我们如何感知新的感官和身体输入。举个例子，在成瘾的情况下，这可能意味着，成瘾者会感到快乐，会认为某个街角有希望，而那些从未在那个街角买过毒品的人不会这么想。另一个例子是一个吸烟者试图戒烟，他在一个便利店停了下来，拿着一包烟走了出去，此时他并没有想过自己准备戒烟。当我们讨论成瘾的疾病模型被阐述和辩护的各种方式时，这些观点都是相关的。

那么，让我们回到 DSM 对物质滥用和依赖障碍的描述。正如我们说过的，4 种主要的药物在书中概述：精神刺激剂、鸦片、酒精和尼古丁。这类成瘾性药物与大脑系统的关联，如奖赏反馈系统、诱因动机机制、前额叶皮层区域和应急反应机制，提供了关于成瘾的基础心理学解释，包括成瘾如何发生、为什么毒瘾容易复发等。奖励/学习网络似乎已经进化到处理自然奖励，激励我们去寻找食物和性等对物种生存至关重要的东西。但是，仅仅因为一个系统是为一件事而进化的，并不意味着它只能做这件事。例如，指尖是为了触摸而进化的，很久以后，它们被用来阅读盲文。成瘾的药物和一些活动不仅利用了自然产生的奖励/学习系统，就像盲文阅读对手指的敏感度一样，而且这些药物和活动也比任何自然奖励更有效地利用了相关系统。更重要的是，使用这些药物也可以改变这些系统的结构和功能。

根据普遍的观点，成瘾的药物和活动利用通常与体验快乐、学习和激励动机有关的神经回路。根据大量的研究文献，奖赏处理依赖于纹状体，包括伏隔核区域。这个区域多巴胺的增加，尤其是当这些增加很快的时候，与更高的愉悦感、欣快感等相关。根据"对手过程理论"，每一个多巴胺过高的事件都会有一个对手降低多巴胺，这有助于恢复体内平衡。然而，平衡过程是不愉快的，因为它比最初的奖励体验更慢，持续时间更长。最终，随着长期接触，身体会适应通过失去一些多巴胺受体和使奖赏回路区域的神经元发生其他变化而注入过量的多巴胺。其结果是，随着时间的推移，失去的多巴胺受体会增多。当这种情况发生时，需要更多的药物来实现同样的奖励水平，而停止奖励会导致多巴胺和血清素水平进一步降低。血清素是另一种与情绪有关的神经递质，不仅调节人的情绪，还与社交行为和人际关系密切相关。大脑某些区域缺乏维生素 D 与抑郁症有关，维生素 D 可以影响大脑内的多巴胺等神经递质的合成和释放。此外，由于奖励制度是在长期服用药物后，对药物的敏感度下降，自然奖励的愉悦效果整体降低。在心理学方面，正如我们在上一节中看到的，在这个"对手过程"或"正—负"模型中，人们最初服用药物是为了获得快感，然后在大脑适应后，将其转化为成瘾，他们服用药物以避免戒断症状。

这种理论的问题在于，它没有解释复发现象，而复发往往发生在长时间的戒断之后。在这样的戒断之后，大脑会向上调节回到自然状态，所以避免戒断似乎并不是使用药物的动机。不过，另一种假设或许可以解决这个问题。根据过度学习成瘾理论的某些版本，大脑关键区域多巴胺的总量并不是引发成瘾的唯一因素。因为在期望和经历之间有一个不断的反馈循环，大脑为了适应环境不断地进行调整，一个人经历的奖励也会受到他的期望的影响。学习依赖于预测，而导致倾向于接近自己选择的物质或活动的学习依赖于奖励。脑成像实验表明，当一个人收到比预期更大的奖励，更多的多巴胺到达目标区域，即前扣带皮层，集中处理发现、奖励和误差等信号。当一个人得到预期的奖赏时，前扣带皮层保持不变；当一个人期望得到奖赏却没有得到，或者得到的奖赏比预期的少，甚至比预期的晚，到达该区域的多巴胺就会减少。① 因此，该理论认为，由于药物和成瘾行为产生的多巴胺能活动比自然奖励多得多，人们会重复这些行为，直到它们成为自动行为。此时，它们的行为就像实验鼠：当遇到刺激（压力、不适或其他）时，就启动奖励按钮。

## 二、习惯性与激励敏感性

在某一时刻被考虑和选择的行为会变得过度学习。也就是说，特定的刺激会习惯性地引起特定的反应。② 比如，伸手去拿牙刷会唤起伸手去拿牙膏的动作，比其他任何东西都更能唤起拿牙膏的动作。基于这种理论的成瘾只是一种强烈的习惯化，因为它涉及所有习惯化的大脑区域。因为习惯的特点是对结果不敏感（它们不是目标导向的。相反，它们只是我们在给予一定刺激的情况下所做的事情）。一些人认为，习惯性学习可以解释在服药过程中从有意识选择到自动行动的转变。这一定义当然符合有时对吸毒者及其吸毒习惯使用的语言。然而，尽管这些强烈的内隐记忆关联可以解释实验鼠不断地推动控制杆进行自我给药，但这不足以解释人类的成瘾，人类的成瘾往往需要在远离实际使用的道路上进行重大规划。因此，成瘾似乎不能仅仅是一种习惯性的反应，尽管这种因素确实存在。

心理学理论似乎为成瘾的各个方面提供了较好的解释，包括面对诱因时的坚持、渴望和复发，这个理论就是动机显著性敏感性假说。这一假说关注的是，某些线索是如何引发过度的吸毒动机的。我们之前探讨过，这种动机被称为"想要"，而不是"喜欢"。根据神经影像学研究，刺激显著性敏感度是眶额皮质的一种功能。眼窝前额皮质提供外部物体和事件的显著性的内部表征，并为它们分配一个特定的值。这是正常运行时必不可少的系统，它允许生物体在不同的目标之间进行选择。当一个神经元发出信号时，它不会只刺激与之相连的神经元的放电，也会产生一个 LTP，让这些神经元同时放电。伏隔核中的 LTP 似乎随着一些成瘾药物的使用而增强，这可能会增加谷氨酸能神经元的活性。有研究表明，这个区域多巴胺的快速工作和大量增加将毒品体验归类为一种高度突出的体验，一种能引起注意并促进觉醒、条

① AMIEZ CELINE, JOSEPH JEAN-PAUL, PROCYK EMMANUEL. Anterior Cingulate Error-related Activity Is Modulatedby Predicted Reward [J]. European Journal of Neuroscience, 2005, 21 (12): 3447 – 3452.

② EVERITT B J, ROBBINS T W. Neural Systems of Reinforcement for Drug Addiction: From Actions to Habits to Compulsion [J]. Nature Neuroscience, 2005, 8 (11): 1481 – 1489.

件性学习的体验结果和动力。正是这种激励敏感化过程被认为辅助了我们所看到的成瘾的特征，而学习系统提供了决定一个人寻求什么以及如何寻求的关联。一个人容易过敏可能是一系列因素的作用，包括基因、激素、过去的创伤、压力、模式和药物接触量，甚至年龄，青少年比成年人更容易受到这些变化的影响。我们有理由相信，这种变化，以及那些与快乐和习惯有关的变化，是非常个人化的，其作用远远超出神经科学本身所能描述的机制。

## 第三节　疾病模型的理论局限性

所有的理论都有其背景，成瘾模型的发展也不例外。事实上，美国医学协会在 20 世纪 80 年代花了大量时间确立了成瘾是一种疾病的立场，这与实际问题有很大关系，比如让保险公司支付治疗费用。虽然这不是美国医学协会唯一的动机，但许多以前被认为是人类生活正常部分的疾病的媒体化在当时正在发生，这既扩大了医学领域的范围，也使其有利可图。但是疾病模型的发展也有科学原因。随着 20 世纪中后期研究技术的进步，人们有可能更多地了解大脑是如何运作的，以及各种药物是如何影响大脑功能的，这些进展为发展干预疗法提供了希望。这很重要，因为有些研究似乎表明，我们想到的成瘾意味着现象，可以通过改变特定的细胞，通常神经元，或神经下的结构，或某些化学物质相互作用。此外，疾病模型假定只有少数大脑系统与成瘾模式有关，因此，如果把足够的注意力放在这些孤立的区域，我们就会理解并能够治疗它。这一观点的大部分证据都是建立在成像技术的基础上的，这些成像技术目前变得非常流行，也确实创造了一种非凡的能力，可以以非侵入性的方式看到大脑的结构和某些功能。然而，标准观点的假设存在一些问题。

### 一、反思生物标记假设

首先，我们必须考虑这样一种假设，即在先进技术使研究人员得以追踪的大脑变化与一个人成瘾时所发生的现象体验之间，存在因果关系或同一性。尼古丁可以阻断 GABA（γ-氨基丁酸）细胞，从而刺激多巴胺细胞继续燃烧，这很可能是真的。而且与非尼古丁使用者相比，长期尼古丁使用者作为一个群体，其尼古丁受体的敏感度可能会降低。事实可能是长期使用尼古丁后，吸烟者对吸烟的愉悦感会减弱。然而，有人声称，正是细胞间突触中多巴胺的增加使尼古丁使用者在吸食后感到愉悦。参与者表示，服用瘾品一段时间后，他们的愉悦感会减弱。在我们用物理术语交换心理术语之前，这里需要展示的是如何做到这一点。事实上，这个问题是激发本研究的主要问题之一：我们应该如何理解成瘾者的心理与他的生理和环境的关系？弄清这种关系是我们努力解决成瘾是一种疾病还是一种选择的争论中固有的二分法的根源。

这种二分法在一个层面上基本上是这样一个问题：一组研究人员用来定义成瘾的生理标记，是否必然与另一组研究人员用来定义成瘾的心理标记有关。也就是说，神经生物学研究人员利用成像技术和动物模型，已经确定了伴随症状的物理变化，这些症状符合 DSM 的物质障碍分类。但是，在没有人上瘾的情况下，大脑会发生成瘾特征的变化吗？如果一个人的大脑没有经历这些变化，他会成瘾吗？每个个体都是一个自组织的系统，在它所显示的宏观模式中是独一无二的，具有独特的发展历史和与其环境的独特互动。硬科学可能为我们提供有用的信息，有助于了解上瘾的个体行为和其他症状，但是，当我们考虑通过这种成瘾模型得出的结论时，我们应该很好地理解任何具有因果关系或其他关系的统计性质。

神经生物学研究人员经常提出的第二个假设是，研究中使用的大脑扫描图像的意义是不言而喻的。这个假设的范围要广得多，但在外行人群中所掌握的信息却少得多。尽管已有大量关于成瘾的大脑成像研究，以及对大脑其他各种功能和变化的研究，但所有这些图像实际上所显示的究竟是什么还需要进一步解释。现有的常识往往基于一些重要的假设，例如，成瘾包括大脑中的奖赏回路，记忆和学习系统，动机、评价以及认知控制的大脑区域。研究人员专注于大脑分区的研究，包括伏隔核、苍白球腹侧、杏仁核、下丘脑和前扣带等，因为成像研究显示，当相关过程发生时，大脑就在这些区域活跃起来。但是大脑的内部运行并不是清晰可见的，而且大脑的各个区域也不会单独工作。脑成像技术就像对遥远星系的成像一样，研究人员获取一些非图像信息，然后从中创建图像。以功能性磁共振成像（fMRI）为例，我们在杂志上看到的图像是经过高度处理的血液磁性变化检测结果。在神经活动增加之后，对氧气的需求也随之增加。当氧气进入血红蛋白时，它的磁共振会发生微小的变化，而这正是研究人员检测到的。参与反映功能磁共振成像结果的计算机处理功能磁共振成像机器在特定时间跨度内拍摄的无数图像，并对它们进行平均，然后通过从特定区域的大脑活动中减去大脑的整体活动，表明特定区域在这段时间内比其他区域更活跃。

所有通过这些手段对活动的测量和表示都是间接的。功能磁共振成像不能通过检测神经元放电时发生的电活动，也不能通过检测局部代谢的快速增加或减少来工作。相反，它的工作原理是通过测量大脑某一特定部位运作时，随着新陈代谢的加快，大脑局部血流量的增加。这些扫描测量的活动范围为毫米——很大的范围，这意味着它们测量的是数百万神经元的活动。但是，从微观模式到宏观模式的移动，这样一个相对大规模的图景，很可能是许多较低层模式相互作用的结果。因此，记录下来的代谢活动的变化总是平均的，掩盖了在更高的特异性水平上正在发生的事情的细节。此外，图像总是叠加在背景活动上，因此我们所关注的活动的差异会抹去活动发生的前期行为。科学家们无法区分大脑某一特定区域活动的实际增加与该区域同时进行的其他任务造成的明显活动，以及可能是其他事物副作用的随机活动。影像学研究一般不涉及具体某个人的大脑，但往往针对到具有代表性的个体大脑，或者在成像个体之间存在统计学上显著的相关性。也就是说，这些研究假设，当相同的部分被激活时，所有的大脑都在做同样的事情，这就得出了这样的结论：被观察到的特定活动必须对与之相关的体验或变化负责。然而，考虑到我们所说的生物体的独特性，我们在基于神经层面研究成瘾的科学中使用的成像技术得出关于个体的任何结论时，都应该极其保守。

## 二、反思模块化假设

在成像研究中有一个更基本的假设，即思维过程可以定位于大脑特定部位的活动。但这一假设受到越来越大的阻力。这种关注与图像的解释问题有关，但并不完全相同，它解决了认知神经科学家普遍采用的模块化假设。长期以来，人们一直认为，特定的任务是由大脑特定区域的活动完成的，特定的体验是由该区域的活动产生的。我们在上面的成瘾描述中看到了这一假设。然而，一些神经科学家已经开始反对这一观点，他们指出，几乎所有类型的反应都分布在大脑的许多区域，即使不是大部分。[①] 威廉（William Uttal）在自己的工作中广泛运用影像研究，是对定位理论最尖锐的批评者之一。他担心的不是成像工具没有用处，而是科学家们对它们的热情，没有对使用它们所涉及的假设保持批评。他将普遍被认为是心理过程特征的模块性与当代颅相学进行了比较。颅相学是19世纪的一种实践，通过头骨上的肿块来预测一个人的心理特征。深入研究计算机图像是如何创建的，以及用来

---

① FRISTON KARL. Beyond Phrenology: What Can Neuroimaging Tell Us about Distributed Circuitry? [J]. Annual Review of Neuroscience, 2002 (25): 221-250.

解释它们结果的假设，将使使用它们的科学更加可靠。

一个相关的问题是，在 fRMI 测试中，当大脑区域被激活时，它究竟在做什么。一些脑部区域，如前脑岛和前扣带回，它们被激活多达25%。至少到目前为止，关于大脑如何产生心理体验的有用信息是模糊的。有证据表明，特定的大脑区域参与特定的处理任务，但它们是如何参与这一过程的还不清楚。因此，尽管有可能记录伴随成瘾症状和行为的结构和功能变化，但我们对成瘾模式的真实性质的评估必须根据重要的条件和注意事项来理解。

# 第四节　寻找新的研究起点

## 一、质疑疾病模型的有效性

疾病模型的批评者的理由有很多，而与研究方法的局限性无关。一方面，一些批评者指责疾病模型在任何科学模型的第一项任务上都是失败的：解释这种现象。特别是，它没有考虑到成瘾者复发的时间，也没有考虑到计划和组织使用事件，这些事件往往发生在与放纵本身有明显时间距离的地方。另一方面，一些人则坚持认为，成瘾本身并不符合疾病的逻辑范畴。例如，唐纳德·道格拉斯（Donald Douglas）[1] 认为，将酗酒视为一种疾病，是一种因果倒置。虽然酗酒能引起疾病，但它本身并不是一种疾病。什么样的疾病才能与健康并存？许多被别人认为是成瘾者的人，以及那些自认为已经成瘾的人，健康状况都很好。在这种情况下，说他们不是真正的成瘾者只是一种语言游戏。当一个人有酒瘾时，他对疾病的担忧与酒瘾之间的其他逻辑不匹配：当他戒断酒瘾时，说他有酒瘾不理性。如果有，是什么使它成为一种疾病？如果不是这样，那么为什么很多酗酒者在戒酒一段时间后还继续喝酒呢？最后，也是最重要的，一方面说饮酒是酗酒的原因，另一方面又说患有酗酒症这一疾病限制了一个人的选择能力，这违反了逻辑法则，并且阻断了任何关于疾病或选择的非循环定义的可能。

其他批评人士表示，把成瘾当作一种疾病来对待是不切实际的。虽然将成瘾定义为疾病的最初想法至少在一定程度上是为了摆脱它的污名，并鼓励

---

① DONALD B, DOUGLAS. Alcoholism as an Addiction: The Disease Concept Reconsidered [J]. Journal of Substance Abuse Treatment, 1986, 3 (2): 115 – 120.

成瘾者寻求帮助,但转向医疗模式有其隐藏的一面。首先,它把摆脱毒瘾的责任推给了治疗专业人士,而不是那些有问题的人。事实证明,这样做会产生危险的结果:以这种方式看待成瘾,有成瘾问题的人就有了放弃控制自己行为的借口。特别是当一个人重新开始使用时,如果他假设疾病模型是正确的,那么他就没有动力去试图将其最小化。事实上,他认为他不能。① 换句话说,它创造了一种直到最近还没有在逻辑上与治疗方法联系起来的疾病。那些声明成瘾疾病引用十二步疗法是最好的或唯一可行的治疗方法的人认为,这种方法本质上是精神上的,这似乎与对当代医学界定义的疾病的方式不匹配。

疾病模型过于重视疾病的生理学概念,理论倾向于简单化。例如,2011年8月15日,研究报告《科学家们现在可以阻止海洛因和吗啡成瘾》就表达了科学的过于自信,主要撰写人马克·哈钦森(Mark Hutchinson)博士说:"我们的研究已经明确表明,我们可以通过大脑的免疫系统来阻止上瘾,而不需要针对大脑的神经回路。"也许已经有结论表明,纳洛酮,一种非阿片类镜像药物,可以阻止免疫系统对阿片类药物通常的放大效应,这应该允许吗啡等药物用于止痛,而不会产生额外的成瘾欣快效应。至少在实验室测试中,使用这种药物明显减少了大鼠自身给药的阿片类物质(我们已经讨论了从动物模型到人类的外推问题)。虽然这可能使一些必须在很长一段时间内使用阿片类药物的人不再产生依赖性,但我们所取得的成就实际上与哈钦森博士所宣称的相距甚远:纳洛酮能自动消除成瘾。它关闭了对阿片类药物的需求,切断了与成瘾相关的行为。把毒瘾看作是一种诱发性疾病的想法,会导致人们得出一个误导性的结论:它可以用化学手段消除,就像天花可以用疫苗预防一样。虽然这类药物是避免和控制成瘾的非常有用的工具,但如果认为它们是万能药,就错过了成瘾所起作用的许多相互关联的层面。

除了逻辑上、实践问题和过于简单化的问题之外,成瘾作为一种疾病的概念还面临着一些事实上的挑战。心理学家吉恩·海曼反对疾病模型,理由是它违背了心理学和社会学的研究成果。他指出,绝大多数曾经符合药物滥用和药物依赖标准的人在中年时停止使用药物而不接受治疗。他说,这并不支持人们普遍认为成瘾是一种慢性病的观点。研究表明,接受治疗的成瘾者

---

① PEEL STANTON. Denial of Reality and of Freedom-in Addiction Research and Treatment [J]. Bulletin of the Society of Psychologists in Addictive Behaviors, 1986, 5 (4): 149-166.

继续使用毒品，而那些没有接受治疗的成瘾者则停止使用。但是，最终参与成瘾研究的人大多是去医院接受治疗的人。这给出了一个关于缓解率的扭曲图景。此外，海曼提供的证据表明，缓解甚至不是一个恰当的词，因为停止吸毒的人似乎停止了吸毒，就好像已经结束了。最后，去医院治疗的人比不去医院治疗的人更有可能有其他的精神或身体问题，所以海曼说，正确的结论是，当成瘾持续时，是因为人们没有其他有意义的选择，他们的生活中有其他生活所没有的障碍。然而，这并不是一种疾病的图景，它可能是伴随其他疾病的一种现象。

## 二、构建动态模型的可能性

关于成瘾的宽泛的理论类别都不能提供对这一现象的完整描述。事实上，选择模型和疾病模型的对立是人为的，因为人类是对其内外环境变化作出反应的生物有机体，他们的反应方式之一是行动，或做出选择。其中一些选择包括继续沉溺于某些物质或活动。对这些行为模式的分析，无论是从脑化学还是其他方面，都只是理解成瘾的开始。我们还需要了解哪些人会上瘾，以及为什么有些人似乎很容易上瘾，而有些人可以使用同样数量的药物却不会上瘾。我们还想知道为什么许多人有能力摆脱成瘾模式，而对于其他人来说，无论他们的动机水平如何，这种转变似乎是不可能的。任何试图回答这类问题的努力，都需要理解人成瘾是一个复杂的、本质上动态的过程，在本质上是历史性的，必然嵌入一个不断演变的物理和社会环境中。

许多支持成瘾疾病模型的研究人员引用的统计数据暗示了成瘾的遗传因素。例如，领养研究和双胞胎研究已经表明，至少部分个体的成瘾倾向在某种程度上是遗传的作用。如果这些研究得出的结论是正确的，这就是支持疾病模型的一个原因。几乎所有的关于成瘾的文献都引用了一个公认的观点，那就是一个人成瘾的风险可能有一半是由基因决定的。然而，这种风险究竟意味着什么，这是一个重要的问题。毕竟DNA并不能决定人们最终的生活。DNA含有制造蛋白质的指令，它不是一套创造人类的指令，那么，DNA就不可能是一组特定的指令，它不能决定行为模式。虽然一个人很可能有一种遗传易感性，一旦长期服用药物，就会经历成瘾特征的大脑变化，但如果他从未尝试过成瘾药物，他肯定不会成为一个成瘾者。更重要的是，一个人的基因组的表达是表观遗传因素的功能，同时也是遗传因素的功能。在我们的假设中，先天与后天之间并没有脱节之处，所以像一个人会因为遗传易感性而成瘾这样的简单分析也不成立。相反，儿童环境中的所有情况和事件，无论是积极的还是消极的，都会对其生理和心理发展过程产生影响，从而导致其成瘾的脆弱性，使其容易上瘾。①

　　将个体描述为一个复杂的动态过程，这个过程是由众多其他相互作用的高度复杂的动态过程形成的，这似乎适应了迄今为止成瘾研究提供的丰富结果。无论是遗传学、分子生物学、神经生理学还是心理学，都不能单独对这一复杂的现象提供充分的解释，压力、创伤和社会因素都在成瘾模式的发展中发挥作用。虽然每种分析尺度上的研究都有助于寻求局部治疗，但没有任何一个层次的解释有希望能够为所有人提供治疗途径。为什么我们会认为成瘾是一种疾病，或者是一种做决定的特殊方式？为什么认为我们的分析应该止步于个体？正如我们将要继续讨论的那样，事情要比疾病模型所展示的内容复杂得多。

---

① PERRY BRUCE D. Childhood Experience and the Expression of Genetic Potential: What Childhood Neglect Tells Us about Nature and Nurture [J]. Brain and Mind, 2002, 3 (1): 79 - 100.

# 第三章　成瘾的外部影响因素

　　人不会成为孤立的成瘾者。除了被广泛引用的研究表明社会联系对于生存至关重要之外，在过去 20 年里，许多关于成瘾的研究都集中在儿童时期影响对后来的药物使用和滥用的重要性，以及社会影响对成瘾的过渡和康复的重要性。就我们的研究目的而言，提出了一个问题：如此庞大的研究结果如何表明社会关系对成瘾的影响与我们讨论过的任何一种理论相一致？增加或减少个体成瘾风险和希望摆脱成瘾方面所起的作用似乎否定了这种两面对立。

　　格雷戈里·贝特森（Gregory Bateson）在他的《自我控制论：酒精中毒理论》（*Cybernetics of Self：A Theory of Alcoholism*）中，将酒精成瘾描述为酗酒者与他的世界之间的一种无序关系。[1] 在贝特森看来，酗酒和普遍的成瘾，不仅仅是大脑奖赏回路中多巴胺水平的问题，也不仅仅是联想学习的问题，甚至不仅仅是与诱惑和争论作心理斗争的问题。相反，它涉及个体与他所处的世界不同步。根据贝特森的观点，只有在整个系统的背景下才能理解那些有成瘾问题的人。他说，成瘾者的行为和信仰，以及对他来说存在的世界，都交织在一个不可简化的矩阵中。

　　成瘾者对这个世界的看法（通常是无意识的）将决定他如何看待这个世界并在其中采取行动，而他感知和行动的方式将决定他对这个世界本质的看法。活着的人因此被束缚在一个认识论和本体论前提的网络中，无论终极真理或谬误如何，这些在一定程度上将成为他的自我验证。[2]

---

　　① BATESON GREGORY. The Cybernetics of Self：A Theory of Alcoholism ［M］.// GREGONY BATESON. Stepsto an Ecology of Mind：Collected Essays in Anthropology, Psychiatry, Evolution and Epistemology. San Francisco：Chandler Publishing Company, 1982：1 - 18.

　　② BATESON GREGORY. The Cybernetics of Self：A Theory of Alcoholism ［M］.// GREGONY BATESON. Stepsto an Ecology of Mind：Collected Essays in Anthropology, Psychiatry, Evolution and Epistemology. San Francisco：Chandler Publishing Company, 1982：4.

根据贝特森的观点，成瘾者对世界的看法决定了他的行为和感受，而这些信念和感受反过来又决定了他如何理解这个世界。因此，贝特森对成瘾者困境的分析依赖于将人类构建为一个本质上嵌入其中的有机体，其所处的环境影响着他是谁，并受到他的影响，形成一个持续不断的动态因果循环。因此，贝特森与我们的假设一致，即上瘾是一种从一个复杂的、层次分明的组织系统中产生的现象。事实上，他提出了一个解释系统。正如他所说的那样，成瘾的模式发生在一个在许多相互作用的层次上持续振荡的系统中。自我的行为是动态的，并与这样一个系统所显示的连续振荡相联系。① 所有的生物体都是复杂的动态系统，不断变化的相互作用模式，在某些情况下，这些模式会导致人们从自己的角度去体验。这些自我是涌现的动态行为模式，总是与它们的环境相互作用。基于这一框架，贝特森从生态学的角度思考成瘾个体。从这个意义上说，成瘾是一种根植于人的思维和情感中的模式，这种模式源自人的生物有机体与外部环境（包括身体和社会环境）互动的节奏。

没有人会在缺乏瘾品的情况下成瘾，这种成瘾分析方法是以人为中心的，而不是以药物为中心的。我们从成瘾者与环境的关系来看看，如何区分成瘾者和非成瘾者。首先可以回顾一下关键的问题：谁会上瘾，为什么？药物中心理论认为是瘾品导致了成瘾，瘾品和成瘾活动的环境可得性导致了成瘾者。在这种情况下，那些生活在毒品泛滥的社区，在吸毒家庭中长大的人不由自主染瘾。这一理论似乎不能解释一个持续存在的事实，即只有大约10%的人口会上瘾，尽管会使用甚至滥用药物的人比这一比例还要多。仅仅是接触，似乎不能提供一个令人满意的解释以说明谁会上瘾，以及为什么会上瘾。以人为本的考虑也很重要，而包含这两方面的生态方法更有希望。

## 第一节　压力的影响

关于谁会上瘾的问题，压力就是最直接的答案。当有机体与环境同步，环境不可预测，或者当生物体面临持续的侵略，它适应生产化学物质为应急准备。这些化学物质虽然对处理暂时的压力至关重要，但如果长期存在，就会造成不稳定的内部环境。简而言之，当有机体与其环境之间的关系不顺利时，有机体就会受到压力。长期的压力会对身体和精神造成严重的破坏。大

---

① BATESON SCHOLAR, PETER HARRIES-JONES. A Recursive Vision: Ecological Understanding and Gregory Bateson [M]. Toronto: University of Toronto Press, 1995: 38.

量文献证明，情感压力（尤其是人际或社会压力）是贯穿成瘾者一生的主题，从妊娠期到童年和青春期，从随意使用到成瘾，到成年戒断期后再复发。① 由于压力几乎是每个人生活的一部分，它本身不能被确定为成瘾的原因，但它对那些容易成瘾的人产生了强大的影响。然后让我们考虑与成瘾和复发的易感性相关的压力的具体类型和时间。

## 一、压力与个体发育

正在发育的大脑对周围环境最为敏感，而这段时期对人的影响也最大，因为大脑早期发育的方式将对随后发生的活动模式（包括进一步发育）产生约束。从胚胎期到青春期晚期，发育中的大脑非常容易受到压力的影响。考虑到人类大脑在出生后很长一段时间内仍在发育，头 2 年的体积翻了 1番，并在成年早期继续发育和组织，这种发育发生的直接环境的影响怎么强调都不过分。神经心理学家艾伦·肖尔（Allan Shore）断言，尽管关键时期发展的某些系统，如前额叶皮层持续更久，绝大多数发展的轴突、树突和突触连接所有已知的行为发生在人类早期和晚期阶段。② 由于这些发展不是自动发生的，而是必须受到内部和外部环境的刺激，婴儿和儿童参与的互动类型和数量将影响他们大脑中的情感系统和其他系统的发展，这种发展反过来又影响着人们在以后的生活中体验快乐和痛苦、依恋和价值的方式和对象。在早期，婴儿的智力和情感发展完全取决于他们的照顾者的节奏。每次婴儿的常规看护者回来安抚他，或者对他做出积极的反应时，多巴胺和内源性阿片类药物都会冲击突触。这种性质的持续的相互作用刺激了神经元的发育，这些神经元释放出产生快乐的化学物质，而受体允许神经元使用这些化学物质。然而，压力，如与照顾者分离，或与高度紧张或无反应的照顾者互动带来的压力，会减少相关神经递质的释放量。反过来又减少了多巴胺和阿片受体的发育。这 2 种情况结合在一起意味着，突触后神经元能够利用的快乐和依恋化学物质的减少。③ 这种发育的中断会严重影响一个人所能享受的各种

① OUIMETTE P, COOLHART D, FUNDERBURK J S, et al. Precipitantsof First Substance Use in Recently Abstinent Substance Use Disorder Patients With PTSD [J]. Addictive Behaviors, 2007, 32 (9): 1719 –1727.

② SCHORE A N. Affect Regulation and the Origin of the Self [M]. Hillsdale, NJ: Lawrence Erlbaum Associates, 1994: 12.

③ SOLOMON R L. Addiction: An Opponent-Process Theory of Acquired Motivation: The Affective Dynamics of Addiction [M]. // J. D. Maser. Psychopathology: Experimental Models. San Francisco: Freeman, 1977: 66 –103.

依恋和快乐，并最终影响一个人调节情绪和行为的能力。

大量流行病学研究表明，儿童早年所处的环境对其日后的社交和情感功能有很大影响。特别是在成瘾方面，统计数据显示，经历过不良生活经历的儿童，以后使用非法和处方药物的可能性比没有这种经历的儿童更大，而且在更小的年龄使用这些药物的可能性也更大。在 2003 年备受认可的不良童年经历（Adverse Childhood Experiences，ACE）研究中，研究者对 10 类不良童年经历在 4 个不同年龄段进行了回顾性研究，包括身体虐待、性虐待、忽视、药物滥用或家庭精神疾病等。一个人每经历一次 ACE，他早期使用药物的可能性要比没有这种经历的人高 2 ~ 4 倍。与童年时期没有发生过类似事件的人相比，生活中发生过 5 次 ACE 的人吸毒或上瘾的可能性要高出 7 ~ 10 倍。1900 年，一项研究表明，不良童年经历的总数量和饮酒年龄之间存在着一个分级关系。这意味着，无论他们是哪一代人，饮酒的相对人数与他们童年经历的不良事件的数量成比例增加（尽管不同群体的绝对人数各不相同）。这个数字在所有年龄段都是一致的，这一事实表明，至少在美国和过去一个世纪内，饮酒的影响似乎与人们对饮酒的文化态度无关。从这项研究中可以明显看出，儿童时期经历的不良事件与吸毒和滥用的可能性以及较早使用酒精的可能性相关，且与此类事件的数量和程度成正比。

可以用另一种方式来讨论发育影响。试想一下，当孩子们置身于压力环境，尤其是创伤性压力环境时，他们的记忆和自动反应会发生什么变化。孩子们把视觉、听觉、触觉、嗅觉，也许还有味觉的记忆，连同他们自己的情绪一并输入大脑，例如父亲打母亲的经历是由孩子的杏仁核和其他边缘，或情绪大脑中心输入的反应所决定的，就像它是由当时操作的知觉处理装置的反应所决定的一样。这样，当看到或听到类似的情景时，孩子的边缘系统反应就会立即行动起来，为下一次创伤做好准备。根据一位研究人员的说法，由于这个原因，暴露于创伤性应激源的儿童对与他们的创伤经历相关的神经反应模式表现出深刻的敏感性。其结果是，明显较小的压力源会引发全面的反应模式（如过度觉醒或分离）。①

就像当联邦快递（FedEx）的直升机出现在地平线上时，退伍军人会退缩一样。经历创伤而变得高度敏感的儿童无法调节自己对日后生活中遇到的

---

① PERRY BRUCE D, POLLARD RA, BLAKLEY TL, et al. Childhood Trauma, the Neurobiology of Adaptation and "Use-dependent" Development of the Brain: How "States" become "Traits" [J]. Infant Mental Health Journal, 1995, 16 (4): 271 - 291.

某些刺激的情绪反应。压力过大的孩子，除了药物的普通作用外，还能从他们不舒服的正常状态中得到额外的强大的缓解作用。因此，一旦他们接触到这些东西，他们就很难避免沉迷于这些东西。考虑到大多数青少年所处的社会环境，他们在少年时期就会接触到这些东西。① 毫无疑问，这些孩子最有可能滥用成瘾物质。

让我们沿着因果影响的方向继续探讨。这些有害事件导致早期药物使用和更高的成瘾率，还是本研究的受试者容易同时经历不良生活事件和由于其他原因使用药物和酒精？儿童不良经历研究的学者和其他人的进一步研究表明，第一个假设更符合数据。在后来的研究中，ACE 的研究者们提出了大脑发育过程中压力行为模式的生化原因。根据一个后续研究，神经发育可能受到创伤的影响，因为压力增加荷尔蒙皮质醇和肾上腺素，以及多巴胺等神经递质，这将导致去甲肾上腺素失调，并让有机体处于高度戒备状态。② 被称为下丘脑 - 垂体 - 肾上腺（HPA-axis）的调节失调是由反复或持续的压力导致的，该系统控制着压力化学物质的产生，特别是糖皮质激素的产生，大脑会适应，简单地说，就是随时为紧急情况做好准备。我们发现，这种适应能力会妨碍儿童调节情绪和行为的能力，进而可能导致他们使用药物和（或）酒精来应对。③ 这意味着，孩子所经历的压力不仅改变了大脑的化学反应，而且像婴儿一样，这种压力也会影响大脑的发育和后来的功能。大脑中的多巴胺和阿片类物质系统会对稳定照护者的存在或缺失作出反应。从动态的角度来看，与自组织的、稳定的行为模式的互动对大脑获得自我调节能力的发展至关重要。如果一个婴儿的痛苦从来没有或没有一个可靠的照顾者不定期地作出反应，他就不会形成健康生活所必需的自我调节模式。应对压力的能力来自与照顾者的可预测模式的互动。当压力源出现时，照顾者提供的安慰会下调压力荷尔蒙。逐渐地，婴儿学会了影响自身生物学的能力。然而，如果让婴儿处于孤立状态，或者在看护人出现激动或其他紊乱的行为模式时，他们发展压力调节机制的能力就会受到严重损害。

这个理论得到了动物模型实验的支持。幼鼠的应激反应能力反映了母鼠

① FALCK R S, NAHHAS R W, LI L, et al. Surveying Teens in School to Assess the Prevalence of Problematic Drug Use [J]. Journal of School Health, 2012, 82 (5): 217 - 224.

② DEBELLIS MICHAEL D, BAUM ANDREW S, et al. Developmental Traumatology Part I: Biological Stress Systems [J]. Biological Psychiatry, 1999, 45 (10): 1259 - 1270.

③ PERRY B D, POLLARD R. Homeostasis, Stress, Trauma, and Adaptation: A Neurodevelopmental View of Childhood Trauma [J]. Child and Adolescent Psychiatric Clinics of North America, 998, 7 (1): 33 - 51.

的应激反应水平，因为母鼠较强的活动模式会影响后代，稍有差异就会产生很大影响。① 与母亲短暂分离会导致后代应激反应加剧，以及其他有害的健康影响。正如我们所看到的，这些变化除了造成各种各样的生理和心理影响外，还直接导致药物成瘾。② 然而，当母鼠表现出更多的母性关注时，后代表现出的恐惧和焦虑更少，他们还表现出更强的自我调节情绪的能力，比如舔舐和梳理毛发。③ 此外，当幼鼠在它们出生的头几天被实验员抚摸，母鼠回到巢后舔舐的次数增加，导致它们对压力的反应再次降低，在它们以后的生活中，记忆神经元的丢失也减少了。④

更有趣的是，这些行为是代代相传的。这种方法不是遗传，而是文化。这种传播是行为（特别是触觉）影响的结果，而不是遗传的影响，这一点可以从以下事实中看出：遭受同样孤立，但在生命早期就被处理过的雌性幼犬，比那些被孤立，但没有被处理过的同类雌性幼犬，成为更细心、更镇定的母亲。⑤ 与恒河猴相似，被母亲排斥的女儿，其母亲也会被自己的母亲排斥，这再次表明母性行为及其伴随效应会代代相传。⑥ 而且，与我们的目的最为相关的是，在人类几代母亲和女儿之间也发现了类似的相关性。⑦ 这与一些研究人员赋予我们的基因决定论的世界观并不十分相符。精神病学家斯图尔特·格林斯潘（Stuart Greenspan）和哲学家斯图尔特·尚克（Stuart Shanker）在这方面评论道：

① FRANCIS DARLENE D, MEANEY MICHAEL J. Maternal Care and the Development of Stress Responses [J]. Current Opinion in Neurobiology, 1999, 9 (1): 128 – 134.

② MAR SANCHEZ M, LADD CHARLOTTE O, PLOTSKY PAUL M. Early Adverse Experience as a Developmental Risk Factor for Later Psychopathology: Evidence from Rodent and Primate Models [J]. Development and Psychopathology, 2001, 13 (3): 419.

③ CALDIJI CHRISTIAN, TANNENBAUM BETH, SHARMA SHAKI. Maternal Care During Infancy Regulates the Development of Neural Systems Mediating the Expression of Fearfulness in the Rat [J]. Proceedings of the National Academy of Science of the USA. , 1998, 95 (9): 5335 – 5340.

④ MEANEY MICHAEL J, AITKEN DAVID H, BHATNAGAR SEEMA, et al. Postnatal Handling Attenuates Certain Neuroendocrine, Anatomical, and Cognitive Dysfunctions Associated with Aging in Female Rats [J]. Neurobiology of Aging, 1991, 12 (1): 31 – 38.

⑤ FLEMING ALISON S, KRAEMER GARY W, GONZALEZ ANDREA, et al. Mothering Begets Mothering: The Transmission of Behavior and Its Neurobiology Across Generations [J]. Pharmacology Biochemistry and Behavior, 2002, 73 (1): 61 – 75.

⑥ BERMAN C M. Intergenerational Transmission of Maternal Rejection Rates among Free-Ranging Rhesus Monkeys on Cayo Santiago [J]. Animal Behavior, 1990, 39 (2): 329 – 337.

⑦ CHAMPAGNE FRANCIS, MEANEY MICHAEL. Chapter 21: Like Mother, Like Daughter: Evidence for Non-Genomic Transmission of Parental Behavior and Stress Responsivity [J]. Progress in Brain Research, 2001, 133 (2): 287 – 302.

基于决定论的原则，一代人认为人类大脑和人类社会的进化是文化实践的结果，而这些重要的文化实践并不是由基因决定的，它是代际传承的。①

然而，有证据支持这样一种观点，即文化是这些习俗的传播方式。严厉的母亲会培养出另一位严厉的母亲，这会影响每一代处理压力的能力，以及这种可能性受影响的几代人会用药物自我安慰。对于人类的研究对象，格林斯潘和尚克都肯定了早期大脑发育在很大程度上依赖于儿童与其看护者互动的质量。他们主张，不管孩子的大脑有多少潜能，除非他经历非常特定类型的互动情感体验，包括连续转换的情感体验和文化实践的产物形成的核心，否则孩子的潜能可能不会被发掘。根据他们的观点，原因是孩子可能拥有的潜能并不存在于大脑的物理结构中，而只在我们已经讨论过的生物学和经验之间复杂的相互作用类型中被定义。一个孩子的认知和情感发展，以及他对成瘾的脆弱性，从来不是他个人大脑的遗传结构单独展开的问题。对于解释容易上瘾的大脑发育来说，诉诸于个性的涌现水平是至关重要的。

然而，这个讨论涉及的不仅仅是孩子和照顾者。普罗茨基（Plotsky）在早期的实验中已经表明，早期遭受分离或失去母亲的幼崽，随后对压力和苯丙胺的反应都持续增加。对此的神经化学解释是，分离导致多巴胺转运体表达的改变，进而显著增加多巴胺对压力的反应。② 但是，这种变化被假定不仅是幼崽独处时的痛苦，而且是母亲在与幼崽一起被放回笼子时行为失常的结果。到目前为止，这似乎只是母亲压力对后代影响的又一个例子。然而，当普罗茨基实验中的母鼠被带回一个两室的笼子里，而不是标准的单室笼子里，它们能建造新的巢穴并移动它们的幼鼠，它们又回到了自然的母鼠生活中，幼鼠不良事件的影响被逆转了。③

这些结果表明了2件事：第一，正常的心理发展不仅是一种避免压力的

① STANLEY I, GREENSPAN, STUART SHANKER. The First Idea: How Symbols, Language, and Intelligence Evolved From Our Primate Ancestors to Modern Humans [M]. Cambridge, MA: Da Capo Press, 2004: 102.

② MEANEY MICHAEL J, WAYNE BRAKE, ALAIN GRATTON. Environmental Regulation of the Development of Mesolimbic Dopamine Systems: A Neurobiological Mechanism for Vulnerability to Drug Abuse? [J]. Psychoneuroendocrinology, 2002, 27 (1 - 2): 127 - 138.

③ HELM CHRISTINE, PLOTSKY PAUL M, NEMEROFF CHARLES B. Importance of Studying the Contributions of Early Adverse Experience to Neurobiological Findings in Depression [J]. Neuropsychopharmacology, 2004, 29 (4): 205 - 217.

功能，或者是一种拥有可靠的社会关系的功能，而且是一种允许社会关系正常运作的环境的功能。有机体发展的环境不是外在因素，不是遗传信息简单展开的空间。相反，环境已经被证明在大脑发育中起着重要的作用，显示出了一种能力，无论是在最初还是间接的情况下，要么增强生物体对环境中后来的压力源作出反应的能力，要么使其严重丧失这种能力。第二，普罗茨基的研究结果表明，哺乳动物的大脑具有显著的可塑性，因为环境的改变可以改变已经在进行中的发展方向。这是生物体的动态特性和它们的个性的证据，为成瘾者提供了希望的理由。有成瘾困难的人往往认为，他们是生理上决定的成瘾，或者一旦遭受创伤，他们就无法克服，一旦上瘾，他们就永远上瘾。

## 二、压力的持续影响

压力本质上是一种刺激和镇静化学物质之间的不平衡，而这种不平衡会让人感到不舒服。因此，我们应该预料到，成人生活中的压力，以及发育过程中的压力，已多次被发现与药物使用、滥用、成瘾和复发有关。[1] 对非人类灵长类动物，特别是对恒河猴[2]进行的大量研究表明，社会环境和社会压力在幼年猴和成年猴的酒精消费中发挥着关键作用。这个领域的研究人员说，在灵长类动物中，社会隔离涉及一种由缺陷触发的动机系统，这种系统非常强大，甚至超过了包括食物和水在内的其他缺陷。也就是说，对这些动物来说，社会隔离会产生严重的影响，以至于当它们的社会联系被破坏时，猴子不会进食或喝水。在一项研究中，在没有父母的情况下，在只有同伴的环境中，恒河猴对压力表现出了更多的生理反应。此外，在有压力的时候，这些猴子明显喝更多的酒，而且比那些在没有压力的环境下、有母性照顾的同伴更容易喝醉。压力会影响那些不太活跃的人和反应较弱的个体。当社会压力被引入适应能力更强的母系饲养的猴子身上时，它们的酒精消耗量增加到与同辈饲养的猴子相当。[3] 因此，即使是那些在早期发展阶段享受良好环境的人，在面对社会压力时也会大量饮酒。

---

① KRAEMER GARY W, MCKINNEY WILLIAM T. Social Separation Increases Alcohol Consumption in Rhesus Monkeys [J]. Psychopharmacology, 1985 (86): 182 – 189.

② 恒河猴同人类一样，是一种高度复杂、具有社会导向的物种。

③ FAHLKE CLAUDIA, LORENZ JOSEPH G, LONG JEFFREY, et al. Rearing Experiences and Stress-Induced Plasma Cortisol as Early Risk Factors for Excessive Alcohol Consumption in Nonhuman Primates [J]. Alcoholism: Clinical and Experimental Research, 2000, 24 (5): 644 – 650.

西蒙菲莎大学（Simon Fraser University）的研究人员进行了一系列经常被引用的非灵长类动物实验，证实了环境压力对成瘾的发展和持续的重要性。[①] 这些实验结果的主要研究者布鲁斯·亚历山大（Bruce Alexander）描述了他的研究小组辨别实验鼠自我给药原因的方法。他们的问题是，在成瘾研究中经常观察到的自我用药，是否不能更好地将其描述为一种自我药物治疗手段，而不是先前接触药物的功能。为了回答这个问题，这些研究人员试图发现是否寻求缓解压力的环境，而不是药物本身的影响。

为了验证他们的以个人为中心的假设，这些研究人员在实验室中为老鼠创造了最自然的环境。对老鼠来说，这里风景优美，空间宽敞，物产丰富。他们把这个建筑叫作老鼠公园。老鼠公园消除了实验鼠通常承受的标准压力，即拥挤、孤立、无聊、痛苦或至少不舒服的生活条件。结果，生活在老鼠公园的老鼠几乎没有成瘾，与在传统笼子里饲养和测试的老鼠形成了对比，各组老鼠行为有显著性差异。在某些条件下，笼子里的动物消耗的吗啡是老鼠公园里老鼠的 19 倍。

为了了解老鼠公园实验结果的程度和说服力，我们应该考虑它的一些细节。该实验设置 4 组在不同环境条件下的老鼠：第 1 组在笼子里饲养；第 2 组在老鼠公园；第 3 组被关在笼子里饲养，但在测试开始前不久被转移到老鼠公园；第 4 组在老鼠公园饲养，但在测试开始前不久被关进笼子。简而言之，研究人员在笼子和公园饲养和测试的各种组合下对老鼠进行了试验。

研究人员对老鼠进行了持续的测试，让它们选择是喝水还是苦中带甜的吗啡溶液，每隔 5 天把吗啡溶液换成味道更苦、药性更弱的吗啡溶液。在每一种浓度的吗啡溶液中，被关在笼子里或老鼠公园里的老鼠都比在实验期间生活在老鼠公园的老鼠喝下了更多的吗啡。这表明，持续性的痛苦状态更能说明成瘾性药物的使用，相反，暂时剥夺了动物的福利和陪伴不构成药物滥用的主要理由。

亚历山大从这些实验中得出结论，以瘾品为中心的观点是错误的，成瘾不单纯是由瘾品本身引起的。如果答案是肯定的，那么生活在老鼠公园里对已经依赖吗啡的老鼠的饮酒量应该没有影响。典型的实验测试的是实验室环境对动物的影响，而不是动物对药物的自然反应。他试图表明，在自我注射

---

① ALEXANDER B K, COAMBS R B, HADAWAY P F. The Effect of Housing and Gender on Morphine Self-Administration in Rats ［J］Psychopharmacology, 1978, 58（2）: 175 – 179.

实验中，孤立的实验动物对海洛因和可卡因的强烈食欲，并不能告诉我们正常动物和人类对这些药物的反应。根据这项研究，药物本身不会让哺乳动物（包括人类）上瘾。大多数吸毒者并没有对毒品上瘾这一事实证实了这一观点。对于大多数吸毒、酗酒或赌博的人来说，这种刺激只是偶尔的娱乐消遣。如果亚历山大团队的研究结论是对的，那么理解成瘾的关键远比单纯的分子相互作用要复杂得多。基于这些实验，以毒品为中心的观点过于简单化。

要想对成瘾现象作出充分的解释，就需要从更广泛的角度进行思考，而不仅仅是考虑个人，或者考虑个人与瘾品的关系。正如我们在儿童发展的例子中所看到的那样，生命体是在一个包括其他生命体和以高度复杂方式相互作用的活动模式的环境中运作的。亚历山大研究团队发现，瘾品对压力过大的机体有更强的作用。① 在高度紧张的个人情况下，"滥用毒品的加强效力"大大增强。也就是说，瘾品对高度紧张（因此高度不舒服）的个体的情感状态的改善，相对于他们的起点，要比那些起点更好的个体的改善大得多。② 难怪压力大的人更容易受到伤害。

强大的压力可以影响一个人的复发和成瘾，或持续维持它，但并不是任何压力都会导致复发。对于哺乳动物来说，环境是事件意义的关键，而经历压力的环境与一个人是否会复发有很大关系。例如，大鼠的脚部休克会刺激其恢复对各种成瘾药物的使用，但只有当它在实验环境中被重新引入时才会发生。在改变环境的实验中，即使引入了额外的约束等应激源，瘾品的使用也没有得到控制。③ 我们再一次看到，生物体以一种丰富的方式嵌入到它们所处的环境中，因此我们不能把它们的成瘾仅仅看作是化学物质对大脑的影响。

在人类中，尽管机制尚不清楚，但成瘾似乎会导致总体上的应激反应改变，以及情绪（有意识或无意识）影响决策方式的改变。例如，一项研究表明，严重的压力倾向于让人们在奖惩方面做出不同的选择。在压力下，人们倾向于自动选择那些之前提供了有益结果的东西，而他们无法避免之前经

---

① LOGRIP MARIAN, ZORRILLA ERIC P, KOOK GEORGE F. Stress Modulation of Drug Self-Administration: Implications for Addiction Comorbidity with Post-traumatic Stress Disorder [J]. Neurophyarmacology, 2012, 62（2）: 552 – 564.

② PIAZZA P V, MOAL M LE. The Role of Stress in Drug Self-Administration [J]. Trends in Pharmacological Sciences, 1998, 19（2）: 67 – 74.

③ YAVIN SHAHAM, SUZANNE ERB, JANE STEWARD. Stress Induced Relapse to Heroin and Cocaine Seeking in Rats: A Review [J]. Brain Research Reviews, 2000, 33（1）: 13 – 33.

历过的消极结果。① 压力下的人不会仔细考虑他们选择的所有后果，而会自动对奖励作出积极的反应。另一项研究显示，即使在戒酒 2 年后，与从未成瘾的一组人的表现相比，一组此前曾吸毒成瘾的人在发表准备好的演讲时所承受的社会压力会导致决策能力受损。尽管之前的阿片类药物使用者在低压力情况下的决策任务表现始终与对照组相同，但这种相关性仍然存在。② 尽管他们长期抵抗瘾品，而且无论其认知能力有多强，过去成瘾与否的状态以及外部环境，特别是社会环境，对成瘾者的情绪和认知反应有重大影响。

# 第二节　遗传因素的影响

成瘾的遗传倾向并不像许多研究人员所认为的那样强大。虽然人们常说酗酒是有家族遗传的，如果一个人的父母中有一个酗酒者，从统计学上讲，他自己也更有可能酗酒，但这并不能证明后代酗酒是父母遗传的。但是，酗酒者的孩子通常都是在酗酒者的家里长大的。这至少表明酗酒对家庭氛围所造成的破坏，环境所产生的压力就会使酗酒者的孩子更容易成瘾。但这并不是酗酒者的孩子唯一的共同点。根据专注于遗传学的成瘾研究人员的说法，遗传性是个体间变异的遗传组成部分，并且大约50%的个体间变异是从遗传开始的。③ 也就是说，当成瘾研究人员说成瘾倾向是先天的时候，他们主张成瘾是由基因决定的，至少一半是由基因决定的，另一半则由环境决定。

## 一、成瘾倾向与基因决定论

这种说法存在几个问题。第一，遗传能力评估对于个体来说是没有意义的，所以我们不能基于这个比例来对一个特定的人是否容易成瘾做出任何断言。这是因为，一个人不能说随任何东西而变化。遗传力只对一个种群有意义，它是频率分布。生殖和选择压力对个体不起决定作用，种群属性甚至不构成种群中个体的函数。出于这个原因，将一个可遗传因素归于个体是一个范畴错误。

第二，遗传性不能解释基因对一种性状的具体影响，因为只有一种性状

---

① MARA MATHER, NICHOLE R. LIGHTHALL. Risk and Reward Are Processed Differently in Decisions Made Under Stress [J]. Current Directions in Psychological Science, 2012, 21 (1): 36 – 41.

② XIAO-LI ZHANG, JIE SHI, LI-YAN ZHAO. Effects of Stress on Decision-Making Deficits in Formerly Heroin-Dependent Patients after Different Durations of Abstinence [J]. American Journal of Psychiatry, 2011, 168 (6): 610 – 616.

③ MARY-ANNE ENOCH, DAVID GOLDMAN. The Genetics of Alcoholism and Alcohol Abuse [J]. Current Psychiatry Reports, 2001, 3 (2): 144 – 151.

大到足以让人选择，从而产生那种可被判断为遗传或不遗传的差异。性状不是基因，性状之间的联系，特别是行为性状和基因之间的联系还没有被确定。我们最多只能说，有些东西可以解释所观察到的差异。原因之一是人类基因组中只有大约2万个蛋白质编码基因，没有足够的基因编码像可指定的行为特征这样具体的事情，更不用说那些行为特征的程度了。[①]

第三，要判断一个特征是否被选择了，不得不依赖背景或者环境，这对所有生物来说都是相同的。在这样的背景下，遗传学可以告诉我们哪些个体必须有一些不同于其他个体的基因，因为这种差异会很明显。即使这样，它也不能告诉我们具有相似特征的个体在基因上是相同的，因为仍然可能存在未表达的基因差异。此外，这种研究并不能告诉我们为什么某一特定性状会在某一特定个体中被观察到，而只能告诉我们为什么在一个群体中个体之间会有差异。遗传力是一种统计方法，关注同一环境下单个种群之间的相对差异。正如行为遗传学家杰里·赫希（Jerry Hirsch）所指出的，这并不是先天或后天的比例。[②]

第四，正如吉恩·海曼所观察到的，为什么专业研究人员主张成瘾是可遗传的，以及为什么他们对这种遗传性解释得非常具体，这些现象都是有原因的。[③] 我们在上面看到的研究文献得出结论，在判断一个人是否有成瘾倾向方面，基因的作用和一个人的环境差不多。有几个原因使大多数专注于这个问题的专业人士接受了这个结论。首先，2类研究被引证为强有力的证据，据说它们提供了成瘾倾向的遗传性。其次，由于人类基因组图谱的绘制，以及该图谱似乎为预测和扭转人类的各种生理和心理问题提供了希望，遗传学在总体上引起了极大的兴奋。最后，还有遗传的观点促进成瘾的疾病模型，许多研究人员和临床医师都相信遗传决定了成瘾倾向。

让我们更仔细地考虑促进这种信心的研究。其中一项研究用于检测人格特征的遗传性，如成瘾倾向，涉及被收养的孩子和他们的2对父母。这种研究背后的想法是，一组由亲生父母抚养的儿童，另一组由养父母抚养的儿童，由于环境的差别肯定可以作出一些比较，确定是否先天或后天"引起"

① International Human Genome Sequencing Consortium. Finishing the Euchromatic Sequence of the Human Genome [J]. Nature, 2004, 431 (7011): 931 – 945.

② HIRSCH J. Some History of Heredity-vs-Environment, Genetic Inferiority at Harvard and The (Incredible) Bell Curve [J]. Genetica, 1997, 99: 207 – 224.

③ HEYMAN GENE. Addiction: A Disorder of Choice [M]. Cambridge, MA: Harvard University Press, 2009: 91.

他们的最终表现出的特征。2 项被广泛引用的大型研究的结果表明，这 2 种影响都在酒精滥用模式的形成过程中起作用，其中一种模式受遗传因素的影响明显大于另一种。第 1 项研究跟踪调查了 852 名瑞典男性，第 2 项研究是一项伴生研究，跟踪调查了同一人群中的 913 名女性被收养者。[①] 在这些研究中，对早年被收养的人（平均收养年龄为 8 个月）进行了几十年的跟踪调查。研究人员发现了 2 种类型的酗酒模式，一种是生父母的酗酒模式与其子女的酗酒模式显著相关，另一种是这种联系不那么显著。在这 2 种情况下，环境影响似乎对被收养者酗酒的风险有较小但重大的影响。

现在，尽管许多研究人员相信酗酒倾向受生物学特性影响最大，但其他人对这一推论并不那么肯定。首先，这项研究没有考虑到产前压力对大脑发育的影响，这可能会在这些孩子是否会酗酒以及酗酒到何种程度上发挥重要作用。许多因素会影响收养孩子的决定，但通常情况下，这个决定涉及高度紧张的环境。其他因素也会给结果带来困惑，瑞典的研究结果并没有得到一致的重复。事实上，在一项精心设计的收养研究中，也就是 1998 年科罗拉多州（Colorado）的收养项目中，研究者发现亲生父母和他们的子女在平均人格量表上没有任何相关性。[②] 虽然这些研究的综合结果不能证明基因与性格特征无关，包括容易成瘾的模式，但研究结果确实表明，环境和基因对成瘾倾向的相对影响尚未被清楚理清。回想一下，即使在斯德哥尔摩的研究中，也只在一种酗酒模式中发现了较强的遗传效应。

## 二、影响遗传性的环境因素

另一种研究通常试图将遗传学与环境因素分开，涉及双胞胎，包括同卵双胞胎和异卵双胞胎。双胞胎研究被认为是测试基因相似性的最好方法。这是因为 2 种双胞胎应该有相同的环境，但只有同卵双胞胎有相同的 DNA，所以遗传因素应该与环境因素分离。研究表明，同卵双胞胎分享成瘾模式的可能性是异卵双胞胎的 2 倍。但是，伽柏·梅特（Gabor Maté）认为，这种匹配一定是 DNA 因素的结果的结论是错误的。[③] 他坚持认为，同卵双胞胎

① BOHMAN M, SIGVARDSSON S, CLONINGER C R. Maternal Inheritance of Alcohol Abuse: Cross-fostering Analysis of Adopted Women [J]. Archives in General Psychiatry, 1981, 38 (9): 861 – 868.

② MATÉ GABOR. In The Realm of Hungry Ghosts: Close Encounters with Addiction [M]. Berkeley, CA: North Atlantic Books, 2010: 433 – 437.

③ MATÉ GABOR. In The Realm of Hungry Ghosts: Close Encounters with Addiction [M]. Berkeley, CA: North Atlantic Books, 2010: 438.

与异卵双胞胎的一致性比率与环境因素是相关的影响是一致的。首先，这种观点认为，异卵双胞胎和同卵双胞胎的内部环境不同，他们和其他兄弟姐妹在生理上是不同的，所以他们与世界的互动在生物化学上不会比其他兄弟姐妹的互动更相似。由于这个原因，他们在整个妊娠和发育过程中对环境的体验将不同于同卵双胞胎对环境的体验。其次，梅特主张，因为异卵双胞胎和其他兄弟姐妹一样，在生理和性格上都是不同的，父母对他们的反应也会不同，无论他们是否是无意识的，其他人也是如此。这意味着他们的社会环境将和任何兄弟姐妹的环境一样。相比之下，同卵双胞胎在这些方面是相似的，这将促使在他们的环境中其他人做出相同的反应。出于这个原因，同卵双胞胎的环境不会有太大的不同，即使他们是分开抚养的。不过，这是一种强有力的主张，有比单纯的投机更有力的理由作为支持。这到底意味着什么？如果它在相关的方面有显著的不同，那么这个论证就是纯粹的推定；如果这是从 DNA 的相似性推断出拥有相同 DNA 的孩子的相似性，那么这就过于简单了。

在另一种推理中，梅特认为，同卵双胞胎与异卵双胞胎不同的是，同卵双胞胎在 9 个月的时间里确实处于相同的子宫环境中，因此在被收养之前，他们拥有相同的表观遗传因素和相同的经历。因此，他认为，即使是那些出生时就被分开，并在不同家庭环境中长大的同卵双胞胎也不能证明基因假说。在出生和分离的时候，养育已经有机会发挥作用，所以即使在这种情况下，遗传因素也不是孤立的。更重要的是，所有的双胞胎都会经历分离创伤，当他们离开他们的母亲，当他们离开彼此，当他们离开照顾他们的人时。因此，这 2 组双胞胎似乎都同样容易成瘾。在双胞胎研究中，就像在领养研究中一样，这个暗示似乎不是说基因对成瘾倾向有明显而强大的影响，也不是说它没有。更确切地说，这意味着人类的成瘾不能被降低到一个单一的分析水平，无论是生理上的还是心理上的。它是一种高阶模式，只能由遗传、物理环境、心理环境等多种因素复杂而动态的相互作用而产生。

# 第三节 其他影响因素

## 一、精神疾病的影响

我们在第一章讨论海曼对成瘾疾病模型的批评时注意到，研究中包括的大多数人都是那些寻求临床治疗的人。这些人除了会成瘾，还患有其他健康问题，如焦虑、艾滋病或多动症。其中一些条件对成瘾轨迹的影响已得到很好的证实。梅特指出，注意缺陷多动障碍（Attention Deficit Hyperactivity Disorder，ADHD）是成瘾的一个主要诱因。① 它在所有类型的药物滥用者中都表现出不成比例的数量，而且根据梅特的数据，它并不比毒瘾更容易遗传。② 在这2种情况下，相同的论点是相关的。广泛性焦虑障碍也不成比例地在成瘾者中表现出来。例如，在一项研究中，酒精依赖患者中广泛性焦虑障碍的共病率接近一半，该研究旨在规避一个明显的事实，即任何接受酒精依赖治疗的人都会经历焦虑。在这项研究中，67%的情况下该障碍在酒精问题出现之前就已经存在。③ 另一项规模较大的研究表明，社交焦虑障碍会增加一个人患酒精障碍的概率是其他人的4倍。④

　　同样，双相情感障碍与酒精和其他药物使用障碍高度相关，但在这种情况下，很难厘清心理和使用障碍之间的关系。研究人员似乎还没有发现两者之间存在单一的因果关系。例如，大麻有时会增加双相障碍症状，有时会减轻症状。如果这个结果能说明什么，那就是双相障碍症状在不同的人身上可能有不同的原因。④ 在与酒精问题高度相关的重度抑郁症的案例中，因果箭头指向似乎与焦虑和注意力缺陷多动障碍的特征相反。⑤ 尽管研究人员推测，酒精被用作治疗注意力缺陷多动障碍和焦虑症，尤其是社交焦虑症的一种方法，但抑郁似乎是酒精滥用的结果。已经做了大量的研究来说明这些关系——性别、种族、经济地位和各种其他变量，但就我们的研究目的而言，主要的一点是上瘾不是孤立产生的。它出现在特定的环境中，与各种接近程度的物理或社会环境有关，表现为因果关系。

---

　　① MATÉ GABOR. In The Realm of Hungry Ghosts：Close Encounters with Addiction ［M］. Berkeley，CA：North Atlantic Books，2010：438.

　　② MATÉ GABOR. In The Realm of Hungry Ghosts：Close Encounters with Addiction ［M］. Berkeley，CA：North Atlantic Books，2010：439.

　　③ JOSHUA P. SMITH，SARAH W. BOOK. Comorbidity of Generalized Anxiety Disorder and Alcohol Use Disorders among Individuals Seeking Outpatient Substance Abuse Treatment ［J］. Addictive Behaviors，2010，35（1）：42 - 45.

　　④ REGIER D A，FARMER M E，RAE D S，et al. Comorbidity of Mental Disorders with Alcohol and Other Drug Abuse：Results from the Epidemiological Catchment Area（ECA）Study ［J］. Journal of the American Medical Association，1990，264（19）：2511 - 2518.

　　⑤ JOSEPH M. BODEN，DAVID M. FERGUSSON. Alcohol and Depression ［J］. Addiction，2011，106（5）：906 - 914.

## 二、生活环境的影响

另一个需要考虑的因素是，我们所处的社会在我们生活的不同时期是不同的。这一事实对于理解成瘾模式很重要。正如我们所看到的，当孩子还很小的时候，他们的父母就经历了自我的虚拟延伸。父母做或不做的任何事情都会影响孩子自身的压力和反应水平。当他们成长为青少年时，他们的同龄人成为他们周围环境中更有影响力的因素。例如，《科学美国人》报告研究表明，青少年的体重与他们的朋友具有相关性，不仅因为他们选择与自己更相像的朋友，还因为别人的行为影响他们。在某种程度上，他们增加或者减少体重基于周围的人对他们的影响。①

虽然一般没有理由将朋友的影响与成瘾联系在一起，因为大多数人吸烟或饮酒或其他软性瘾品不会上瘾。在缺乏独立证据证明这种相关性的情况下，在这个人群中就有理由将其归因于相关性。青少年受同龄人影响开始吸烟、饮酒或服用其他药物，这一事实与此有关，因为酒精和成瘾药物的早期使用已被证明会使成年生活中依赖的概率增加 4～6 倍。吸烟似乎是青少年的一种普遍恶习，但与其他药物依赖没有直接关系。研究发现，即使是吸烟开始的年龄，也是酒精使用和依赖的一个重要预测因素。② 如果有一种"入门毒品"，那似乎是烟草，而不是饱受诟病的大麻。

因此，我们可以理性地，从分子层面到组织层面，再到与家庭和社会群体的互动层面，寻找成瘾的促成原因和关联。我们找不到一个原因，甚至一个状态，那就是成瘾。我们发现的是一个过程，主流研究人员将其描述为 3 个阶段，而其他人则将其描述为一个正在进行的过程，这个过程可能局限于个人选择的水平，也可以追溯到表观遗传对我们 DNA 展开的影响。后一种分析很有可能是没有意义的，DNA 本质上最好的理解是它本身是一个过程。在一个有机体的生命周期中，它在许多点上产生和改变。这些不断变化的复杂行为模式中的每一种都与我们所知的成瘾有关，但没有一种是单独构成成瘾的。

---

① DAVID A. SHOHAM, LIPING TONG, PETER J. LAMBERSON, et al. An Actor-Based Model of Social Network Influence on Adolescent Body Size, Screen Time, and Playing Sports [J]. Public Library of Science ONE, published June, 2012, 29 (6): 1 - 7.

② GRANT B F, DAWSON D A. Age of Onset of Drug Use and Its Association with DSM IV Drug A-buse and Dependence: Results from the National Longitudinal Alcohol Epidemiologic Survey [J]. Journal of Substance Abuse, 1998, 10 (2): 163 - 173.

# 第四章　以社会控制看待成瘾

让我们思考 2 个问题。第一，成瘾的概念在多大程度上是一种社会建构？第二，成瘾在多大程度上是由社会环境本身带来的，而这种现象是否会根据大脑的变化来分析？毫无疑问，这些问题彼此之间，以及与成瘾相关的物理现象是紧密交织在一起的。成瘾的社会结构是由经济、政治和文化环境所产生的，而经济、政治和文化环境产生了摆脱压力条件的需要和能力。

## 第一节　成瘾的文化构建

个体既是由文化创造出来的，又是由文化产生的。除了物理环境和直接的社会互动，人成瘾发生在一个更大的文化中。正如社会学家詹姆斯·巴伯（James Barber）所说，我们学会喝酒、抽烟和吸毒，因为别人不仅告诉我们如何去做，而且告诉我们如何享受它。[①]

### 一、文化构建的历史脉络

成瘾与文化的关系，就像我们考虑过的所有其他层次的分析一样，是动态的、复杂的，而且在每一种情况下都是不同的。在这些案例中，特别是在过去的几百年里，精神活性物质和成瘾人群已经并继续成为许多社会问题的原因和治疗方法。如果没有成瘾的劳动者，他们中的一些人生产成瘾的物质而获得实物报酬，就不可能出现烟草和咖啡因产品的全球市场，例如咖啡和茶，更不用说规模较小但危害重的鸦片、大麻和古柯市场了。[②]

---

① JAMES BARBER. Alcohol Addiction: Private Trouble or Social Issue? [J]. Social Service Review, 1994, 68 (4): 521 –535.

② COURTWIGHT DAVID T. Forces of Habit: Drugs and the Making of the Modern World [M]. Cambridge, MA: Harvard University Press, 2001: 136 –139.

这些物质的使用在保持劳动者劳动和市场增长方面发挥了重要作用。今天，考虑到 DSM 将食物成瘾列入了疾病清单，我们可能会将快餐市场也列入其中。低收入的快餐工人经常利用现成的廉价快餐，因为它富含脂肪和盐，既适合他们的日程安排，也适合他们的收入。他们在这类工作中经常获得的折扣或免费食品，表明他们所在的公司发现这种安排对双方都很方便。

这些物质在世界市场和政治力量的发展中所起的作用怎么说也不过分。例如，殖民地允许建立垄断，并保护鸦片的销售，有时保留一半或更多的工人工资作为收益。19 世纪，新加坡一半的收入来自鸦片。① 在欧洲和美国，相关产品是酒精和烟草。即使是酒精消费也无法与烟草竞争。从 17 世纪开始，烟草生产占据了所有欧洲殖民地国家，生产烟草的奴隶每天得到烟草的定量供应。每个人都涉及某种形式的烟草使用，从外交官到游客、劳工，最重要的是士兵。到 1670 年，英国人的人均烟草消费量约为 1 磅，而荷兰人的人均烟草消费量约为这个数字的 1.5 倍。② 烟草在整个 18 世纪被以各种形式使用，到了 19 世纪中叶，吸烟显然是一种受欢迎的消费方式，先是烟斗和雪茄，在 20 世纪初，香烟成为人们首选的放纵方式。19 世纪 50 年代末，美国人每秒钟购买约 1.5 万支香烟，到 90 年代中期，全球 15 岁以上人口的 1/3 在吸烟。③ 尽管这些数字看起来令人震惊，但与所消费的含咖啡因产品的数量相比，尤其是与咖啡相比，还是微不足道。根据历史学家大卫·科特莱特（DavidCourtright）的说法，到 20 世纪末，咖啡作为世界上交易最广泛的商品，一直只落后于石油。④ 毫无疑问，在 20 世纪中叶，在休息时间饮用咖啡和香烟成为西方白领和蓝领的工作日常。

为什么这些物质变得无处不在？一种解释是，几个世纪以来，兴奋剂和缓解疼痛和悲伤的物质使长时间从事劳累、重复、使大脑麻木的工作的人们，熬过炎热、饥饿和疾病。17 世纪，当欧洲饱受各种可以想象到的痛苦之苦时，根据考特赖特的说法，烟草、咖啡和茶等物质在帮助农民和工人应

---

① JAN ROGOZINSKI. Smokeless Tobacco in the Western World, 1550—1950 [M]. New York: Praeger, 1990: 4.

② COURTWIGHT DAVID T. Forces of Habit: Drugs and the Making of the Modern World [M]. Cambridge, MA: Harvard University Press, 2001: 135 – 138.

③ World Health Organization. The Tobacco Epidemic: A Global Public Health Emergency [J]. World Health Organization, 1996 (9): 1 – 8.

④ COURTWIGHT DAVID T. Forces of Habit: Drugs and the Making of the Modern World [M]. Cambridge, MA: Harvard University Press, 2001: 19.

对生活在无法居住边缘的生活方面发挥了可怕的作用。① 至少，对寻求和消费毒品的专注似乎导致了冷漠，以至于工人们不太可能尝试做任何事情来改变他们的环境。正如马克思所说的宗教一样，这些物质是人们的麻醉剂，让他们远离痛苦的情况。

在 20 世纪和 21 世纪，咖啡休息时间、欢乐时光、快餐店、可卡因以及越来越多的处方药，都能让人保持精神振奋，让人继续工作。然而，同样真实的是，一些几百年来一直被容忍甚至鼓励使用的物质很容易使工人变得无用。作为一个社会，我们逐渐认识到，多年的吸烟休息时间会转化为医疗保健方面的巨额支出，同样的情况也发生在 3 杯马提尼酒（martini）的午餐上。而农民和奴隶则使用较弱品种和较少数量的姑息药物，这类药物的价格相对较低。但是，随着社会动态和生产方式的变化，人们对特定物质使用的态度也发生了变化。在农业环境下，似乎没有人会介意大麻收割者是否整天都在吸食大麻，或者农奴是否在喝过期啤酒。可是酒一蒸馏，麻烦就来了。这种味道更浓的饮料引起了政府官员和雇主的不满。② 特别是便宜的杜松子酒，它在 18 世纪早期成为欧洲广泛使用的生产力。在 17 世纪以前，蒸馏酒被认为是一种药物，只在药店出售，对普通人来说价格过高。但到了 18 世纪初，蒸馏技术和产量的提高使其售价与啤酒一样，甚至比啤酒还要便宜，以致各种经济阶层和社会地位的人都有可能大量饮酒。但是，这种民主化的代价是破坏道德现状（服从法律和教会）、勤奋（努力工作）和秩序（服从）。就像 20 世纪 70 年代的大麻和迷幻药一样，18 世纪使用烈酒被认为是犯罪和混乱的直接原因。工人阶级中那些没有表现出对权威应有的恐惧和对自己的行为感到羞耻的人所受到的威胁和真正的破坏，在受人尊敬的公民和政治领导人中造成了重大的忧虑，特别是当工人越来越多地集中在城市时。随着工业化和全球化的扩大，潜在威胁现有秩序的变量增多。最终，当这些创造巨额利润和税收收入的物质造成混乱和对国民经济的威胁时，一个又一个国家选择对这些帮助其经济扩张和繁荣的物品施加限制甚至禁止。与此同时，那些习惯性使用这些物质的人被谴责为道德败坏者，后来又被谴责为成瘾者。当如何为工业化提供劳动力和为全球经济的崛起提供产品的问题的解决方案开始具有自己的生命力时，这个解决方案本身就变成了一个问题，与

---

① COURTWIGHT DAVID T. Forces of Habit: Drugs and the Making of the Modern World [M]. Cambridge, MA: Harvard University Press, 2001: 59.

② SMOLLETT T. The History of England from the Revolution in 1688, to the Death of George the Second [M]. Philadelphia: M'Carty and Davis, 1839.

所有者有关的问题不再被确定为经济或政治单位。现在问题出在个人身上，他以成瘾者的身份出现。

这个观察结果提出了 2 个问题。第一，成瘾的概念在多大程度上是一种社会建构？如果事实证明我们所说的很大一部分成瘾是物质的使用，是扰乱社会秩序和效率的，那么，从大脑疾病的角度来看，它的概念似乎被构建起来了，至少在一定程度上是为了控制那些行动不便的人可以得到治疗。另外，如果将某些物质和活动的使用解释为一种疾病，就会给社会带来经济上的好处，那么以这种方式来理解它，似乎是有好处的。一种新的疾病可以创造一个新的治疗行业，这对经济体来说是非常有价值的。第二，成瘾在多大程度上是由社会环境本身带来的，而这种现象是否会根据大脑的变化来分析？如果工业化和消费主义的发展实际上鼓励了成瘾的行为模式的发展，那么试图通过"治疗"来解决个人痛苦这条路径不能解决问题，只会强化产生问题的社会环境。与此同时，社会经济结构至少在一定程度上塑造了"瘾君子"的概念，而蓬勃发展的医疗行业继续支持着这种社会经济结构，并从中受益。至少在一定程度上负责创造吸毒者结构的社会经济结构继续得到医疗行业的支持，该行业从这种结构中获益。毫无疑问，这些问题彼此之间以及与成瘾相关的物理现象是紧密交织在一起的。成瘾的社会结构是由经济、政治和文化环境所产生的，而经济、政治和文化环境首先产生了摆脱压力条件的需要和能力。

## 二、消费主义的病与罚

只有当医疗和保险行业发展壮大，消费主义上升到前所未有的高度时，成瘾的概念才变得流行起来。社会学家格尔达·里斯（Gerda Reith）认为到 19 世纪末，工业国家之间的利益趋同。在融合工业和医学利益的话语体系中，成瘾被设定为疾病状态，并构建了成瘾者的独特身份。[①] 她主张，随着美国文化变得越来越工业化，资产阶级对工业生产力和劳动纪律的强调，自我调节和控制的特性提升到了个人和政治美德的高度，导致对被认为具有潜在破坏性的行为越来越不宽容。[②] 为了使生产力持续增长，工人们自我调节他们对某些产品的消费变得越来越重要。无论他们做什么，员工都必须在日

---

① REITH GERDA. Consumption and Its Discontents：Addiction and the Problems of Freedom［J］. The British Journal of Sociology，2004，55（2）：283－300.

② REITH GERDA. Consumption and Its Discontents：Addiction and the Problems of Freedom［J］. The British Journal of Sociology，2004，55（2）：283－287.

益复杂的社会环境中可靠地发挥作用。这似乎意味着，是社会经济流动的潜在破坏，而不是消费的数量本身，确立了一种物质或活动的成瘾特征。事实上，在过去的 100 年里，各类商品的消费数量一直在急剧增加。身份本身是通过一个人的消费模式创造出来的。"你是谁"是一个流动的结构而不是本质，是一种选择而不是自然的问题。① 一个基于选择的身份，虽然它显然是一个通过自由创造出来的身份，但它是基于一种非常特殊的自由。

在丹尼尔·贝尔（Daniel Bell）40 年前的著作中我们看到，资本主义的文化矛盾中，新教工作伦理的戒断主义价值观与资本主义价值观带来的即时满足的享乐主义价值观之间存在着根本性的冲突。众所周知，人们经常被各种各样的广告狂轰滥炸，这些广告鼓励人们纵情享受一切东西。这种消费主义的精神分裂方式对消费者至关重要，传达的信息很明确：越多越好，消费是好的。消费额外的产品，无论是饮食产品，消费者咨询，或成瘾的药物治疗，是对失控消费的"意志力疾病"的答案。关于这种情况最值得注意的是，所有这些消费、过度消费和反消费的责任完全在于个人。产生"成瘾"概念的过度消费系统本身从未被研究过。

在酒精中毒被理解为一种疾病之前，经常醉酒只是一种以快乐的名义进行的行为。但是，当这种醉酒与社会控制和生产力发展发生冲突时，一些团体开始请愿，要求消除它。世界范围内对禁酒令的广泛支持表明，酒精本身被认为是过度使用的罪魁祸首，而不是酒精使用者。以美国为例，在美国的禁酒政策变得越来越明显行不通之后，需要对酒精及其滥用进行一场概念革命，以证明废除实施该政策的宪法修正案是合理的。对酒精成瘾的概念传播开来。碰巧的是，在美国联邦国会通过了宪法第 21 条修正案废除禁酒令的同一年，比尔·威尔逊（Bill Wilson）和嗜酒者互戒协会（Alcoholics Anonymous，AA）根据这一理论，认为某些人生来就有酗酒的倾向（后来被称为上瘾人格）。从疾病的角度来定义成瘾，让医疗行业成为治疗成瘾的行业。随着这种疾病模式的蓬勃发展，需要专业治疗的成瘾者人数也在增加。加州的一项研究发现，1942—1976 年，接受治疗的人数至少增加了 20 倍。② 随着 1987 年美国医学协会的官方声明将成瘾定义为一种疾病，其治疗是医疗实践的合法组成部分，第三方偿付（保险支付）成为治疗成瘾的可能，将

---

① EWEN S, EWEN E. Channels of Desire [M]. New York：McGraw-Hill, 1982：80.

② ROOM ROBIN. Treatment-seeking Populations and Larger Realities [M]. London：Croom Helm, 1980：205 – 224.

经济的另一个部分带入游戏。戒毒治疗成了一个非常大的行业。从 1978—1984 年，营利性住宅戒毒中心的数量增加了 350%，其病例数量增加了 400%。① 美国药物滥用和精神健康服务管理局（Substance Abuse and Mental Health Services Administration））指出，2014 年，美国超过 11000 家成瘾治疗中心的支出达到 350 亿。它已经成为一项主要的公共项目支出。联邦医疗补助计划和联邦医疗保险等联邦计划，以及州和地方项目，为上述支出提供了约 3/4 的资金，并将继续承担最沉重的负担，不过私营保险公司支付的比例正在上升。②

成瘾的疾病概念在美国文化中根深蒂固，在医学、教育，甚至刑事司法政策都将成瘾的疾病模式作为基本假设。尽管在 90% 以上的治疗中心首选的治疗方法是基于十二步精神模式，而不是医学。疾病模型的根深蒂固的假设可能被认为源于一个简单的事实，这种方法模型带有政治权力和权威，最好的治疗结果意味着以某些特权控制某些人自由。当药物使用或其他成瘾行为威胁到生产力、社会秩序或经济实力时，那些使用这些药物的人就成了诊断、干预和治疗的适当目标。伊莱恩·拉平（Elaine Rapping）指出，成瘾不仅是一种由生物学决定的疾病，不仅消除了从别处寻找其他可能导致问题的社会根源的必要，而且还提供了一种适当关注的方式，通过理解和治疗生物功能障碍，来处理那些似乎具有威胁性的人和行为，以及那些可能会打破现状的个人和行为。然而，不可忽视的事实是，他们被关在监狱里，受到污蔑，在其他方面被剥夺了权力。可以预见的是，当社会开始发现某些类型的放纵，受到某些类型的人群青睐，就会引起焦虑。③ 在考虑到社会发展对疾病的意志成瘾的概念时，我们一定不能忘记反思一下我们当中谁被认为是成瘾者，以及他们在社会经济机器中所处的位置。

例如，我们的法律体系对各种成瘾物质所表达的态度。根据米歇尔·亚历山大（Michelle Alexander）在其广受好评的著作《新吉姆·克劳：色盲时代的大规模监禁》（*The New Jim Crow：Mass Incarceration in The Age of*

---

① WEISNER C M, ROOM ROBIN. Financing and Ideology in Alcohol Treatment［J］. Social Problems, 1984, 32（2）：167－184.

② Substance Abuse and Mental Health Services Administration, Projections of National Expenditures for Treatment of Mental and Substance Use Disorders, 2010—2020.［EB/OL］. https：//store. samh-sa. gov/product/Projections-of-National-Expenditures-for-Treatment-of-Mental-and-Substance-Use-Disorders-2010—2020/SMA14－4883.

③ RAPPING ELAYNE. The Culture of Recovery：Making Sense of the Self-Help Movement in Women's Lives［M］. Boston：Beacon Press, 1996：69.

*Colorblindness*）中所述，1985—2000 年，非法药物的使用和销售占联邦监禁人口增长的 2/3，占州监禁人口增长的一半。尽管持有大麻相对无害，但在 20 世纪 90 年代，因持有大麻而被捕的人数占到毒品逮捕增长的近 80%。① 亚历山大的观点是，绝大多数被监禁的人都是有色人种。一个经常引用的统计数据是，非裔美国男性占总人口的 6%，但他们占监狱人口的 35%，而这仅仅是比例失调的监禁中的一个子群体。这些高监禁率的人群表现出更不稳定、更少的永久关系，这是监禁期本身造成的情况。更不用说一些相关的现象，如被监禁的人更难获得稳定的工作和较差的工作，以及更多地接触暴力和营养不良。这些情况导致每个人都处于高压力的生活环境中，不仅使成年人，而且使儿童在这样的环境中更容易受到药物使用和滥用的伤害。

使上述问题进一步恶化的是毒品本身的流行及其在社会经济地位较低的社区所带来的危险。虽然中上社会阶层的人喜欢使用毒品，但他们不希望在自己的社区中广泛使用毒品。几十年来，尽管中产阶级白人比黑人更有可能使用非法药物和酒精，但毒品使用、毒品销售和毒瘾对贫困社区和少数族裔社区的影响比白人社区和富裕社区更为严重，这一点一直备受争议。② 造成这一现象的原因包括种族和阶级歧视，这些歧视导致某些群体被指责为社会弊病的罪魁祸首，包括福利和食品券的滥用，以及忽视和虐待儿童，尽管现有的统计数据与此相反。在成瘾问题上，我们同意威廉·科恩布卢姆（William Kornblum）的观点，即穷人和少数族裔被认为比其他人有更严重的成瘾问题的部分原因是，毒品的销售通常位于更贫穷、人口更密集的地区。为什么会这样呢？由于贫穷，穷人不太可能致力于改善健康和安全。毒品活动和成瘾对贫困地区影响更大的另一个原因是，缺乏资源和尊重的人缺乏接受职业培训和教育的机会。

随着美国向以信息为基础的经济转型，生产方式的改变常常剥夺了低收入的少数人获得报酬更高、更有保障的工业工作的机会，使他们几乎没有希望，也没有什么事可做。③ 分发毒品是许多人能够养活自己及其家庭的少数办法之一，大多数居民仍然无法选择离开这些副业。到了 20 世纪 80 年代，

---

① ALEXANDER MICHELLE. The New Jim Crow: Mass Incarceration in the Age of Colorblindness [M]. New York: The New Press, 2010: 59.

② JAYNES G D, Williams Jr. R. M. A Common Destiny: Blacks and the American Society [M]. Washington: National Academy Press, 1989: 74.

③ KORNBLUM WILLIAM. Drug Legalization and the Minority Poor [J]. Milbank Quarterly, 1991, 69 (3): 415 –435.

纽约、洛杉矶、华盛顿和迈阿密的贫民窟和移民社区已经成为可卡因和快客（crack）毒品交易的聚集地，带来了高频率的杀人和吸毒事件。科恩布卢姆解释说，少数族裔和新移民群体在非法毒品行业中不成比例地参与，与历史上被污名化、隔离的社区模式有着不可分割的联系。①

至少40年来，人们普遍认为，警察部队的创建和继续存在的目的是控制下层阶级的人。② 执法者经常对特权阶级的违规行为视而不见，而对平民阶层的违规行为大力打击，这种加强执法和增加惩罚的做法无助于减少毒品的使用。生活在贫困和歧视中所带来的压力、创伤和绝望依然如旧。事实上，镇压会让这些事情变得更糟。亚历山大认为，大规模监禁在很大程度上与和吸毒有关的有色人种一起运行的法律、法规和非正式规则关联，所有这些都有力地强化了社会耻辱。③要限制某些主流社会的边缘人群，拒绝他们进入主流经济。禁毒执法政策创建了一个子类，它进一步定义了成瘾和整个人群的概念。亚历山大指责，这种隔离有色人种，以及社会经济阶层较低的人的方法，是一种令人震惊的全面的、精心伪装的种族化社会控制体系。③

然而，成瘾的构建所实现的不仅仅是对被公认的边缘群体的控制。更重要的是，疾病模型暗示，成瘾者无法作为一个负责任的独立个体行事。成瘾视为一种疾病，一个人可以在他者的归因下产生成瘾。如果一个人决定将他所有的问题归咎于某种物质或行为，而不是归因于社会结构和压力、身体或性虐待，更重要的是，如果有人将他的问题归咎于他的成瘾，那么他就变成了一个成瘾者。然后，在一个奇怪的转折中，一个人不仅可以通过他的否认来证明他是一个成瘾者，而且在某种程度上可以通过反对这种描述的行为成为一个成瘾者。因此，成瘾成为一种疾病，一个人可以在他人的归因下立即发展。如果一个人决定将他所有的问题归咎于某种物质或行为，而不是社会结构和压力、身体或性虐待或其他任何东西，或者更重要的事，如果有人将他的问题归咎于他的成瘾，那么他就变成了一个成瘾者。

因此，由谁来决定谁是成瘾者是一个非常重要的问题。这与进行测试以确定某人是否患有糖尿病或心脏病是不同的。这意味着成瘾者都可以被迫接

① KORNBLUM WILLIAM. Drug Legalization and the Minority Poor [J]. Milbank Quarterly, 1991, 69（3）：426.

② MITRANI SAM. Stop Kidding Yourself: The Police Were Created to Control Working Class and Poor People [N]. Laboronline, 2014-12-29.

③ ALEXANDER MICHELLE. The New Jim Crow: Mass Incarceration in the Age of Colorblindness [M]. New York: The New Press, 2010: 4.

受治疗，理由是他的否认本身就是他的疾病的主要症状。这是最有问题的做法，住院治疗困难的青少年日益普遍的做法，成为一个合法的方式，父母允许他们成为别人的问题。专家可以代替父母处理儿童的成瘾问题，使父母遗弃和疏离的行为合法化，尽管这种做法会带来进一步分裂和使家庭失去力量的后果。这并不仅仅适用于吸毒成瘾，不受欢迎的行为，从赌博到电子游戏，从吃东西到性，再到看色情片，现在都可以接受治疗。对穷人来说，"治疗"指向监狱。

如果基于特定文化的不断扩大的成瘾类型的论点不具有说服力，成瘾至少在一定程度上是一种社会建构。让我们考虑另一种情况。在西方，成瘾的惊人的增长水平是社会态度的结果。在韩国，在某些社会环境中，鼓励甚至要求男性大量饮酒。虽然社会规范和习俗不鼓励女性饮酒，也不鼓励男性单独饮酒，但韩国文化支持下班后定期在酒吧饮酒聚会，之后许多参加者不得不被抬回家。[①] 以这种方式放纵的人不会被认为成瘾，以这种方式喝酒也不会被认为是一个社会问题。事实是，即使具有较高的消费水平，由于社会结构限制了男性饮酒的时间和环境，统计数据显示，相对于西方，韩国的依赖——滥用比例是很低的。也就是说，虽然韩国男性酗酒的人数比西方国家多，但他们在生理上依赖酒精的比例比西方国家的男性要低。这表明，不同的文化不仅构建了不同的成瘾概念，而且有些文化根本不会使用成瘾的概念，或发展任何的实践或制度，伴随其被视为需要治疗的个人问题。对于过度放纵在整个习俗和实践体系中所处的位置，不同的文化观念在很大程度上决定了是否存在成瘾这个观念。此外，这些社会观念、规范和传统本身似乎对使用者对物质的依赖程度有重大影响。

莱文（Martin Levine）和理查德·特罗伊登（Richard Troiden）认为，有些成瘾行为完全是由文化因素造成的。[②] 例如，性成瘾和性冲动的概念是建立在有关婚外性行为的文化信仰之上的，这种文化信仰在 20 世纪 70 年代末和 80 年代变得更为公开。因为那些在 20 世纪六七十年代性解放运动中性成熟的人被认为是对社会凝聚力的威胁，在这一时期以及之后不久，性行为的发展被那些坚持传统标准的人视为离经叛道。莱文（Levine）和乔顿

---

① HELZER J E, CANINO G J, YEH E K, et al. Alcoholism-North America and Asia: A Comparison of Population Surveys with the Diagnostic Interview Schedule [J]. Archives ofGeneral Psychiatry, 1990, 47 (4): 313.

② LEVINE MARTIN, TROIDEN RICHARD. The Myth of Sexual Compulsivity [J]. The Journal of Sex Research, 1988, 25 (3): 347－363.

(Troiden) 指出，"性成瘾和强迫性行为往往是被主流机构所污名化的习得行为模式。"无论这种行为是被描述为成瘾或强迫，还是冲动控制障碍，这种诊断取决于文化上对构成性冲动控制要素的认知。① 不同文化和不同年龄的人在态度和做法上存在着显著差异。例如，在性积极的文化中，多性伴侣是可接受的，而宗教对低性欲的强调被认为是不恰当的。莱文和乔顿断言，那些被贴上性强迫或性成瘾标签的行为，其本质并非病态，而是被社会文化所定义。然而，从成瘾性疾病的角度描述特定类型的活动或物质使用的含义是双面的。一方面，将人定性为成瘾者无疑会在成瘾者和非成瘾者之间造成一种自主权被剥夺的潜在差异；另一方面，由于自主性的降低，成瘾的归因也提供了一个借口，一个逃避责任的借口。诊断被用来妖魔化一些人，把他们和健康的人分开，也被用来释放他们对某些行为的责任。这个术语的灵活性使得每一种问题都有可能成为一种瘾，使得法律系统可以根据具体情况将治疗解释为要么是惩罚性的，要么是康复性的。正如吉恩·海曼所指出的，将成瘾定义为一种疾病的双重含义，既存在于监管成瘾药物的立法之前，也存在于医学模式背后：从一开始，成瘾就会招致法律禁令和治愈它的冲动。② 承认或被指控为成瘾者，其本身的意义可能是对个人生活的谴责，比如当雇主或伴侣将其作为解除关系的依据，或者像越来越多的法律案件一样为自己开脱。罗斯说，在过去 200 年里，赌博成瘾在法律人士的眼中发生了双重转变。罗斯说，在 19 世纪以前，赌博被认为是一种罪，而不是一种不可言说的罪行，赌博的胜利被认为是一种永恒的诅咒，但它逐渐被视为一种恶习，是赌徒的过错和责任。③ 这一观点仍然是主流。例如，合法的赌博债务是不可强制执行的，因为赌博的提供者，像卖淫的提供者一样，被视为利用赌徒的恶习，而且行为自负风险。随着《精神疾病诊断与统计手册》第三版将"病态赌博"列为一种公认的疾病，"赌博是完全由赌徒控制的一种选择"的观点开始消失。比如性成瘾、盗窃成瘾、酒精和毒品成瘾，在涉及过度赌博的案件中，许多被告成功地使用了疾病模型。一些律师甚至在他们的网站上做广告，说他们可以通过显示被告的行为是成瘾的结果来帮助客

---

① LEVINE MARTIN, TROIDEN RICHARD. The Myth of Sexual Compulsivity [J]. The Journal of Sex Research, 1988, 25 (3): 347.

② HEYMAN GENE. Addiction: A Disorder of Choice [M]. Cambridge, MA: Harvard University Press, 2009: 2.

③ ROSE I NELSON. Compulsive Gambling and the Law: From Sin to Vice to Disease [J]. Journal of Gambling Behavior, 1988, 4 (4): 240 –260.

户。至少，他们声称如此能够削弱对特定犯罪故意行为的指控，从而使刑罚最小化。当然，如果使用这条防线是为了获得"因精神错乱而无罪"的判决，那么成瘾者在错综复杂的精神卫生机构中面临着不确定的未来。

### 三、社会不平等与个体药物依赖

成瘾研究者和治疗师都倾向于同意：药物和其他成瘾行为在成瘾者的生活中发挥作用，至少在使用的早期阶段是这样，否则过量饮酒的倾向不会发展。比如，各种各样的兴奋剂使工人们稳定地工作，工人们为成瘾的物质的生产者带来财富。此外，许多退伍军人和其他创伤后应激障碍（PTSD）患者，以及抑郁症、双相情感障碍和焦虑症患者一样，使用药物或酒精来掩盖压倒性的情感。

在过去的15年里社会的不公平现象特别显著。例如，根据瑞士信贷研究所2014年的报告，"自本世纪初以来，美国家庭的财富增长了1倍多，从2000年的117万亿美元增加到2014年年中的263万亿美元"，百万富翁的数量在这段时间里增长了164%。[①] 同时，乐施会（Oxfam）2014年年初的一份报告计算出，地球上最富有的85个人拥有的财富相当于全世界的总和，资源是人类最贫穷的一半人口的总和。自2008年全球金融危机爆发以来，全球亿万富翁的数量已增至1645人，而全球无家可归者的数量则急剧增加。例如，从2007年7~11月到2008年同期，进入纽约市避难所的家庭数量增加了40%。在另一个有力的例子中，"结束无家可归全国联盟"的一项调查发现，在2008—2009年抵押贷款危机最严重的时期，10%接受援助的客户因丧失抵押品赎回权而无家可归。[②] 这些人大多数是租客，房东无法支付他们的抵押贷款，使租客没有追索权，也没有存款可以收回。瑞士信贷（Credit Suisse）的报告称："在全球范围内，不平等正让数十亿最贫困人口的希望沦为笑柄。"

神经学家卡尔·哈特（Carl Hart）认为毒品不是问题所在。对贫困人口来说，成长过程中面临的问题是贫困、毒品政策、缺乏就业机会等一系列问题，药物只是其中一个部分，并不像研究人员说的那么重要。哈特的研究小组在2011年对多种神经影像学和神经心理学研究的综述中指出，有关甲基

---

① Credit Suisse AG, Paradeplatz 8 P. O. Box CH-8070, Zurich, Switzerland, redia. relations@ credit-suisse. com.

② 数据来自纽约流浪者收容所（New York City Department of Homeless Services）. https://www. nyc. gov/site/dhs/index. page.

苯丙胺对认知能力和大脑变化的影响的说法是有缺陷的，没有被复制，也被夸大了。哈特说，媒体不仅要为传播人们对毒品使用及其危害的误解负责，科研机构也要为此负责，因为科学家很少站出来纠正同行的错误表述。为什么会这样呢？因为科学家的价值在于避免犯错。在正统学说之外提出主张可能会暴露出这些问题。但在这些情况下，坚持正统的代价是高昂的。根据哈特的说法，在曼联控球要受到惩罚，各州一直"与科学证据不符，而且……夸大了使用强效可卡因的危害。这种误解造成的金钱和人力损失是无法估量的"①。对一个人是否会成瘾影响最大的，是他们所处的社会环境，而不是毒品本身。哈特实验室发现，对于许多我们称为成瘾者的人来说，当有其他值得选择的生活时，毒瘾并不是一个普遍的问题。正如我们之前叙述的，布鲁斯·亚历山大的研究小组发现，在老鼠公园的社会环境中，老鼠是否选择自我给药，也扮演着重要的角色。事实上，正如海曼所断言的那样，在过去30年里进行的每一项主要流行病学研究都报告了同样的事情，当有价值生命的可行替代品可用时，它们最终将被选择而不是药物。然而，这样的选择往往是行不通的。根据美国司法统计局（Bureau of Justice Statistics）的数据，在2004年接受调查的囚犯中，尽管有超过一半的人在被捕前的1个月有全职工作，83%的人从所有渠道获得的个人收入低于2000美元/月，59%的人低于1000美元/月。监狱的囚犯只有50%的人获得了高中文凭。考虑到这些数字，66%和69%的受访囚犯表示经常饮酒或吸毒也就不足为奇了。同时，美国国家司法研究所（National Institute of Justice）和哥伦比亚大学国家成瘾和药物滥用中心（National Center on Addiction and Substance Abuse at Columbia）都估计，实际数字接近80%。再加上超过一半的监狱囚犯在单亲家庭中长大。

巴基斯坦一名毒品成瘾原因研究人员发现，社会和文化信仰与社会经济条件相结合，在解释为什么有些人比其他人更容易成瘾方面发挥了重要作用，这进一步证实了有关成瘾因素的更广泛观点。② 在1972年世界鸦片调查中，23%以上的人表示，他们使用毒品的动机是为了逃避个人或经济问题、困难、繁重的工作或性方面的原因。在接受调查的成瘾者中，34%的人声称他们开始使用药物来治疗身体疾病、疾病或伤害，74%的人对鸦片上

---

① ALI KARAMAT. Causes of Drug Addiction in Pakistan [J]. Pakistan Economic and Social Review, 1980, 18 (3/4)：102 – 111.

② ALI KARAMAT. Causes of Drug Addiction in Pakistan [J]. Pakistan Economic and Social Review, 1980, 18 (3/4)：106.

瘾，而这是医生从未开过的处方。据卡拉马特·阿里（Karamat Ali）称，这项调查的含义是，"社会组织紊乱和缺乏实现社会公认目标的合法手段"会导致成瘾。考虑到巴基斯坦的社会现实，"性原因"的反应是有趣的：在那里，除了在婚姻中生育以外，任何原因的性都是不被允许的（而且在很多情况下是非法的或不可能的，因为性别隔离）。阿里总结道："营养不良、健康状况差、没有娱乐活动的艰苦工作迫使穷人使用药物。"① 同样，在一项对哥伦比亚贫困青少年的研究中，丹尼尔·伦德（Lend）发现，青少年经常使用药物来转移他们对"令人担忧、紧张或痛苦的事情"的注意力。② 药物被列为减轻与家庭、贫困和普遍的武装暴力有关的压力的一种方法。其他研究人员此前发现，在哥伦比亚，男孩和女孩的精神痛苦与吸毒的关系比美国更大，暴力和毒品供应也是如此。研究人员推测，这种差异可能是因为药物。③ 然而，吉尔伯特·昆特罗（Quintero）和萨利·戴维斯（Davis）在2002年发现，拉美裔和美洲原住民青少年吸烟的原因与哥伦比亚年轻人所列举的原因类似，比如吸烟是为了减轻由家庭生活、学校、贫困和社会不平等带来的压力引起的情绪问题。尽管这些拉美裔和印第安人青少年列举了美国青少年中普遍存在的其他吸烟原因，如形象维护和同龄人的影响，但这一群体给出的最普遍的吸烟原因之一是"为了治疗各种情绪和身体状态的存在，包括愤怒，沮丧，抑郁和无聊，放松，冷静，缓解压力"④。我们再一次看到，缺乏实现高质量的人类生活的替代手段已成为选择成瘾物质的众多理由之一。

## 四、制药产业与金钱

在许多文化中，把放松或娱乐定位于改变思维的物质，这种被动的认可，听起来与美国20世纪60年代创造的"快乐时光"并无太大不同。那

---

① LENDE DANIEL H. Wanting and Drug Use: A Biocultural Approach to the Analysis of Addiction [J]. Special Issue: Building Biocultural Anthropology, 2005, 33 (1): 100 – 124.

② JUDITH S BROOK, DAVID W BROOK, MARIO D L ROSA, et al. Pathways to Marijuana Use Among Adolescents: Cultural/Ecological, Family, Peer, and Personality Influences [J]. Journal of the American Academy of Child & Adolescent Psychiatry, 1998, 37 (7): 759 – 766.

③ QUINTERO GILBERT, DAVIS SALLY. Why Do Teens Smoke? American Indian and Hispanic Adolescents Perspectives on Functional Values and Addiction [J]. Medical Anthropology Quarterly, New Series, 2002, 16 (4): 439 – 457.

④ QUINTERO GILBERT, DAVIS SALLY. Why Do Teens Smoke? American Indian and Hispanic Adolescents Perspectives on Functional Values and Addiction [J]. Medical Anthropology Quarterly, New Series, 2002, 16 (4): 446.

些进入大公司竞争激烈、默默无闻的职位的成年人在周末狂欢。工作之余和周末大吃大喝，官方大声抱怨，这似乎在很大程度上促进了人们在面对异化、收入不平等和没有成就感的工作时的冷漠，从而维持了社会秩序。当人们不是通过放纵来逃避，就是因为放纵而感到痛苦和悔恨时，就不太可能对压迫性的社会或经济不平等现象给予认真的注意和有意义的改变。在这样的环境下，把那些在生产力周期中步履蹒跚的人送进监狱或接受治疗，要比认真对待让生活变得艰难容易得多。绝大多数成瘾者认为，他们吸毒是在社会孤立、经济排斥、犯罪和脆弱的心理健康之前。我们的精力和资源错误地用于指责那些被社会抛弃和弱势群体的困境，而不是重新构建我们的经济和社会结构，让他们获得可以自我保护的资源。

但在全球市场成瘾性质的转变背后，还有比制度化的种族主义和阶级主义更糟糕的东西。正如在寻找犯罪和社会弊病的原因时经常遇到的情况一样，追求金钱是很有启发性的。例如，在追求资金的过程中我们发现，让大麻非法一直是某些组织的优先事项，这些组织从某些处方药公司的财务中成功获益。一般舆论浪潮在过去的几年中已经支持放松大麻的法律，美国的社区禁毒联盟（CADCA）直言不讳地反对大麻合法化，其他团体的最前沿反对放宽大麻法，很明显他们预算的很大一部分来自阿片类药物制造商和其他制药公司。根据"无毒儿童伙伴关系"（Partnership for Drug Free Kids）的一份机密财务披露，该组织最大的捐赠者包括奥施康定（OxyContin）的制造商普渡制药（Purdue Pharma）和阿片类药物维柯丁（Vicodin）的制造商雅培制药（Abbott Laboratories）。更糟的是，CADCA 的主要支持者奥克美思公司（Alkermes）生产了一种阿片类药物 Zohydrol，据报道它的强度是奥施康定的 10 倍。因此，保持大麻非法的政治紧迫性似乎并非出于对民众健康和福祉的担忧，而是出于其他原因。

可能从中获益的是数 10 亿美元的制药行业。美国人口只占世界人口的5%，却消耗了世界 50% 的药品和 80% 的麻醉品。2000 年，每天有 290 人（每年 10.6 万人）死于处方药。根据美国疾病控制和预防中心（CDC）的数据，美国每天有 44 人死于处方阿片类药物过量，是死于海洛因、冰毒和可卡因总和的 3 倍。尽管这一比例在稳步上升（CDC 报告称，从 1999—2012 年，这一比例上升了 117%），但在我们的文化中，对这些药物的成瘾并不等同于对酒精或其他药物的成瘾。然而，与这些观点相反，考虑到2012 年，药物过量是意外死亡的主要原因，其中 53% 的死亡是由药物引起的。在这些死亡中，72% 涉及处方止痛药。这些并不是我们在主流媒体上看到的药物过量，而且药物过量还没有作为一个严重的公共健康问题被公开讨论。至少这些药物的处方和销售没有减少。对于这些药物的持续扩散，以及随之而来的上瘾和死亡，最合理的解释是，它们意味着大笔钱，而大笔钱意味着权力。如礼莱药厂（Eli Lily）的利润从 2003 年的 8.75 亿美元增长到 2010 年的 230 亿美元。由于 2003 年的医疗处方药计划，这个由一群立法者领导的运动，他们每个人都从制药公司那里得到了几十万美元的运动资金，"制药行业实现了 80 亿美元的利润增长"①。当一个行业有能力影响重大决策，在流行成瘾的现象中，这个行业的角色是不容忽视的。

## 五、矫正治疗与监禁

2011 年，美国有 690 万人接受了矫正控制。正如我们所看到的，多达 80% 的被监禁者被认为是酗酒或其他毒品成瘾者。然而，并不是所有的成瘾都会使人入狱，或使他受到指责或排斥。烟瘾与监禁没有显著的相关性，游戏成瘾、食物成瘾或赌博成瘾也没有显著的相关性。对于许多可诊断的成瘾，甚至没有太多的社会污名，尤其是对工作成瘾。在许多情况下，特定毒品和活动的社会意义决定了与之接触是否与指责、羞耻和与法律的对抗有关。例如，在哥伦比亚的伦德研究中，青少年使用的主要药物是大麻，其次是类似于可卡因的巴斯可（basuco），以及可卡因。简而言之，就是穷人和年轻人的药物。② 而富裕的年轻人倾向于使用 LSD、大麻和吗啡。在美国，大麻和海洛因比可卡因和处方药更便宜。总的来说，成瘾问题以及随之而来的监禁，似乎与年轻人和穷人沉溺于毒品和活动有着不成比例的联系。在某种程度上，似乎是这些物质的意义，以及赌博活动和某些种类的性活动的意义，推动了政策的制定，而不是关于它们相对危险的确凿科学证据。

在 2013 年的一项研究中，肥胖占美国 40～85 岁成年人死亡人数的 18%，但由于不健康体重已成为常态，除了要求不健康食品供应商告知消费者外，公共政策几乎没有提及肥胖。没有任何公共政策规范食品消费者的行为。与此同时，在美国，大麻在好几个州已经合法化，或者在医疗用途上已经合法化，尽管如此，美国官方的政策还是将其列入了可获得的最危险药物的附表。但这种差异肯定无法用科学研究来解释。事实上，这项研究提出了

---

① SASHA KNEZEV, GREGORY A SMITH, MD. American Addict [CD]. Torrance, CA: Pain MD Productions, 2014: 112-117.

② DANIEL H LENDE. Wanting and Drug Use: A Biocultural Approach to the Analysis of Addiction [J]. Special Issue: Building Biocultural Anthropology, 2005, 33 (1): 105.

相反的观点，正如我们从肥胖案例中所看到的那样，政策似乎受到其他力量的推动。科恩布卢姆认为，这是有后果的。以这种方式将大麻归类，为更棘手的毒品流行铺平道路。[①] 他的论点是，把像大麻这样的毒品描绘成与其他违禁瘾品一样，会导致大众误解违禁毒品和大麻一样没有严重的不良影响。许多人会认为，其他被认为足够危险而被归类为违禁瘾品的药物可能也同样安全。与此同时，将大量物质归类为最危险物质将导致大量人口因持有这类物质而被监禁，而这类物质本可以合法化、非刑事化、征税和管制。正如科恩布卢姆所说，公众总体上支持那些他们知道并没有效果的禁令，因为这样做给人们一种道德秩序的保证，不管这种秩序多么具有象征意义。[②] 这里的问题是，让人成瘾的毒品或活动是否被认为是非法的，或者是社会学家霍华德·贝克尔（Howard Becker）曾经所说的"不利于政治的科学知识"。

在竞争激烈的社会中，就社会和政治态度而言，工作成瘾似乎不符合其他成瘾行为的模式。当然，我们并没有在被监禁的人群或治疗中心的人群中发现"工作狂"。事实上，"工作狂"常以骄傲的态度呈现。关于这种形式的"成瘾"，告诉了我们什么？工作过度并不是没有害处。压力、注意力分散和睡眠不足会对心脏健康、人际关系和驾驶安全等方方面面造成破坏。但这些破坏只发生在个人层面。普遍认为，"工作狂"有助于维持经济和社会秩序。无论是出于这些原因还是其他原因，它都没有进入 DSM。这里我们发现了一个以成瘾为模型的社会结构，但只有一个比食物上瘾带来的负面影响更小。因此，在决定一项超出正常水平的活动被认为是正常的还是病态的过程中，似乎最重要的是与该活动在维持中所处的位置有关或者威胁某种秩序和社会结构。也就是说，成瘾与活动在特定社会中所承载的意义有关。

意义不仅对成瘾的社会方面很重要，而且对成瘾的主观体验也很重要。1938 年，社会学家阿尔弗雷德·林德斯密（Alfred Lindesmith）就反对当时盛行的观点，即成瘾者是疯子、强奸犯和杀人犯。[③] 林德斯密强烈反对在社会科学中流行的实证的定量研究方法，他的注意力集中在定性研究上，包括对海洛因成瘾者的大多数开放式的、非结构化的采访。与试图分离成瘾本质

---

① KORNBLUM WILLIAM. Drug Legalization and the Minority Poor [J]. Milbank Quarterly, 1991, 69（3）: 415 – 435.

② KORNBLUM WILLIAM. Drug Legalization and the Minority Poor [J]. Milbank Quarterly, 1991, 69（3）: 433.

③ LINDESMITH ALFRED. A Sociological Theory of Addiction [J]. American Journal of Sociology, 1938, 43（4）: 593 – 613.

的精神分析和医学模型不同，林德斯密更注重研究成瘾的过程。在这方面他认为，吸毒者向彼此传达的有关效果的象征意义对于将非成瘾的海洛因使用者转变为成瘾者至关重要。[①] 林德斯密在这方面的贡献是，与当时流行的行为主义和疾病模型相反，他直言不讳地将耐受力和身体依赖现象与成瘾现象本身区分开来。[②] 在这种社会学家的观点中，无论是行为学家，还是疾病模型都无法正确描述成瘾的核心主观体验。在指出与成瘾有关的不可简化的主观经验时，林德斯密在指出与成瘾有关的不可还原的主观经验时，提出了成瘾的一个方面，任何还原主义的物理理论都无法解决这个问题。随着认识论和哲学思想的发展，关注身心二元论的对立，成瘾者不仅从象征意义或语言意义上学习如何赋予毒品使用或成瘾活动及其装备以意义，而且"在特定的实际行动领域将毒品用作资源"。[③] 本研究的重点是环境——特别是实际行动的环境。成瘾，就像所有的人类活动和心理体验一样，是一个高度复杂的、自我组织的系统有机体发展的自然结果，它以特定的方式在其物理和社会环境中发展并与之相互作用。成瘾是一个多层次的涌现现象，在任何一个层次的分析中都不能被完全理解。

## 第二节　成瘾的赋意

成瘾过程来自个体内部和外部相互作用的复杂适应过程的层次结构。这些过程包括并产生于细胞和细胞系统，也产生于心理现象，以及运行于生理和社会层面的更高层次的涌现过程。从一开始，个体外部的世界就动态地参与到他的生理和心理特征和性格的发展中。社会观念对一个人在生活的各个方面的经历，如家庭、财产、工作、不适和满足的影响是深刻的，并且对个人是否、如何以及在多大程度上成瘾有着重要的影响。这一层次的活动模式与个人和次个人的行为模式相互作用，从而创造了意义。意义在成瘾者和他亲密的社交圈，以及研究人员、治疗专业人员和政策制定者中起着核心作用。当一个人沉迷于某种物质或活动时，那件事对他的意义就会发生根本性

---

① WEINBERT DARIN. Lindsmith on Addiction：A Critical History of a Classic Theory [J]. Sociological Theory, 1997, 15 (2)：150 – 161.

② WEINBERT DARIN. Lindsmith on Addiction：A Critical History of a Classic Theory [J]. Sociological Theory, 1997, 15 (2)：153.

③ WEINBERT DARIN. Lindsmith on Addiction：A Critical History of a Classic Theory [J]. Sociological Theory, 1997, 15 (2)：157.

的变化，他对自己和世界其他部分的看法也会发生根本性的变化。这种物质或活动对他的配偶、朋友、孩子或父母的意义，尽管与成瘾者完全不同，却是他生活中的一种驱动力。要理解这是如何运作的，需要一个意义理论。

首先让我们考虑一些常见的观察结果。成瘾者与他们非成瘾者的朋友和家人之间的互动经常给人留下这样一种印象：这2个群体生活在截然不同的世界里。非成瘾者试图理解成瘾者的行为，这些行为似乎是明显的自我破坏和非理性行为。成瘾者经常觉得他们不被理解，结果他们被判断、威胁或解雇。因此，与成瘾者互动的人经常以完全不符合成瘾者自身经历的方式来解释成瘾者的思维，这应该不足为奇。这2组人使用相似的说法，但似乎彼此不搭调。每个人，包括那些正在与成瘾作斗争的人，都认为成瘾行为是破坏性的，无意义的。然而，非成瘾者倾向于将成瘾者的反复复发归因于对他人或成瘾者自身的不关心，甚至可能把这种行为归因于成瘾者试图惩罚他人或结束关系。这些考虑可能从来不会发生在那些与成瘾模式作斗争的人身上。与此同时，在一个经常被引用的模型中，成瘾者自己可能正挣扎于一种恶性循环中：先戒除，再使用，然后是懊悔，最后是坚定地拒绝使用。他意识到自己应该停止使用的所有理由，清楚地理解不这样做的后果，并希望遵循他和那些关心他的人所设想的道路，他看到的是一种从困扰他的物质或活动中解脱出来的快乐自由，但瘾品使用似乎是必不可少的，甚至是不可避免的。家人和朋友感到震惊、失望、愤怒和困惑，他们怀疑成瘾者是不是一直在撒谎。成瘾者和非成瘾者唯一的共同现象似乎是观察到的行为本身。他们各自对原因和解释的理解似乎存在于独立的、内部可能连贯的但不相连的系统中。

这里有2件事要解释：一是成瘾者与他们的朋友和家人之间交流的系统性失败，二是成瘾者自身经历中可能发生的突然而具体的世界变化。后者是复苏周期中一个众所周知的现象。在从使用到节制的方向上，这种格式塔的转变用各种各样的隐喻来表达。值得注意的是，我们试图解释的这2种现象都是归纳的，因此这里提供的意义理论在本质上是普遍性的。不仅仅适用于成瘾者，或用来处理成瘾问题，尽管它是唯一可用的理论，也可以解释某些现象的成瘾和康复的核心。正如我们在前一章所表达的，成瘾至少在一定程度上是一种社会建构。如果没有特定背景下的特定对象、情感和事件所赋予的意义，那么任何物质使用或重复活动都不会构成心理问题，更不用说社会问题了，只有因果关系。但是人类从根本上认为世界是有意义的，所以我们必须了解意义是如何产生的，以及不同意义的差异是如何产生的。

## 一、意义理论

让我们来探究是什么原因导致成瘾的人与他们的朋友和家人之间出现系统性的误解和沟通失败的。非成瘾者相信他们所看到的只是这个世界呈现的样子：他们所关心的人表现出自私和非理性。支持这一结论的假设是，非成瘾者看待世界的方式就是世界本身的方式。这个结论以某种意义理论为前提。这一理论似乎默认意义来自世界给体验者留下的印象。从古至今，无数的哲学家都为这种观点辩护。例如，在历史上，约翰·洛克（John Locke）和大卫·休谟（David Hume）认为，我们理解世界的方式是通过经验在我们的头脑中留下印记，然后被复制。这些思想家所称的概念或思想，要么是原始经验的复制，要么是内在的或外在的，要么是从这些复制中衍生出来的，通过一些心理活动，比如从细节中抽象出某些部分，重新排列部分，等等。一旦复制或从复制的组件创建，这些概念就被认为是世界的代表。

然而，一些思想家认为，概念，至少是最重要的概念，必须是先验的或先天存在于头脑或灵魂中。根据这些哲学家，包括柏拉图（Plato）、笛卡儿、伊曼努尔·康德（Immanuel Kant）和一些当代思想家的主张，某些概念是不可能通过感官经验获得的。有 2 个原因让我们这样想。其中一个原因是，某些想法是理解我们的感性经验的必要先决条件。这些思想家会问，如果我们一开始就没有概念，那么我们将如何认识任何事物，或看到事物之间如何关联？例如，除非你已经知道，否则当别人第一次教你"dog"这个单词的时候，你怎么知道指的是狗。柏拉图最早提出这个古老的哲学两难：一个人怎样才能学到新东西？如果他不知道它是什么，当他看到它的时候就不会认出来；如果他知道，那么他就没有必要去看。后来的思想家总结说，即使不是概念本身，至少个性化原则或类似的东西必须是头脑与生俱来的。相信先天观念的另一个原因是，某些概念似乎无法通过经验获得。在历史上，这些包括了模态概念，如必要性和不可能的。我们从经验中了解到事物实际上是这样或那样的，但我们不能通过这种方法了解到事物不可能是那样的。从定义上来说，我们也从来没有遇到过不可能的事情。这种观点认为，这些概念必须已经存在于我们的头脑中，无论我们是否意识到它们，无论它们是与生俱来，还是通过进化得来的。

这 2 种观点都存在问题：先天观念似乎需要某种吸引力，要么是超自然的，要么是柏拉图的形式王国；要么是先天的，要么是进化的。第一种选择违背了当前理论所信奉的自然主义；第二种选择也行不通，因为它意味着某些概念，或至少是某些负责概念的心理机制，是基因决定的结果。然而，这似乎是难以置信的不可能，因为概念是由一系列神经元一起放电的配置产生的，而这反过来又取决于连接它们的突触强度的不断调整（通过 LTP 一起放电，从而连接在一起）。虽然突触强度调节的机制肯定是由基因决定的，但 DNA 不能负责具体的概念。基因必须能够为连接神经元的大约 100 万亿个突触设置单个突触权重值，使用它们大约 100 亿个功能碱基对。因为每个大脑都是独一无二的，不像身体的其他部分（一个心脏，包括 2 个心房，2 个心室，1 个肺动脉瓣等），我们不可能看到基因是如何做到这一点的。<sup>①</sup> 然而，如果我们把想法或概念理解为外部世界的复制品，我们就没有理由期望概念框架会像它们在不同的人之间以及在同一个人身上所表现出来的那样不同。

能够更好地解释我们正在考虑的 2 个问题的意义理论，其基础是实用主义、儿童发展心理学，以及更广泛的神经科学。为了证明这一点，我们再次从这样一个假设开始：生物体是复杂的、动态的系统，它们在不断地适应，以保持组织性，对抗熵增加的自然趋势。它们不断进化的模式，采取一些行动来让自己在环境中保持活力。这意味着某些东西将会对它们的生存产生直接影响，而这些东西对它们来说是必不可少的。换句话说，作为一个有生命的有机体，其本质就包含了某种意义的表达能力。当人类婴儿极其复杂的大脑发育时，他们的注意力会被吸引到，如他们自身的内部不适，通常来自肠道的信号。他们也同样能感知来自看护人的信号。从这个角度来看，意义本质上涉及一个人从环境中所需要和想要挑选的东西的行动和目的。正如我们已经讨论过的，环境不断地改变我们，也被我们改变。在神经层面上，我们已经看到婴儿大脑发育的方式受到他们生活环境的限制。现在我们可以补充的事实是，甚至在我们出生之前，经验之间的关联就已经产生了，而由此产生的意义也开始被构建。下面我们将讨论这种意义创造是如何运作的，以及我们所构建的意义是如何影响成瘾和康复的。

首先，我们必须清楚 2 件事：一是我们正在探索的观点并不是被接受的意义观点，二是更普遍接受的观点对我们所概述的 2 个问题所隐含的意义。总的来说，今天大多数语言学家和哲学家对概念的理解与古典思想家的理解并没有太大区别。当然，目前的理论在许多细节上有所不同，但它们中的大

---

① CHURCHLAND PAUL. Neurophilosophy at Work［M］. New York：Cambridge University Press，2007：138 – 140.

多数通常将概念视为心理表征，被理解为类似于外部世界的复制，由来自世界的输入在我们体内引起。当代的一些论证路线，如哲学家杰瑞·福多（Jerry Fodor）提出的，除了这种结构之外，还与本土主义观点保持着紧密的联系，在概念理论中保留了先天性的中心地位。[①] 福多的信息原子论（informational atomism）包括 2 个基本的主张：第一，概念的内容是由某种普遍的（受规则支配的）思维与世界的关系构成的，换句话说，概念以某种系统的方式代表世界。第二，概念是简单而基本的，是我们思维表征的原子。在这个系统中，虽然原始概念可以以某种方式来描述，但是它们是没有定义的。这似乎是被经验证实：感性经验，如甘草的味道、玫瑰的气味，或可卡因感觉的方式，它们都无法定义。根据信息原子论，这些原始概念的内容是通过我们的各种感觉受体编码的信息而获得的。然后这些原始概念通过应用有限数量的组合原则组合在一起，创造出我们在世界上遇到的事物的表象。福多的思维语言理论认为，就像我们使用语法规则来构造句子一样，我们也要用一组有限的组合规则，用基本概念来构建对世界的心理表征。我们可以使用这些原始概念和组合原则来创造无限数量的思想，因为正如福多所说，这些构造原则的应用可以无限制地迭代。[②]

为什么这些构造原则很重要？因为它的某些版本是最广泛接受意义的观点，它解释了大多数人如何假设他们的概念和信念的工作，还揭示了以这种方式思考概念的人通常如何看待与他们看待事物不同的人。如果概念就像福多的年代计算视图显示一样，通过信息传导和传送，一次又一次地从我们的感官受体推向更高层次的处理我们的中枢神经系统，如果我们的概念的含义是世界上的事情导致这些概念，那么你所看到的就是你得到的，你看待世界的方式就是它本身的方式：你对狗的概念是由狗引起的。[③] 所以，我们考虑过的各个领域的成瘾研究人员，以及治疗师和成瘾者家属所持有的成瘾的概念，都是由成瘾者引起的。除非某人有缺陷，否则当他想到一种危险的物质，或者当他想到一个人是成瘾者时，他的意思必须和其他正常人一样。福多将他的观点的这种特征称为错误对正确性的不对称依赖[④]，将这个错误理

---

① FODOR JERRY. The Language of Thought ［M］. New York：Crowell, 1975：142.

② FODOR JERRY. Concepts：A Potboiler ［J］. Cognition, 1994, 50（1/3）：95 - 113.

③ FODOR JERRY. A Theory of Content and Other Essays ［M］. Gambridge：MIT press, 1990：161 - 233.

④ FREEMAN WALTER J. How Brains Make Up Their Minds ［M］. Cambridge, MA：MIT Press, 1999：25.

解为正常可靠过程中的一个故障。由于所有人都认为成瘾者是群体中有缺陷的成员，每当他们的概念与非成瘾者的概念脱节时，成瘾者被认定是错误的一方。重要的是，如果原子信息的方法是正确的，那么拥有常态大脑感觉可以用来区分出有缺陷的人脑系统。这似乎是医学模式的工作原理，对于那些正与毒瘾作斗争的人来说，这是一个可怕而不受欢迎的想法。治疗有缺陷的成瘾者会获得真理和权力，而成瘾者的命运则是服从和屈服。

尽管人们普遍接受这种关于思维如何产生意义的观点，但有很好的理论认为这种观点是错误的。据加州大学伯克利分校（University of California at Berkeley）弗里曼非线性神经动力学实验室（Freeman Laboratory for Nonlinear Neurodynamics）主任沃尔特·J. 弗里曼（Walter J. Freeman）的观点，这完全是基于对神经元工作原理的错误认识。① 要注意的重点是，思维是极其复杂的工作，而不是像二进制代码的 1 和 0，理解神经元电信号行为的复杂性是几何级别而不是单个神经元水平。意义在鲜活的、动态的有机体中起作用，这些有机体是复杂的系统之系统，甚至可以延伸到组成细胞的粒子。20世纪 40 年代，随着计算机的诞生，神经元的活动水平引起了人们的注意。正如我们所知，神经元在任何时刻不是处于激活状态就是处于静止状态。这种神经元的概念导致了对二进制代码的类比，而世界就像计算机一样在思维的隐喻下运行。但这个比喻并不合适。神经元的活动实际上是用许多不同的方法同时在神经元的不同部位测量的。例如，它可以通过脉冲率（一端）和波幅强度（另一端）来测量。神经元总是活跃的，也许 1000 亿个神经元在千分之一秒内同时进行数千次相互作用，单个神经元对系统的影响微乎其微。重要的是神经元群之间的相互作用，而不是个体的行为。此外，将世界的概念或表征理解为存储在大脑某个地方的符号是错误的。相反，它们是不断变化的、脉动的活动。更重要的是，大脑中的情感系统不能被排除在计算之外。成瘾者和他（她）的配偶对毒品或影响他们家庭的行为的理解都不像是外在事物的象征，它似乎是他（她）发自内心的组成部分。

出于这样或那样的原因，我们可以合理地得出这样的结论：无论信息受到多大程度的操纵，来自感觉受体的信息的符号编码都不等于意义。② 在信息能够代表任何东西之前，给出合理解释是必要的：信息只是对某人或某事

---

① FREEMAN WALTER J. How Brains Make Up Their Minds [M]. Cambridge, MA：MIT Press, 1999：41.

② JOHN SEARLE. Minds, Brains, and Programs [J]. Brain and Behavioral Science, 1980, 3 (3)：417 –457.

的信息。如果我们大脑中没有一个小人来解释接收到的信息，那么福多所设想的系统似乎永远不会产生意义。它只是用符号交换符号。

其次，思维语言方法并没有解释为什么人们会说信息检测和信号转导会导致任何特别的心理问题。原子信息主义将这种因果关系视为心理表征的来源，这种因果关系发生在各种各样的系统中，比如那些涉及电灯开关和恒温器的系统，没有人会将其归因于心理。莱文和马可（Mark Bickhard）指出，即使信息检测和转导发生在大脑中，比如当神经元对各种神经递质作出反应时，这并不意味着大脑中存在任何精神内容。<sup>①</sup> 神经元显然能检测到某些化学物质，并发出相应的信号，正如我们所见。例如，当某个多巴胺能神经元的特定激活阈值被突破时，该神经元就会放电，向突触间隙释放多巴胺。信息被检测和转换，信号被发送，这一切都发生在大脑中，但在这个过程中没有显示出任何特定的心理特征。

## 二、自然主义与原型

根据我们一直在阐述的观点，对生物实体的意义是经验的一种功能，而经验始终是生物体特定的内外环境相互作用的问题。在我们追求意义的理解及其对成瘾作用时，我们寻求一个符合所有人的解释。在寻找解释成瘾现象的意义理论时，不仅要考虑概念问题，而且要考虑有关概念是如何构建的，以及这些概念的结构和功能的经验数据。这些问题都很重要，首先，由于意识不是与世界分离的，而是从世界中涌现出来的，所以我们不能认为意义是世界上事物头脑中的复制品。"复制"意味着表示和被表示物之间的分离，以及这2种事物存在的2种不同的媒体。这正是目前不存在的情况。其次，由于整个大脑大量重复和动态处理的意义产生，它们必然是情感和历史的注入和每个人特有的。此外，意义不是静态的东西，而是不断演变的过程。同样的物体或地方在1天或1年的时间里对同一个人来说可能会有不同的含义，而且在他成瘾或戒除成瘾的过程中也是如此。这并不意味着他的知觉器官有任何相应的变化，尽管在另一个层面上的一切，包括个人的知觉器官，都在不断变化，这种变化需要一个解释。

在发展我们对成瘾者如何看待世界以及这些概念如何转变的理解时，我们要关注与这些问题相关的科学发现。除了弗里曼之外，许多其他的神经科

---

① BICKHARD MARK. Process and Emergence：Normative Function and Representation ［J］. Axiomathes：An International Journal in Ontology and Cognitive Systems，2004（14）：19.

88

学家也评论过这样一个事实：普通大众与许多哲学家和心理学家都误解了心灵对世界的表征的本质。首先要注意的是，我们并不是被动地接受这个世界的形式。尽管我们从这个世界获得的信息可能与它本来的样子很接近，但从我们极其有限的视角来看，作为拥有感知和处理机制的有机体，我们绝不可能遇到"本来面目"的世界。例如，神经学家安东尼奥·达马西奥（Antonio Damasio）就是这么说的：

> 尽管逼真度可能不高，但神经模式和相应的图像既是大脑的产物，也是促使它们产生的外部现实的产物。当你和我看着我们自己以外的物体时，我们在各自的大脑中形成了相似的图像。我们很清楚这一点，即使你我可以用非常相似的方式来描述物体，精确到细节，但是我们看到的图像并不是外部物体的复制品，而是基于生物体的变化。当物体的物理结构与身体相互作用时，我们身体各处的信号装置位于皮肤、肌肉、视网膜等部位，这些信号装置帮助我们构建神经模式，以反映有机体与物体之间的相互作用。神经模式是根据大脑自身的习惯构造的，并在大脑的多个感觉和运动区域短暂地实现，这些区域适合处理来自特定身体部位的信号。①

所以，在概念内部思考意义是没有意义的。我们对世界的体验是虚拟现实，每一种概念都承载着情感，从相互连接的神经系统中剥离出来，其中包括由大脑感知和处理设备的其他部分激活和激活的各种边缘结构。此外，这是一种个人行为，取决于之前在特定大脑中建立的独特连接，这并不意味着我们所经历的世界不是由与世界的互动造成的。相反，它只是意味着我们的概念，以及它们所构成的世界，对我们来说不是外在的东西。正如哲学家保罗·丘奇兰德（PaulChurchland）所描述的那样，概念的内容是对世界某些方面的高度奇特的描述，往往是不准确的，没有自动地与外部世界产生参照联系。② 从这个角度来看，任何概念的指示元素或指称，只是一种随着时间的推移由个人发展而来的传统抽象，而不是世界上那些引起我们感知的事物。这不是概念的意思，任何概念的意义都是概念的内容相对于个体世界的

---

① DAMASIO ANTONIO. The Feeling of What Happens：Body and Emotion in the Making of Consciousness［M］. New York：Harcourt, 1999：320 – 321.

② CHURCHLAND PAUL. Neurophilosophy at Work［M］. New York：Cambridge University Press, 2007：135.

其他一切事物所占据的位置，是由他的特殊经历所塑造出来的。这并不是说在我们之外没有世界，也不是说没有任何这种荒谬的事情。相反，这只是说我们的概念并不仅仅是与那个世界互动的因果结果。概念是我们自己对这些事物的内部描述，由内部和外部因素产生。吸烟者对香烟的概念，除了最抽象的轮廓外，并不是不吸烟者；一个特定的吸烟者对香烟的概念的细节，完全是由他特定的历史、身体和环境，在情感和身体上与香烟和世界上其他一切事物的联系中表现出来的。

正如达马西奥所指出的，我们在生物学上非常相似，建立在个人头脑中的表征非常接近，以至于我们可以毫无异议地接受已经形成的某些特定事物的图像。① 但是我们能接受这一事实并不能说明问题。我们形成的每一个想法和概念本质上都与我们自己独特的经历以及我们整个身体的神经、化学结构和功能有关。18 世纪英国哲学家大卫·休谟指出，即使是最抽象的概念也是起源于个人经验。③ 从休谟关于情感的例子来看，他认为心理表征或思想本质上是私人的和经验的。一个举止温和的人不可能形成根深蒂固的复仇或残酷的观念，自私的人也很难想象友谊和慷慨。对于外在事物的经验，休谟是这样说的：一个人如果没有机会品尝它，就不会知道葡萄酒的滋味。② 我们还可以补充说，如果一个人从未体验过高与低的感觉，他就不会有一个明确的"高"的概念。我们的大脑只有在长时间的经验中才能得出我们的概念。不同的人对世界的看法也不尽相同，而且，在某些对比发生之前，他并不知道自己对世界的看法。

与休谟的思想不同，原型是随着时间慢慢建立起来的。与印记理论家（the imprint theorists）所假定的相反，没有一个感觉经验的实例可以因此成为一个概念的起因。正如丘奇兰德所说，我们与世界的语义联系是通过多年的学习过程中进行的艰苦的认知活动获得的。这个持续学习的过程产生了一组相当稳定的类别及其关系的描述。我们一遍又一遍地经历一系列的输入，并学会识别规则的分组，期望找到它们。这意味着作为我们概念的原型本身就带有与世界上其他一切事物的关系。我们描绘个人在世界的嘈杂背景，越来越多的正是我们获得更多的经验，所以从一开始每个概念都有一个与内部结构有关的一切，整个世界在一起，构成任何和每一件事情的意义。概念本

---

① DAMASIO ANTONIO. The Feeling of What Happens : Body and Emotion in the Making of Consciousness [M]. New York : Harcourt, 1999 : 321.

② DAVID HUME. Inquiry Concerning Human Understanding [M]. Hackett Pub Co Inc, 1993 : 68 – 92.

身，在这种理解下，本质上提供了人类使用的复杂语法的可能性，提供了我们能说能想的无限多种事物的可能性。它们通过在自己的结构（包括它们与世界其他地方的关系）中提供关于它们的推理角色集的隐含规则来做到这一点。

这种基于原型的整体意义系统可以帮助我们理解人们是如何从根本上误解他人的体验的。事实上，丘奇兰德在这方面认为，对于原子主义的信息理论家来说，"为什么有人会误解别人，这是一个小秘密"，但从整体的典型世界观来看，"任何人能理解别人，这只是一个小奇迹"。[①] 当我们想到人与人之间的交往是如何进行的，尤其是当我们想到成瘾者与"外人"的交往与他们和其他吸毒者的交往有何不同时，后一种世界观就有了正确的解释。虽然个人成瘾者的经历都略有不同，与每个人发展自己的模式和他的物质或成瘾的活动有关，当他们想要被理解，成瘾者经常信任理解其他人也有类似的经验。

### 三、观念的早期发展

没有成瘾经历的人完全缺乏对瘾品的强烈价值感，原因在于每个人的世界都是由他自己特定的体质、活动和互动所决定的。我们已经说过，概念的构建始于内在情感的渗透，通过个人发展和感情激昂的经验，我们有大量的脑细胞来处理噪声世界的输入，但没有组织来理解这些输入的意义。例如，一个新生儿的经验主要是未分化的噪声，但气味、声音，以及其感受到的压力、快乐和安慰，与视觉输入一起产生一个整体概念，从世界上其他的事情中脱颖而出。以这种方式发展的第一个概念与世界其他概念不同。虽然不是象征性的，但仍然是有意义和复杂的，而且毫无疑问是有影响的。重点是，每一个概念都是通过大量的经验得来的，婴儿学得越多，他就能习得越多，因为他有越来越多的参考来区分一件事和另一件事。

为了让所有这些组织和有意义的工作发挥作用，婴儿必须有与世界互动的动力，因为这项任务需要付出巨大的努力和克服恐惧，而他们的动力来自相同的奖励系统，当成瘾药物被摄入时，这个奖励系统就会被激活。他们开始想要与世界互动，因为他们从这样做中得到了积极的强化。精神病学家斯坦利·格林斯潘和哲学家斯图尔特·尚克指出，从一开始，用非常适合我们

---

① CHURCHLAND PAUL. Neurophilosophy at Work [M]. New York: Cambridge University Press, 2007: 135.

的动态复杂系统分析的语言，护理人员和婴儿就参与到有节奏的、共同调节的模式中，使婴儿能够开始关注外部世界。积极和平静的反馈为婴儿提供了有益的体验，否则，他们会因为高度刺激和不受管制的环境的要求而变得紧张。而奖励反馈，现在已经成为我们的口头禅，唤起了对奖励活动的重复。当期望在感知和反应的活动中发展和运作时，这种反馈循环在概念的发展中内在化。

最初，婴儿体验的并不是成人所习惯的事物、活动和感觉的世界，而是有限的几种全局状态，如平静、兴奋和痛苦。① 最终，通过舒缓的相互作用，这些全局状态会变得越来越分化和细化。根据格林斯潘和尚克的说法，婴儿最初只是感到不适和痛苦，然后才感到舒适和平静。后来，有一种特殊的不舒服的体验，接着是一种特殊的舒适。如果对照顾者做出可靠的回应，婴儿就会意识到照顾者与缓解和安慰有关，是一件好事。婴儿根据照顾者的反应和情绪状态来发展期望和情绪反应。正如我们所看到的，婴儿神经系统的发育是由他们与看护人互动的特点决定的，形成婴儿心智的模式受到形成其情感环境的较大模式的制约。因此，那些童年时期在家庭关系中经历过巨大压力或创伤的人，与那些经历过平静和愉快养育的人生活在一个截然不同的世界。当然，每个人的感觉器官和情感处理系统都是独一无二的，具有不同程度的敏感度。这意味着不同的个体经历的进程是不同的。相同的身体接触有不同的含义：拥抱让人感觉紧密和安全，或者紧张和恐惧；一种让人感到寒冷和另一种让人愉快。②

因此，我们每个人所居住的世界从根本上来说是主观的、情感的，也是物质的、充满潜力的，它具备一种移动的、投入的、感兴趣的功能，以及如同它自身的物理特征一样的情感体验的器官。在我们的世界里，有意义的事物的概念是由经常同时发生的感官体验及其伴随的情感反应所形成的。从物理角度来说，与单个物体的反复接触会导致类似的神经放电模式。但是这些触发模式并不仅仅包括来自知觉受体的信息输入。与感知信息连接在一起的信号来自上游，来自大脑中的情感中心，来自已经建立的模式。因此，当婴

---

① GREENSPAN, STANLEY I, SHANKER, et al. The First Idea: How Symbols, Language, and Intelligence Evolved From Our Primate Ancestors to Modern Humans [M]. Cambridge, MA: Da Capo Press, 2004: 47.

② GREENSPAN, STANLEY I., SHANKER, et al. The First Idea: How Symbols, Language, and Intelligence Evolved From Our Primate Ancestors to Modern Humans [M]. Cambridge, MA: Da Capo Press, 2004: 48.

儿获得更多的经验时，这个世界开始经历无差异的全局情感状态，被分化成与情感反应相关的事物、人和活动。一组给定的输入和响应越多地同时触发，它们就越倾向于这样做，并且这种类型的事物就越能从婴儿世界中包含的所有其他事物中分离出来，并与之相关。随着世界上越来越多的事物被区分出来，一个人的概念就变得越来越精确。更重要的是，正如我们所见，意义的创造在本质上是社会性的、情感的和感性的，而不是语法的和象征性的，尽管我们也可以创造和有意义地使用符号。社会和物质环境整合到个人的世界中，并根据任何特定的刺激来塑造他的态度、信念和行为。重要的是，意义不仅仅是处理信息的结果或目的，相反，它们产生于与他人共同生活和行动的世界中，并发挥着极其重要的作用。

# 第三节　成瘾的意义跃迁

## 一、成瘾的原型

当人进入成瘾模式时，就会像其他人一样，通过充满情感的经历来学习他们所选择的物质或活动的特殊意义。至少在一开始，高度愉悦的循环，高于任何自然奖励所能带来的愉悦，这种体验告诉成瘾者瘾品或活动是一件好事，就像它所关联的声音、味道和景象一样。请记住，由于意义是对世界的描述，而不是从世界接收到的信息，它们将是有限的和透视的，在某些情况下是完全错误的。"善"包括在药物或活动中强化了的概念与重要性，从而强化寻求行为。在物理层面，活动和物质导致比预期更大的可用性相关的大脑区域的多巴胺与认知相关的大型奖励，而其他活动和物质，如食物、性，或解决一个谜题，这样可以相对减少多巴胺可用性，被认为携带小奖励。这些奖励经验和期望有助于形成它们的相关活动和物质的概念。因此，与其他活动或物质相比，这些特殊的物质和活动对于那些体验到它们特别令人满意的人来说，就有了不同的意义。那些能引起更大回报反应的物质和活动会被认为比其他物质和活动更好，即使你通过以前的学习知道它们在其他方面是不好的。此外，不仅某些物质和活动产生了过量的产生奖励体验的化学物质，而且，由于个体是独特的，他们对每一种产生多巴胺爆炸的化学物质和活动的反应也不同。这意味着成瘾的人不仅会对成瘾的东西有偏好，还会对特定的东西有偏好，他们会形成物质或活动偏好。特定物品或行为对易感个体意味着什么？这个问题在许多方面与其他人根本不同，包括积极的期望、重要性，以及相对于其他活动的价值，以及在具体情况下采取行动的要求。正如我们所说，一个人置身于更大的社会环境中，接触到有价值的物质、活动或经历，对事物、对个人或群体的意义有重大影响。例如，韩国男性的酗酒行为，由于他们所处的社会环境，无论他们有多不健康，都不容易被理解为成瘾行为。

此外，由于我们的概念结合在一起形成了我们各自的世界，所以所有的意义（至少在某种程度上）都在一起改变。原子语言学理论家发现，概念的整体原型理解的一个缺点是，后者暗示任何地方的变化都涉及所有地方的变化。原子语言学理论家认为，这是有问题的，因为它暗示着世界不是稳定的，而是随着我们的概念的精炼和变化而不断变化的。然而，这似乎是这种观点的一种优势，而不是一种错误，因为当我们从婴儿到蹒跚学步的幼儿、从儿童到成人的成长过程中，整个世界都会发生变化。你能想象生活在一个7岁孩子的世界里吗？当一个人成瘾时，世界也会改变，许多经历过这种转变的人将会证明这一点。当一个人成瘾后，不仅特定瘾品或成瘾性活动的作用和意义发生改变，而且获得瘾品或成瘾性活动的相对价值也发生了改变。最终，这可能意味着世界上所有其他事物的价值和相对位置也会受到影响。成瘾物质或活动的概念在某些情况下会变得很重要，以致它会给先前在成瘾者的生活中占据重要地位的其他事物的意义增添色彩。比如，之前乐器和棒球卡可能是发泄压力、自我表达或收藏心爱纪念品的方式，而后它们成了赚钱的手段。如果成瘾成为一个人生活的中心，除了可能具有的其他意义，某些地方也可能成为机遇或障碍，人、活动和其他物体也可能成为机遇或障碍。因为在一个整体系统中，所有的事物都是相对于其他事物来界义的，当一个事物改变时，在某种程度上其他事物也随之改变。在成瘾的某些模式中，过去在一个人的世界中占据相对中心位置的人、活动和物品可能会被边缘化，并在意义上发生变化，甚至可能被视为威胁或障碍。

## 二、含义的延展

当一个成瘾者有了毒瘾，当他厌倦了被毒瘾折磨，情绪低落，或者像吉恩·海曼所说的那样，大多数情况下，当他受到职业、健康、家庭或经济上的考虑的激励时，他就会从毒瘾中走出来。[①] 他会以不同的方式看待自己的

---

① SAM MITRANI. Stop Kidding Yourself: The Police Were Created to Control Working Class and Poor People [N]. Laboronline，2014 – 12 – 29.

成瘾行为。事实上，他会以不同的眼光看待一切。在某些框架中，这被称为一种精神上的觉醒，当然，它必须让人有这种感觉，因为它是个体概念框架的一场革命，一个完全的格式塔转变。说一个成瘾者放弃他的物质或活动，只要它的意义保持不变，甚至是没有意义的。戒烟的行为本身，即使是由于监禁或其他非自愿的情况，也会改变成瘾对象的意义。为了自愿停止，积极的情绪，期望和物质或活动的重要性必须改变。突然之间，尽管它可能是长期经历负面的身体和社会后果，以及与成瘾行为和其他因素相关的情感体验，但事情可能只是看起来不同。成瘾者以一种新的眼光看待这种物质或活动。不出所料，这种转变往往是由与放纵行为相关的极端情感和身体痛苦所引起的，但事实并非如此，因为意义上的转变才是最重要的，而不是持续使用所引发的客观后果。有些人会在成年后一直使用，甚至直到死亡，如果他们从来没有意识到他们喜欢的物质或活动是可以放弃的东西。有些人干脆放弃使用，因为其他意义或价值的来源吸引了他们的注意力。不管怎样，从成瘾中转变过来的观念转变本质上是情感上的。瘾品或成瘾性行为很可能失去了吸引力，它被灌输了负面的含义：它可以被认为仅仅是无趣的，或者可能是有毒的，甚至是邪恶的。其他的事情在成瘾者的世界中突显出来，整个世界的轮廓随之改变。而且，就像向成瘾转变一样，来自社会环境的信息不仅有助于这种转变，而且有助于维持这种转变。

事物对我们的意义在我们的意识之外以重要的方式运作。我们可能永远不会知道自己对一个给定事物的概念是什么，直到我们把注意力转向对它的分析。事情对我们的意义，我们可能不完全了解。我们完全有能力为自己提供合理的解释，说明我们正在做什么，我们相信什么，我们计划做什么，而这些解释可能与我们真正想要什么，相信什么，或计划做什么无关。① 有成瘾经历的人即使已经戒断很长时间了，在各种情况下抵制诱惑，并有意识地用负面的词语重新定义成瘾性的活动或瘾品，世界也可以逆转。在成瘾者的环境中，当最前沿的感觉和反应带来某些触发因素时，世界可能会突然且无意识地恢复到它之前的结构。在最初的格式塔式的转变中，构成成瘾者世界的意义可以返回到结构中，选择的物质或活动占据中心位置，并影响所有相关的概念。这可能会导致人们的想法与成瘾的物质或活动完全无关（如我的工作压力太大……），但这却导致了世界转变的体验，回归使用被认为比

---

① ALEXANDER MICHELLE. The New Jim Crow: Mass Incarceration in the Age of Colorblindness [M]. New York: The New Press, 2010: 4.

戒断更可取。对即将到来的解脱、满足或快乐的预期，正如行为经济学家告诉我们的那样，可预见地唤起这种反应，越是这样，这种预期就越受欢迎，它看起来就越接近。这些关于我们的概念和信念在无意识中运作的事实，对于那些正在与成瘾模式作斗争的人来说可能是可怕的，因为它们暗示着一个人关于他喜欢的物质或活动的概念，可能与许多他从未想到的触发因素有关。然而，知道这一事实，似乎提供了一种平衡无意识效应的力量，因为它表明，任何人都可以每天努力工作，不断提高自己的联想意识，从而克服自己的弱点。

## 三、反对意见及其回应

成瘾的意义观是根据原子语言学理论来表达的。在面对熟悉的反对意见时，它似乎站得住脚，但并不是所有的意见都得到了充分的答复，仍然存在一些问题有待解决。

根据那些持有原子信息论意义观的人的观点，原型和意义整体论从一开始就注定要失败，因为任何事物的意义都会影响到所有事物的意义。这个论点认为，通过学习改变意义之后，所有的意义都被改变了。这被认为是不可接受的，因为没有人会牢牢把握自己的信仰和欲望，更不用说两个人能够相互理解。在不断变化的内部和外部环境中，我们的概念状态空间在不断变化，尽管这并不是我们的对手想让我们思考的程度。我们对人、事件和对象的概念通过变化保持可识别性，因为它们彼此之间的关系保持相似。例如，我对叔叔的概念被新信息显著改变时，我对婶婶的概念也会发生重大变化，甚至可能还有我对晚餐和镇静剂的概念。但这并不意味着世界已经面目全非。一个概念的变化对另一个概念的影响随着它们之间的"距离"的增大而减小。更重要的是，当概念被正确理解时，就像从思想中涌现出来的概念，反过来又从物理过程中涌现出来一样，很明显，我们并不持有它们，而是根据需要重新构建它们。这意味着微小的差异被忽略了。我们在某一特定场合形成的概念，与我们在其他场合形成的概念非常接近，足以让我们正常运作。我们应该注意到，沟通失败的可能性在整体看来保留了这个现象：成瘾的个体之间的对话和那些从来没有成瘾，甚至一群自我界定的成瘾者，人们不同的偏好和模式似乎常常表现出沟通误解。如果这是一个缺陷，那它是我们天性的缺陷，而不是我们理论的缺陷。

还有另一种担忧需要考虑。以原型为中心的意义整体主义可能会威胁到那些相信有科学的人，他们要求的世界是一个能接触到的单一、明确的世界。在某些人看来，我们的理论似乎表明，不存在单一的科学体系、单一的研究领域、单一的正确理论，因此，它似乎会动摇我们作为知者的稳定性。这并不意味着我们的理论是错误的。无论是人类还是其他动物的大脑，其创造意义的方式与哲学家和其他人几千年来所描绘的方式大不相同。现在，我们必须重新思考如何解释我们的信念、知识、科学和其他类型的研究，而不是试图根据关于知识、科学和其他研究的教条观点来考虑我们应该如何。这种批评似乎与哲学家的假设背道而驰，而不是与意义整体论背道而驰。

最后，还有一个潜在的问题，不是关于原型本身，也不是关于整体主义，而是关于我们所阐述的关于成瘾的观点。本章提出的理论是一个广义的意义理论，因此，成瘾者和非成瘾者之间发生的沟通失败并不是这些群体所特有的，而是适用于任何具有不同概念框架的个体或群体。此外，标志着戒除毒瘾的格式塔转变，以及由"诱因"引发的复发，同样适用于 PTSD 的"闪回"，或因发现配偶出轨或失业而带来的绝望。有人指责说，所提供的意义理论并没有特别提到成瘾模式，对此我想说的是，这些事实非但没有削弱理论的适用性，反而支持了理论的真实性。事实上，意义水平作为成瘾的一种自然特征，可以用来描述许多不同的人类体验：这个观点很有可能是正确的，因为它展示了人类这个高度复杂的物理系统是如何被非常真实的非物理过程改变的，和成瘾者和其他人群没有太大的不同。成瘾者是受他们所构建的世界固有价值观的驱使，在与当地和全球环境的互动中采取行动的人。没有充分的理由说成瘾者是因为某种疾病或基因突变而成为成瘾者，尽管他们可能在某些数量上与非成瘾人群存在某种遗传差异，而且他们可能通过成瘾行为导致自己患病。然而，也没有理由说成瘾者成心伤害自己和他人，因为他们在权衡了自己的选择之后，固执地选择从事成瘾行为，就像其他人可能使用的那样。在决定采取行动时，与那些批评或治疗成瘾者相比，那些成瘾者是在一个不同的概念空间进行推理。更重要的是，因为意义本质上是动态的和相互关联的，没有理由说情况不能改变。

# 第五章　回归生活世界的成瘾研究

　　每个成瘾者的故事都是不同的，有来自内心的，也有来自外部的。每个成瘾者都有独特的 DNA，在独特的环境中被激活，并在独特的发展轨迹下发展。有一些关于成瘾的理论都可以很好地解释各种各样的成瘾经历，比如创伤受害者对药物或活动的敏感性，但同样的理论在将这种背景与经济或其他敏感性联系起来时可能会有所欠缺。

## 第一节　现象学描述与思考

　　选择理论可能会追踪相对于使用机会的接近程度的偏好反转，但对于清醒时刻的个人痛苦，以及药物带来的令人眼花缭乱的愉悦、信心和无所畏惧的勇气，选择理论的优势又在哪里呢？神经生物学理论可以很好地解释一些成瘾者如何通过寻求奖励的行为自动地对某些线索作出反应。但是，关于为什么不同社会环境下的人在面对这些线索时会有不同的反应，激励敏感化为我们提供了什么线索呢？这些解释帮助我们理解成瘾如何扮演角色和塑造身份，应该做些什么来帮助一个人改变自己的心理状态。

### 一、勾画成瘾者的生活世界

　　当比尔·威尔逊第一次喝酒时，他立刻产生了一种完满、坚不可摧的感觉。① 同样，当哲学家欧文·弗拉纳根（Owen Flanagan）12 岁第一次喝到烈性苹果酒时，他所记得的是一种即时而强烈的感觉：我从恐惧和焦虑中得到了释放。但他很清楚，在喝了苹果酒之后，一个八年级的男孩从某种早期

---

① SUSAN CHEEVER. My Name Is Wilson：His Life and the Creation of Alcoholics Anonymous ［M］. New York：Washington Square Press，2005：87 – 91.

的恐惧和焦虑中解脱了一小段时间。<sup>①</sup> 这 2 种经历是我们对成瘾者的典型期望。

弗拉纳根说，我们想知道成瘾者的经历是否有任何共性。他还说，我们想知道社会文化政治生态是如何使"成瘾和相关行为模式"正常化、浪漫化、病态化的。<sup>②</sup> 这实际上是我们在本研究中一直试图做的。弗拉纳根还认识到，在确定主导该主题讨论方向的假设方面所享有的权力和影响力可能是不值得的。尽管这种话语可能是扭曲和受限的。实际上，各种各样的人类经历被扭曲了，被平滑成一种可识别的模式，具体化成一种可诊断的疾病，并不可避免地发展。因此，很少有人注意到在成瘾的话语的巨大差异之间的真实的个人经验。AA 非凡的权威塑造了人们思考自己的故事，尤其是因为在自助室和治疗机构里，权威的声音无处不在，说的是我们的共同之处才是重要的。关注成员之间的差异通常注定会让人们陷入失败和绝望的症状。正如弗拉纳根指出的那样，成员们被直接告知要从别人的故事中找到他们能认同的东西。

我们在流行文学和人们的轶事中遇到的大多数关于成瘾的描述，都是基于成瘾者的民间故事经历，这些经历符合特定文化结构驱动的公式。丽贝卡·汉默（Rebecca Hammer）领导的一项实证研究发现，治疗中心的 63 名患者讲述了他们对药物成瘾的个人经历，发现所讲述的故事是个体能动性和来自治疗方案意识形态的社会化结合的产物。<sup>③</sup> 意义是在很大程度上由社会建构的世界中，从个人的身体和情感体验中产生的。这意味着生活经验是独特的，但它受到那些经验展开的社会环境的制约。如果一个人在治疗过程中开始写自己的故事，那么他所居住的治疗中心会对他的故事产生很大的影响。汉默的研究小组发现，由于十二步疗法在治疗中占主导地位，不同取向的假设可以对成瘾者的故事产生重大影响，尤其是当人们沉浸在这些治疗项目中时。

"十二步计划之声"的力量推动了我们考虑过的众多成瘾理论的发展。

---

① FLANAGAN OWEN. What Is It Like to Be an Addict? ［M］. // Jeffrey Poland George Graham Addiction and ResponsibilityCambridge, MA：MIT Press, 2011：269－292.

② FLANAGAN OWEN. Phenomenal Authority：The Epistemic Authority of Alcoholics Anonymous ［M］. // Neil Levy. Addiction and Self-Control：Perspectives from Philosophy, Psychology, and Neuroscience. New York：Oxford University Press, 2013：67－93.

③ HAMMER RACHAEL R, DINGEL MOLLY J, OSTERGREN JENNY E, et al. The Experience of Addiction as Told by the Addicted：Incorporating Biological Understandings into Self-Story ［J］. Culture, Medicine, and Psychiatry, 2012, 36 （4）：712－734.

由于临床医生收集和研究者研究的许多故事在类型上看起来很相似，相似性一直被关注，而牺牲了多样性。此外，那些研究解释统一性的神经学终点的研究人员已经在寻找成瘾受试者的大脑变化之间的相关性，并且已经发现了这种相关性。然而，对于这些大脑变化分析，因果箭头指向的方向并不清楚：这些变化是导致成瘾还是随之而来？我们考虑过的理论，包括享乐主义理论、回避退缩理论、显著性敏感性方法、自我损耗理论、基于创伤的发展理论和心理动力理论，每一种理论都能与成瘾者的经历产生共鸣，却不能与他人产生共鸣。当研究人员问及真正的成瘾者是否具有这种或那种特征时，很明显，他们指的是那些符合自己成瘾标准的人。集中研究这一现象的一个方面是必要的。任何科学的发展都离不开它的假设。

然而，成瘾者经历的多样性大于普遍性。因为研究成瘾不仅是一个试图描述其理论联系，或试图确定成瘾者的责任程度，而是初步探讨预防和逃避痛苦的方法，我们需要反思个别成瘾者对他们的经历所作的陈述。我们需要花时间关注个人经历的细节，而不是仅仅依赖于成瘾的抽象原型或现象的个性化方面。正如汉默的研究小组所指出的，重要的是，每个成瘾者的声音"不能被剥夺了为他们的预期利益而进行的研究的权利"。① 是什么让一种瘾品或成瘾性活动成为一个人的放纵选择，而不是另一个人？为什么有些人年轻时只喝一杯酒，一辈子都被改变了，而有些人有时只喝一杯酒，有时又表现得像着了魔似的？为什么有些人对任何可以过度使用的东西都明显成瘾，而另一些人则只对一种物质或活动成瘾，或只在聚会上使用可卡因？我们已经看到了成瘾的社会结构是如何扩展到几乎任何活动都可以被认为是成瘾的，也讨论了成瘾的心理模式是如何在复杂的动态系统中以动态层次表征的，但我们还没有从这种复杂性的主观方面考虑成瘾问题。我们现在转向这一点，是因为我们需要根据个人对他们在现实世界中成瘾体验的描述来评估我们的解释，以及实际上帮助他们过上更令人满意的生活。

## 二、2 个系统与自我损耗

之前思考成瘾更有希望的方法是建立在理解思维过程的双系统的基础上。一方面，我们被默认拥有快速、直观、便捷和简化的思维方式，即系统

---

① HAMMER RACHAEL R, DINGEL MOLLY J, OSTERGREN JENNY E, et al. The Experience of Addiction as Told by the Addicted: Incorporating Biological Understandings into Self-Story [J]. Culture, Medicine, and Psychiatry, 2012, 36 (4): 732.

1；另一方面，我们还拥有更慢，更深思熟虑的思维方式，即系统 2，它需要更多脑力资源。根据这一理论，当个体的认知资源枯竭时，无论是长期的自我控制还是受到某种压力，系统 2 对他们行为的控制可能会被击垮，导致转向更省力的系统 1 的思维模式。在这种模式下，人们接受糟糕的论证，或者只是做最习惯或最容易完成的事情。

成瘾者描述的许多经历似乎都符合自我损耗理论。以汉默研究中的一组受试者为例，他们的反应被研究者收集在"间断平衡论"的类别下。这是受访者回答中最常见的类别。这个类别是用来描述成瘾的，"成瘾沿着静态平衡振荡，只有特定的触发因素才会触发"。间断的平衡是苦苦挣扎的成瘾者的典型模式，正是这种模式促使人们将成瘾描述为"一种慢性复发性疾病"。研究者发现成瘾者的酗酒经历与他生活中的压力有关，尤其是与他的就业状况和与妻子的关系有关：

> 我因为压力而辞去了一份工作，然后我又开始了另一份工作，那就是我现在的工作，我很喜欢这份工作，但是工作职责的增加让我再次承受了压力。你知道，在今天这个时代，他们试图把尽可能多的责任推给人们……我的意思是，管理层会这么做，基本上是为了削减成本，这伤害了蓝领阶层。压力越来越大，所以我又开始了……我的妻子一直支持我。她指出如果我不辞职，她就会离开。我就放弃了，然后，你知道的，只是离开一段时间，紧张感就会建立起来，压力又会建立起来，然后我就会回到原来的状态。①

这种自我损耗理论似乎在某种程度上解释了成瘾者的经验的关键要素，而我们所认为的更简单的奖励寻求、回避和单纯的习惯化模型则不能。成瘾者的经验和对它的自我损耗分析似乎与激励突出现象一致，根据这种现象，使用的物质或活动似乎在压力上升时出现，即使没有任何预期的快乐。每次压力增大时，成瘾者似乎又恢复了酒精的使用。

哈佛大学精神病学家兰斯·多兹（Lance Dodes）是治疗成瘾的心理动力学方法发展的领导者，他描述自己的一名患者的类似反应。这名男子是一名企业主，他有酗酒史，也曾是儿子贪污的受害者。当他发现儿子的贪污数

① HAMMER RACHAEL R, DINGEL MOLLY J, OSTERGREN JENNY E, et al. The Experience of Addiction as Told by the Addicted: Incorporating Biological Understandings into Self-Story [J]. Culture, Medicine, and Psychiatry, 2012, 36 (4): 720.

额比他所知道的情况要严重得多时，他开始了为期 2 天的酗酒狂饮。我们经常看到这样的案例，一个人能够控制他喜欢的物质或活动的使用数天、数周、数月甚至数年。他可以控制它，直到情绪问题、身体疲劳、经济问题，或其他一些主要的压力太大，然后他认输。我们似乎可以得出这样的结论：在这些情况下，系统 1 的自动思维会接管一切。

有这种上瘾经历的人通常会和自己达成协议，发誓戒掉一段时间，并在一段时间内取得成功，但这段时间的长短因人而异。在某些情况下，承诺兑现了几十年之后，才有什么东西激起了转变。在其他情况下，他坚持的时间非常短。例如，卡洛琳·柯奈普（Caroline Knapp）在回忆录《饮酒：一个爱情故事》（*Drinking：A Love Story*）中，讲述了在饮酒让她和她母亲都感到不安之后，她曾一度做出这样的承诺：我要减少饮酒，一天 2 杯，我保证。但当天快结束时，她回到波士顿，感觉不舒服，看到人们坐在躺椅上放松，喝着啤酒，她投降了。由于身体疲惫不堪，再加上看到人们放松和享受啤酒的画面，她的承诺被打破了，而她的默认反应是：喝酒。

然而，复饮有时似乎与任何事情都没有关系。因此，似乎即使在双重系统——这种最典型的成瘾模式中，许多人的经历也没有捕捉到。就像演员克里斯汀·约翰斯顿（Kristen Johnston）说的那样，有时你会突然发现自己又开始酗酒了，然后你就会在酒吧里豪饮。这里似乎没有发生任何系统转换，也没有因为压力，或任何可识别的认知负荷而转向更简单的思维方式。

## 三、被遮蔽的美好生活

从克里斯汀的经验来看，双系统方法似乎不能解释人们在成瘾过程中所有的经历。珍妮特·肯尼特（Jeanette Kennett）在对二元体系的批判中指出，有些人根本不知道自己能过上什么样的美好生活。[①] 这些人永远不会走上他们所向往的生活之路——只会遇到障碍，回到习惯的模式。相反，他们总是保持着习惯性的模式。为了解释这种情况，肯尼特区分了有意的自我控制和规范的自我控制，有意的自我控制是我们为了执行选择的个人行为而施加的自我控制；随着时间的推移，规范的自我控制是指导一个人的行动朝着

---

① KENNETT JEANETTE. Just Say No? Addiction and the Elements of Self-Control ［M］. // Neil Levey. Addiction and Self-Control：Perspectives from Philosophy，Psychology，and Neuroscience. New York：Oxford University Press，2013：144 – 164.

他所需要的美好生活前进的必要条件。成瘾者和其他人一样，必须也确实在有意识地进行自我控制，无论是购买毒品、去赌场，还是寻求性满足。肯尼特认为，成瘾的特征是规范性自我控制的失败。导致这种失败的原因有 2 个：第一，有人可能一开始就被剥夺了对美好生活的概念，要么是因为生活环境，要么是因为成瘾的放纵，要么是因为一个人可能会有真正的美好生活的概念，但在某种程度上他没有自主选择权，而不是由于自我损耗或认知负荷的原因接受系统失败。第二，人们更有可能看不到自己想要的生活。也就是说，由于某种原因，他无法看到他真正想要的生活。

什么是正常的？上述失败的个案似乎经历了类似肯尼特提出的规范自我控制失败的第一个原因。也就是说，他们似乎一开始就被剥夺了美好生活的概念。对这些人来说，悲伤、困难、弱势的生活似乎是毋庸置疑的常态。在一个案例中，一名叫西莉亚（Celia）的年轻女子在一件事上很难相信任何人，因为她从 5 岁起就受到性侵犯。虐待她长达 8 年之久的是她的继父，他还经常向她吐口水，施予她许多其他的侮辱。她曾被非自愿地送进精神病院，有骨折、瘀青、黑眼睛、脓肿、牙齿感染、反复口腔真菌感染和其他艾滋病毒感染表现的长期病史。西莉亚无法抗拒可卡因的诱惑，离开了医院。① 对西莉亚来说，就像存在一个无形的带刺铁丝网围绕着她。这类人群对过上更好生活的可能性几乎没有表示出任何理解。②

然而，有些人对美好生活的理解似乎没有那么模糊，他们仍然把成瘾模式视为常态。例如，对甲基苯丙胺上瘾的缉毒警察艾莉森·摩尔（Allison Moore）表示，她的家庭生活中成瘾很正常，没有西莉亚这种情况所特有的那种绝望。摩尔在她的回忆录中写道：

> 我的家族有很长的成瘾史，主要是酗酒。我的母亲、2 个叔叔和外祖父母都是酒鬼……我的叔叔们嗜酒如命，我的堂兄嗜海洛因成瘾，而我的母亲，在我童年享受了 15 年的戒酒生活后，在离婚期间又重新嗜酒……酗酒泛滥并不是什么大秘密，这只是每个人都在笑和开玩笑的事情。我家里没有人认真对待这件事。没人觉得这有什么大不了的。③

---

① MATÉ GABOR. In the Realm of Hungry Ghosts [M]. Berkeley, CA: North Atlantic Books, 2010: 64 – 74.

② MATÉ GABOR. In the Realm of Hungry Ghosts [M]. Berkeley, CA: North Atlantic Books, 2010: 20.

③ MOORE ALLISON. Shards: A Young Vice Cop Investigates Her Darkest Case of Meth Addiction-Her Own [M]. New York: Touchstone, 2014: 23.

例如，柯奈普在一个与西莉亚和摩尔截然不同的世界中长大，她说，在她的一生中，酒精一直都在。她的父母是精神分析学家和艺术家，她毕业于布朗大学（Brown University），还是一位成功的作家。她肯定没有被剥夺过美好生活的概念。然而，在某种程度上，她的经历与刚才描述的相似。她发现酒精随处可得，而且每天都喝，在她父母家里，威士忌和杜松子酒放在客厅壁炉左侧的酒柜里，每天晚上的鸡尾酒时间，它们才会出来。她从未见过它耗尽，也从未见过它补充：它就在那里。这种经历听起来很像 Hammer 的一个受访者吉尔说的："我真以为每个人都在 5 点的时候喝了鸡尾酒。当我回想起来，我想，嗯，某人的父母从来没有这样做……但我父母的朋友们都喜欢。"① 尽管这些故事似乎没有被双重系统分析或缺乏美好生活概念的自我描述的成瘾者所阐明，但它们在揭示使用的假设对成瘾行为的发展所产生的影响方面是相似的。

在这种情况下，家庭成员成瘾的常态似乎在摩尔陷入自己的成瘾模式中发挥了作用。然而，并不是所有的情况下，瘾的存在和使用都被认为是正常的，这似乎与肯尼特关于为什么人们不能对他们的生活施加规范控制的建议有很大关系。

但是，即使没有这种瘾品使用的假定常态，一些确实认为他们可以获得非常好的生活的人还是成了成瘾者。想想约翰斯顿自己看到的未来：

> 尽管我那时的生活有点令人沮丧，但我知道一些我的同学都不知道的事情。内心深处，我知道总有一天我会赢。②

就像其他故事一样，她的故事告诉我们，我们所研究的理论有时是不必要的，有时是不够的，有时是无关的，为成瘾在个人生活中实际发生的各种各样的方式和情况提供了令人满意的解释。

## 四、开关模式与滚雪球效应

汉默的研究小组发现，研究对象叙述的另一个主题是"全速前进"。这种叙述的重点是，一种物质成瘾的吸引力从第一次见面就很明显。我们在艾

---

① HAMMER RACHAEL R, DINGEL MOLLY J, OSTERGREN JENNY E, et al. The Experience of Addiction as Told by the Addicted: Incorporating Biological Understandings into Self-Story [J]. Culture, Medicine, and Psychiatry, 2012, 36 (4): 717.

② JOHNSTON KRISTEN. Guts: The Endless Follies and Tiny Triumphs of a Giant Disaster [M]. New York: Gallery Books, 2012: 49.

莉森·摩尔的回忆录中看到了这种模式：

> 我告诉自己，我只会尝试一次，我再也不会这样做了。但当我尝试停止，我不能面对被投入冰冷的现实生活，我无法忍受这些恐惧的回归。冰毒是我所有问题的答案。它让我感到平静、自信，对我的未来感到兴奋。①

尽管汉默的研究小组发现，在所有受访者所表达的类别中，这一类别是最罕见的，但摩尔的经历似乎最接近成瘾的原型。至少在海洛因和冰毒方面，这是最常被描述的模式，或许是为了阻止公众第一次使用它。与间断平衡模式相反，这一类别的成瘾行为似乎从一开始就没什么控制，当停止使用时，伴随而来的是生理上的戒断症状。汉默的一位受访者比尔（Bill）在一天之内就成了一名吸烟者。他在采访中说：

> 冰箱顶上有一盒香烟，我决定试一试，然后你就知道，我偷了她父母所有的香烟……我听说第一次抽烟的时候不能成包烟那样抽。但是我第一天晚上抽了三包烟！这就是我有多喜欢它。②

我们讨论过的理论都不能解释这种经历。这里不存在被瘾品控制大脑的问题，不存在脱离人际交往的问题。虽然在比尔的早期生活中可能有创伤，但他似乎并没有从第一次吸烟中得到任何缓解。相反，它是一种纯粹愉悦的体验。那么，也许到目前为止基本上被忽视的享乐主义理论比其他任何理论都更能抓住比尔的经历。第一次抽烟之后，他继续拼命抽烟，如果他整晚不睡觉，他可以抽6~8包烟。但快乐似乎并不是所有对某种物质或活动立即上瘾的人的关键因素。

许多以这种特殊方式经历上瘾的人认为，上瘾更多的是纯粹的冲动，而不是任何特定的快感。这些人当中，大多数人都接受过使用这种模型的治疗，他们似乎从疾病模型的角度来理解自己，具体地说，要么是基因遗传，要么是心理倾向。汉默的小组采访了一名叫诺拉（Nora）的女士，她这样

---

① MOORE ALLISON. Shards：A Young Vice Cop Investigates Her Darkest Case of Meth Addiction-Her Own ［M］. New York：Touchstone，2014：228.

② HAMMER RACHAEL R, DINGEL MOLLY J, OSTERGREN JENNY E, et al. The Experience of Addiction as Told by the Addicted：Incorporating Biological Understandings into Self-Story ［J］. Culture, Medicine, and Psychiatry，2012，36（4）：724.

解释自己的经历：

> 我甚至在第一次喝酒之前就上瘾了。第一杯酒就把我吸进去了。我不觉得如果我从来没有喝过酒，我也会有同样的难以控制的感觉，但我相信我是一个成瘾者，一个等待发生的酒鬼……我总是想要更多的东西。任何东西，比如我喜欢的食物，或者我想要的不止一种……我认为这是我性格的一部分，但对我来说并没有太大的进步。我一喝酒就上瘾了。①

对于那些经历过这种直接的、强大的、完全上瘾的方式的人来说，使用一种物质或活动通常只能通过替代另一种来控制。经历这种成瘾过程的人似乎是那些从参与十二步程序的外部控制中获益最多的人，甚至把它们作为替代成瘾的程度，因为根本不上瘾的前景似乎是不可想象的。在接受冰毒成瘾治疗后，摩尔也觉得自己有成瘾的个性，注定要成瘾：

> 如果我当时停下来想一想，我就会发现我一直是个瘾君子。在我的一生中，我的瘾从来都不是一种物质。我对更多的东西上瘾。更多的工作，更多的控制，更多的锻炼，更多的性生活。我是那种有无底线的人。不管是什么，来吧，我会一直追随它直到死亡。②

如果他们没有接受十二步治疗，很难判断这些人是否会把自己描述成遗传上或是心理上有病的人。在任何情况下，回顾自己总是上瘾的描述是有趣的。就像催眠，成瘾人格是一个无法解释的说辞。然而，当事人是用这种说法来描述他们的经历的，因此这种描述不能被忽视。

在这些情况下，把遗传因素作为解释可能会有所帮助。即便如此，只有不超过50%的成瘾倾向归因于此，所以其他因素也必须起作用。而那些其他的东西似乎都不能用享乐或者双重系统分析来解释。我们似乎又一次通过1个或多个被提出的理论得到了对这些现象的部分解释。我们不能否认，这些成瘾者在他们生命的早期经历了创伤，以及其他可能导致他们陷入困境的

① HAMMER RACHAEL R, DINGEL MOLLY J, OSTERGREN JENNY E, et al. The Experience of Addiction as Told by the Addicted: Incorporating Biological Understandings into Self-Story [J]. Culture, Medicine, and Psychiatry, 2012, 36 (4): 724.

② MOORE ALLISON. Shards: A Young Vice Cop Investigates Her Darkest Case of Meth Addiction-Her Own [M]. New York: Touchstone, 2014: 87.

事情。然而，我们再次得到的教训是，没有任何理论能够解释所有这些经历，而每一个理论都能对某些故事的某些部分起到一定的作用。

在某些情况下，一个人可以使用药物或从事一项活动多年而没有任何明显的负面后果，然后在某个时候，事情开始失控。汉默等人在大约 1/3 的受访者中发现了这种模式。以 47 岁的艾萨克（Isaac）为例，他说上瘾对他来说是一个漫长的过程：

> 我花了很长时间才成为一个酒鬼。我必须非常非常努力……我身边有很多喝酒的人，就像我所有的工作生涯一样，我可以喝酒，也可以不喝酒。从来就不是……从来没有任何联想的，成瘾的行为。我的意思是我可以在周末喝酒，然后整个星期都不喝酒。我知道不喝酒会不会有什么后果。我从来没有计划过，也没有必要期待它。那年我 25 岁，生活突然间就变得很艰难。这时，我会有意识地选择喝酒而不是做其他事情。①

汉默的研究小组发现，那些多年来一直饮酒、吸烟或从事其他活动，却在突然间成瘾的人，他们通常年龄较大，在谈论上瘾时往往更加理智，他们比其他人对自己的成瘾有更多的经验。这一群体对什么是成瘾的理解更富有哲学色彩。这似乎也合情合理，因为他们的行为与长期存在的习惯之间存在着难以察觉的差异，而突然之间，这些行为似乎就会产生与以往不同的含义和影响。玛丽是一名 40 多岁的新闻人，她经历了从整天工作到完全没有工作的变化。就像许多经历过这种物质或活动的人一样，玛丽完全被她的毒瘾搞蒙了。

这些经历似乎不能用我们迄今为止所遇到的任何理论来解释。如果这些自我描述的成瘾问题是由于大脑中奖赏系统的变化，人们会认为这些变化在 20~40 年内就会发生。但享乐主义、戒断主义或双重体系理论也无法更好地解释这些体验。当然，前 2 种解释都不能解释这种模式。然而，这种情况也不能描述某人使用系统 2 来控制某件事，直到系统不堪重负，被快速而习惯性的思维接管。此外，基因遗传和创伤似乎对药物使用模式的这种突然变化没什么影响。也许年龄本身改变了人们对某些物质的反应方式（赌博或

---

① HAMMER RACHAEL R，DINGEL MOLLY J，OSTERGREN JENNY E，et al. The Experience of Addiction as Told by the Addicted：Incorporating Biological Understandings into Self-Story［J］. Culture，Medicine，and Psychiatry，2012，36（4）：727.

购物也可能遵循这种模式）。但如果年龄是问题所在，那么问题就来了，为什么在典型的故事中，有的成瘾过程如"天鹅跳水的感觉，长长的缓慢弯曲的弧线"，而有的成因体验更像是从悬崖上摔下来。

## 五、孤独感与缓解疼痛

在成瘾者的故事中，一个相对常见的现象是完全孤立的感觉。无论是自我强加的，还是由于内向、害羞或其他原因，我们经常发现，那些表现出成瘾行为的人，是因为他们没有能力或不愿意寻求帮助或去依赖他人。比如，克里斯汀·约翰斯顿在医院里待了很长一段时间，因为她的成瘾行为可能导致一系列致命的健康问题，她意识到，为了改变自己的生活，她必须改变现状。她说，当时她在住院治疗时：

> 我宁愿一个人躺着，一个小时又一个小时，一天又一天，一周又一周，几乎两个月，也不愿意告诉任何人我需要他们。你看，如果我需要他们，那就意味着我很弱，意味着我有缺陷。这是不可接受的。①

同样，缉毒警艾莉森·摩尔，她的警察身份不允许人们去谈论她的问题，她把麻烦留给了自己。她说，"我一生都在保守自己的秘密，我相信如果我不把我的故事告诉任何人，这件事就不可能发生在我身上"。在互助小组中发言的成瘾者经常把孤立作为一个主要问题，即使他们已经不再使用毒品，因为这是一种独自面对世界的诱惑。人们给出的孤立自己的理由各不相同。有时这个问题是对自己的权力和责任的夸大，但有时强调的似乎是"眼不见，心不烦"的动机。如果问题从来没有被分享过，它的现实是可以否认的。

在某些情况下，伴随成瘾脆弱性和成瘾行为而来的秘密、孤立和羞耻如此之大，以至于成瘾本身就像期待朋友到来一样。柯奈普给她的书 *Drinking* 起了个副标题：爱情故事（A Love Story）。她说她的故事是关于向那些你无法离开的事物说再见。最后，她说她和酒精的关系是生命中最重要的一段关系。② 事情甚至可以达到这样一种程度：成瘾者和她的物质或活动之间的关

---

① JOHNSTON KRISTEN. Guts：The Endless Follies and Tiny Triumphs of a Giant Disaster ［M］. New York：Gallery Books，2012：143.

② KNAPP CAROLINE. Drinking：A Love Story. New York：Bantam Doubleday Dell Publishing Group. 1996：5.

系的力量和辛酸是不能被夸大的。克里斯汀·约翰斯顿就是这样经历毒瘾的：

> 当它对你虎视眈眈时，你才不管呢。不管发生什么事，你都要撒谎来保护它。它是你最忠诚的另一半，你长久的爱人。它是崇拜和可靠的，它从来没有让你失望。它杀了你当然不是它的错。就像一个受虐待的妻子，你把她带回来，即使她刚刚打掉了你的两颗门牙。你对哭泣的母亲撒谎，即使她说服你去偷她膝盖置换手术后真正需要的止痛药。无论如何，你都会为了保护它而死。因为没有人会像它那样爱你。①

这是所有理论都没有触及的现象的一部分。即使是心理动力学理论，它不是专注于基因或神经生理学分析，而是纯粹在心理层面运作，也没有对这种个人经历说什么。为什么有些人会认为自己拥有这种可以被归类为一种行为模式，一种理性选择，或一种疾病的强大关系？激励显著性的方法确实可以给我们一个基于脑科学的解释以说明瘾品或成瘾性活动对某些群体的重要性，这个解释可以对这类人群经历的整体性斗争，甚至是爱，做出一些说明。这是一种意义的功能，为此我们已经发展了一个理论的梗概。然而，仍然需要进行全面分析。

在所有理解和治疗成瘾的方法中，动力心理学方法最在乎个体成瘾者的独特体验。痛苦是个人的，人们可以通过无数种方式来寻求和体验解脱。从这个角度来看，驱使人们持续地沉溺于成瘾行为的，既不是对退缩的奖励，也不是对退缩的避免，更不是第一系统或美好生活观念的失败。在这种情况下，并不是失去自我控制，而是一个人可能拥有的唯一一种控制。那些持自我药物治疗成瘾观点的人比其他理论家更关注成瘾者所遭受的痛苦。事实上，采用这种方法的研究人员往往是临床医生，而不是实验室研究人员或理论家。例如，梅特（Maté）是自我药物治疗观点的拥护者，也是一名研究人员和作家，几十年来一直在治疗街头成瘾者。

那些信奉是自我治疗假说的人相信，并且有研究结果表明，个体倾向于使用特定的物质来自我治疗特定类型的心理痛苦。例如，一些研究人员发现，许多经历过创伤的人会用阿片类药物进行自我治疗。他们使用这些止痛药来消除自己的疼痛，并控制由此产生的愤怒和攻击性。然而，兴奋剂和

---

① JOHNSTON KRISTEN. Guts：The Endless Follies and Tiny Triumphs of a Giant Disaster［M］. New York：Gallery Books, 2012：109.

可卡因已经被用来自我治疗抑郁症，而且矛盾的是，在比正常需要更多兴奋和欣快的精力充沛的人身上，它们被用来诱发他们所渴望的激励效应的持续体验。① 最后，已经发现有一些人使用包括酒精在内的镇静剂，这些人很难承认自己的情绪，在心理上感到防御和焦虑，而且往往会过度压抑愤怒。②

毫无疑问，摩尔对冰毒的使用似乎符合这类分析。她工作很努力，被工作环境的不断要求压得喘不过气来，疲惫不堪。她试图独自处理每件事：在大多数部门，有一条潜规则，那就是你不能只是去谈论你的问题。相反，你可以和你的朋友出去喝酒来解决这个问题。她陷入了抑郁之中，由于缺乏睡眠而疲惫不堪，但她没有寻求帮助。她疲惫不堪，情绪低落，起初她觉得兴奋剂冰毒似乎是她所有问题的答案。③ 同样，鸦片吸食者托马斯·德·昆西（Thomas De Quincey）也发现了这一点：

> 幸福的秘诀是哲学家们为之争论了许多世纪之久，如今却马上发现了；幸福现在可以用一便士买到，放在背心口袋里；随身携带的摇头丸可以塞在一品脱的瓶子里；而心灵的平静可以通过邮件传递。④

当然，没有人否认，使用酒精可以放松强烈压抑的情绪。事实上，正是这种解压作用使它成为聚会和其他社交活动的中心特征。不过，有一名酗酒者用理智的术语来解释，即饮酒带来的正义感和自信：

> 非成瘾者需要知道的是，成瘾者有一个相当于运动员、作家、艺术家的区域。你不会因为所有的问题而感到威胁，你不会因为你所知道的问题而感到威胁，你可以享受做任何事或什么都不做。事实上，有这样的地方，从来没有离开成瘾者，确定性的感觉。⑤

---

① KHANTZIAN E J, HALLIDAY K S, MCAULIFFE W E. Addiction and the Vulnerable Self: Modified Dynamic Group Therapy for Substance Abuser [M]. New York: Guilford, 1990: 126 – 157.

② SUH J J, RUFFINS S, ROBINS C E, et al. Self-Medication Hypothesis: Connecting Affective Experience and Drug Choice [J]. Psychoanalytic Psychology, 2008, 25 (3): 518 –532.

③ MOORE ALLISON. Shards: A Young Vice Cop Investigates Her Darkest Case of Meth Addiction-Her Own [M]. New York: Touchstone, 2014: 79.

④ MOORE ALLISON. Shards: A Young Vice Cop Investigates Her Darkest Case of Meth Addiction-Her Own [M]. New York: Touchstone, 2014: 82.

⑤ MOORE ALLISON. Shards: A Young Vice Cop Investigates Her Darkest Case of Meth Addiction-Her Own [M]. New York: Touchstone, 2014: 84.

在这种情况下，被描述为来自酒精使用的解脱被视为一个事实，在面对所有相反的事实时，这是肯定的，生活将会很好。我们有一个案例似乎可以通过自我治疗的方法来分析。就像我们在新闻中经常看到的那样，这种减轻焦虑和产生自信的方式，可能会产生巨大的负面影响，从酒后驾车事故到在办公室派对上像个傻瓜一样跳舞。这种确定性，或者说是对的感觉，即使是在纯智力的事物中，似乎和通过定理的证明所带来的一样强大。很明显，确信自己所做的事情是好的或正确的感觉，并不能表明它实际上是好的或正确的。事实上，当这种感觉的来源是一种瘾品或成瘾性行为时，一个人往往会从这种物质或行为中获得短期的快乐，然后是长期的痛苦。具有讽刺意味的是，确定性的印象可能是一种特有的体验。

然而，可卡因能带来同样的自信感。对摩尔来说，冰毒能带来这种自信感。更重要的是，许多焦虑的人不会用酒精来治疗自己，无论他们感觉多么不舒服，因为失去控制的威胁表现出一个更大的焦虑来源。进一步，那些倾向于焦虑和情绪压抑的人转而使用镇静剂。我们需要问的是，为什么在这些人群中，有些人喜欢酒精而不喜欢其他镇静物质，而另一些人则相反，有些人从任何物质中都能得到满足。例如，凯尔·基冈（Kyle Keega）在他的回忆录《追逐巅峰》（*Chasing the High*）中，就把自己简单朴素地视为成瘾者。他谈到在一个漆黑的晚上，他没能弄到他想要的海洛因，拿到了一块火柴头大小的可卡因。"我不顾自己明智的判断，接受了它，然后爬上了屋顶。你看，虽然我知道没有海洛因的可卡因只会让我更难受，但我是一个瘾君子，因此无法拒绝任何毒品。"[1]

很难看出，除了都遭受了巨大的痛苦，他们都有充足的理由想要有不同的感觉之外，这些不同的个体是如何被归类的。但这意味着，就像我们考虑过的其他理论一样，自我药物治疗假说本身并不能做太多的解释工作。大多数成瘾者在孩童时期受到创伤，被忽视，有时甚至被遗弃，这至少可以部分解释为什么他们有自我用药的冲动，以及当他们这样做时的强烈反应。但创伤与各种药物的使用有关，而不仅仅是海洛因或酒精。此外，根据梅特的说法，这些患者中有许多人有未诊断或未治疗的心理问题。但即使是在这些有限的人群中，也不是所有人都沉迷于瘾品。一些人虽然明显有心理上的痛苦，但根本没有成瘾。

关于成瘾的大多数元素有一个典型的故事，包括戒掉毒瘾的过程。虽然

---

① MATÉ GABOR. In the Realm of Hungry Ghosts [M]. Berkeley, CA: North Atlantic Books, 2010: 14.

我们也有很多这样的例子，一些成瘾者从未摆脱成瘾的循环。在十二步治疗方法的叙述中，故事往往遵循柯奈普所描述的元素：关系破裂、疾病、经济和法律上的困难、放荡，有时还有暴力，直到某种戏剧性的谷底。

这是我们一遍又一遍听到的故事，是治疗行业和自助团体兜售的故事。但这并不是唯一一种摆脱毒瘾的转变。有时候，人们只是决定停下来。事实上，根据大量的研究，这实际上是一种常态。以伊迪（Edie）为例，她是可卡因吸食者和毒贩，她的行为给她和孩子们的关系带来的压力，使她停止了吸毒。①

无论如何，戒瘾经历的多样性似乎表明我们对它没有足够的理论。

## 六、关注成瘾体验

成瘾者的成瘾经历是各不相同的。目前我们还没有一个可行的成瘾理论可以包含形式各异的成瘾形态。事实上，我们也不需要。因为通过分析我们发现，没有单一的成瘾理论能够解释成瘾现象的所有方面，甚至没有一种成瘾理论能够解释所有的成瘾体验。我们所分析过的那些成瘾理论，要么解释了导致成瘾的背景，要么解释了成瘾是如何在行为、态度和自我形象方面发展的，要么描述了成瘾的奖赏系统。任何一种解释，只有在特定的对比中才有意义。只有与其他试图回答相同问题的理论相比，才能判断一种解释是好是坏。有关成瘾的文献中提供的理论似乎假定只有一个问题需要回答、一种现象需要解释。神经科学理论认为，它们正在了解成瘾的真实情况。责任（控制）理论关注的问题是：真正的成瘾者是否对他们的行为负责？另一些研究者，如自我药物治疗理论家，调查了成瘾者的痛苦，并提出成瘾的案例实际上是其他疾病的案例，这些疾病被试图减轻其症状所掩盖。在这种情况下，该理论将成瘾问题简化为其他心理问题。

如果说这些现象学的探索给了我们什么启示，那就是，不同的成瘾理论回答不同的问题，并讨论了与成瘾现象相关的不同问题。事实上，如果复杂动力学分析方法是正确的，这正是我们所期待的。与成瘾综合征相关的问题存在于不同的层面，每个层面都有其自身的限制条件和描述，以及对如何改善个体状况的回应。此外，成瘾中很多被认为是有问题的东西都是主观的。当人们对戒断毒瘾的过程感到满意，但仍然继续吸烟或需要喝咖啡时，很明显，戒断才是问题。许多十二步疗法小组不赞成使用任何改变思

① DAN WALDORF, CRAIG REINARMAN, SHEIGLA MURPHY. Cocaine Changes：The Experience of Using and Quitting ［M］. Philadelphia：Temple University Press, 1991：202.

维的化学药物，他们坚持认为，继续使用这些药物的人没有一个是真正清醒的或真正在恢复中。另一些研究者发现，使用诸如纳洛酮（Suboxone）或四氢大麻酚（THC）等化学物质来控制鸦片成瘾者的疼痛，或使用抗抑郁药或兴奋剂来治疗可能与成瘾共存或导致成瘾的心理问题，是维持清醒的基本工具。

## 第二节　成瘾治疗与社会支持

对成瘾者和他人来说，成瘾者似乎都被困在一种特定的行为模式中。必须承认，摆脱这种模式是困难的。从很多方面来看，没有一种常规的治疗方法能比让成瘾者从成瘾状态过渡过来的自发缓解率更高。许多成瘾者确实做出了这样的改变。尽管一些治疗项目自我报告在帮助个人实现理想行为和改善生活质量方面成功率很高，他们甚至声称每次对那些参与项目的成瘾者来说都是有效的，但并没有证明这种无条件的成功。事实上，这样的说法实际上毫无意义，因为它们基本上是不可检验的。未能维持清醒可归因于成瘾者在戒断工作中某些方面的失败。在绝大多数情况下，十二步方法治疗与个人工作计划是自洽的。①

与十二步疗法支持者的乐观态度相反，美国国家药物滥用研究所（NI-DA）发现，约60%接受治疗的患者会复发（与其他研究相比，这些数字是乐观的）。成瘾治疗是否成功，是由众多因素决定的，如瘾品、治疗时长、成瘾者的动机水平、社会支持等。根据我们对成瘾现象的分析，成瘾是由复杂的、自组织的、相互依赖的因果系统在各种尺度上运作而产生的一种突显现象。我们可以预期，这些因素以及许多其他因素将影响一个人能否从成瘾中解脱出来。成瘾不能归结为任何单一的神经递质相互作用模式，也不能归结为大脑结构或功能的改变。因为没有2个人在生理、心理和社会环境方面是相同的，所以试图用一个适用于所有成瘾者的方案以解决成瘾痛苦是短视的，就像把复发归因于成瘾者的失败一样。

然而，这并不是说成瘾不涉及任何可识别的普遍模式，也不是说没有任何方法可以改善个人实现持久改变的机会。事实上，其含义正好相反：有许多不同的方法可以破坏成瘾的特征模式，它们的出现程度与成瘾现象本身的

①　The book Alcoholics Anonymous says, "Rarely have we seen one fail, who has thoroughly followed our path." 4th Edition, online, Chapter 5, p. 58.

程度相同。虽然预防总是比更改已建立的模式容易，但是 2 种方法都可以成功，而且必须同时可用。尽管一旦一个人感到被困在我们所说的加法模式中，他将不得不在某种程度上努力摆脱它（即使发生在一个非常广泛的连续体中），他可能看起来是无助的。然而，任何涉及记忆和习惯的症状都可以被干扰和重定向，因为成瘾模式中有效的组织单元都是动态的。在突触、神经、神经系统、心理、局部和全局社会层面的干预都可以被用来破坏成瘾的思维和行为模式。

## 一、改变神经递质与神经系统

正如我们所看到的，个体的特定经历改变了特定神经网络被激活的可能性。一个特定的神经元群在一起激活得越多，在给定其成员神经元的子集被激活的情况下，一个类似的神经元群再次被激活的可能性就越大。之前，我们描述了给定神经网络被激活的概率。一组在过去一起被激发的神经元，当其中一部分受到刺激时，有可能再次一起被激发。在习惯性行为的层面上，一个人遵循特定行为模式的频率越高，一旦这个行为被激活，这个行为模式被完成的可能性就越大。但每一种情况都只是一种概率趋势，而且每一种情况的概率都可以降低。

对于那些拒绝成瘾医学模式的人来说，习惯性因素显得尤为突出。从这个角度来看，成瘾可以像任何其他不良习惯一样被解决：通过做其他事情来代替成瘾的行为。无论是在学校、办公室、家里，还是在建筑工地，在经历了一天的正常工作压力之后，许多人都在寻求解脱。成瘾者在无意识中形成了一种默认设置，他们的大脑会自动求助这种设置，而这种敏感模式越被自动触发，他们就越频繁地使用自己喜欢的成瘾活动来应对。更重要的是，他们的生理和心理状态越是习惯于从一天的困难中解脱出来，他们习惯性反应将他们送入默认模式的可能性就越大。寻找其他能提供重要回报的东西，无论是社会支持、冥想还是按摩，来代替成瘾行为，都能降低追求不受欢迎行为的可能性。[①]

成瘾不仅仅是一种习惯。我们所养成的大多数习惯并不涉及对某一特定事物的显著性增加敏感性。以系鞋带为例，人们一旦握住鞋带，就会不由自主地系上鞋带，这是由无意识的习惯决定的，而在这个过程的后期，与之相

---

① CHARLES DUHIGG. The Power of Habit: Why We Do What We Do in Life and Business [M]. New York: Random House, 2012: 70 – 72.

关的一系列神经活动模式会被这个过程的早期所触发。但习惯不会导致冲动，每次看到别人这么做，导致一次又一次的冲动，成瘾者的选择往往导致狂欢，或者是一个强烈的愿望进一步使用或延续。成瘾的情况更像强迫症，是一种周期性的疾病，在这种疾病中，某些想法或情绪会产生强烈的吸引力，从而导致焦虑，导致迫切需要从事特定的行为。屈服于这种需要只会在短时间内满足它。当这些想法或情绪不可避免地回归时，就会有一种压倒一切的需要参与其中。然而，成瘾还有另外一个特点，即对于首选物质或活动相关的线索和影响的神经敏感性的提高，有时会比以前持续更长时间。

**1. 改变神经递质**

鉴于生物化学敏感性的增加，在改变习惯的尝试中增加直接改变神经激活模式的选项可能是很重要的。在神经层面上，中断那些似乎支持与成瘾有关的标志性渴望和寻求的回路是可能的。阿片类药物成瘾者已经从丁丙诺啡和纳洛酮（Soboxone）中获益，这是一种占据阿片类受体的药物。结果是摄入阿片类药物不会产生预期的感觉。阿坎酸（Campral）被发现在促进戒酒方面有一定的效果。两项研究中，纳曲酮对治疗酗酒效果良好。首先，纳曲酮于 1992 年被证明可以有效减少阿片类药物和酒精的复发频率，并减少大量饮酒阻断阿片受体的刺激。此外，2006 年美国酒精滥用研究所（NIAA）的研究表明，纳曲酮与医疗管理相结合是治疗酒精问题的 9 种不同方法中最有效的。[①] 纳曲酮在欧洲被广泛使用，1996 年美国将其批准为医生的处方药。酒石酸瓦伦尼克林（Chantix）在支持长期戒烟方面比盐酸安非他酮更有效，后者也被用作戒烟辅助剂。这些方法和其他药物治疗方法在阻断参与尼古丁成瘾循环的神经通路方面都有一定的效果。即使是抗焦虑药，如氯诺定（clonodine）、一苯二甲酸酯（diasepam）、甲溴甲烷（meprobomate）等，也被证明在戒烟方面有一定的效果。[②] 通过一系列输送系统提供的尼古丁替代品在这些努力中也显示出一定的效果。最近，关于催产素的研究被证明非常有前景，至少在动物模型中是这样。这种自然产生的分子，如果在大脑中

---

① RAYMOND F. ANTON. Combined Pharmacolotherapies and Behavioral Interventions for Alcohol Dependence/The COMBINE Study：A Randomized Controlled Trial［J］. Journal of the American Medical Association，2006：2003 – 2017.

② KRISTIN V CARSON, MALCOLM P BRINN, THOMAS A ROBERTSON, et al. Current and Emerging Pharmacotherapeutic Options for Smoking Cessation［J］. Substance Abuse，2013（7）：85 – 105.

有足够数量的存在，似乎就会阻止负责酒精诱导中毒能力的特定受体。① 此外，临床前和临床研究表明，催产素还可能将饮酒、渴望甚至戒断症状降至最低，酒精对这些症状的危害比任何其他物质都要大。这些物质正如我们所看到的，每个生物体都是独一无二的。然而，药物疗法是一个现成的工具。

然而，这种方法面临的问题是，即使现在许多可用的治疗方法都没有使用，因为公共资助的治疗设施，甚至与十二步计划相关的私人治疗设施，都不鼓励使用任何改变思维的化学药品，包括那些在对抗成瘾反应方面显示出出色实验结果的药物。例如，纳洛酮（Suboxone）作为美沙酮治疗阿片类药物成瘾的一种更安全的替代品，已经被成千上万的成瘾者使用，通常使用了很多年没有复发，也没有观察到与使用有关的成瘾行为。玛丽·珍妮·克里克（Mary Jeanne Kreek）是美沙酮使用研究的先驱，据她说，在大约90%的治疗设施中使用的标准治疗方法仍然是戒断、留宿和十二步治疗，但是事实是，基于禁止性的治疗在不到10%的鸦片成瘾者中有效。② 在这种情况下，教条和偏见有效地阻碍了最有效治疗方法的使用。有一种观点认为，如果只在短期内使用纳洛酮，那么纳洛酮的效果并不比基于戒断的治疗好，而且让前吸毒者戒掉纳洛酮比让他们戒掉海洛因更难。这一观点提出了一个问题：既然纳洛酮似乎能够连续使用数年而不会对身体产生不良影响，那么为什么有人会坚持将纳洛酮仅作为短期治疗，而糖尿病患者预期终生使用胰岛素呢？在这2种情况下，这种药物对那些不需要它的人来说是非常危险的，但对那些需要它的人来说，就成瘾后果、肝脏损伤或其他类型的毒性而言，它相当于每天服用维生素。

然而，任何精神药理学的方法，麻烦都在副作用上。正如广告中迅速发出的低语声警告所显示的那样，研究人员吹捧的大多数药物都能帮助减少吸毒欲望和成瘾行为，它们对服用者的身体和精神状态也有各自的影响。我们不可能证明任何药物在体内都能做到我们想让它做到的一切，而且事实上，对于大多数作用于大脑的药物来说，其作用机制是未知的。药物是一种被引入我们的循环系统的极其复杂的系统中的物质，它被引入我们的循环系统服

① MICHAEL T BOWEN, SEBASTIAN T PETERS, NATHAN ABSALOM, et al. Oxcytocin Prevents Ethanol Actions at 3 Subunit-Containing GABA$_A$ Receptors and Attenuates Ethanol-Induced Motor Impairment in Rats [J]. Proceedings of the National Academy of Sciences of the United States of America, 2015, 112 (10): 3104 –3109.

② JASON CHERKIS. Dying to Be Free: There's a Treatment for Heroin Addiction That Actually Works: Why Aren't We Using It? [J]. Huffington Post, January 28, (2015): 1 –9.

务的极其复杂的系统中，无论它们被带到哪里（贯穿我们的整个身体，并影响从中产生的心理）都有作用，而这些作用可能是什么，我们只有在用它们治疗人类之后才能知道。即使这样，我们也不能从药物对一些被纳入试验的人的影响中推断出它们对某一个特定的人的影响。即便如此，我们也不能从这些物质对试验对象中一定比例的人产生的影响，推断出它们对特定人群的影响。这并不是说其中的一些药物，或者未来可能开发的药物，可能不会有助于帮助一些成瘾者解决他们的某个问题。纳洛酮（Suboxone）就是一个很好的例子。然而，在神经递质及其受体水平上进行治疗永远不能解决全部问题。比如国家成瘾中心的声明《药物滥用》（*drug Abuse*[①]）2012 年的报告称，"成瘾是一种疾病"，医生必须"像诊断、治疗和管理所有其他疾病一样，诊断、治疗和管理上瘾"，这与拒绝在治疗中纳入药理学的治疗方法一样，既明智又有偏见。每一种药物都有副作用，而且每一种都可能无效。以纳洛酮为例，虽然它比美沙酮更安全，但对于那些对阿片类药物没有高耐受性的人来说，仍然有的可能故意服用，并且有可能过量服用并因此死亡。对于其他药物治疗，从戒烟到酗酒，情况都是类似的。

**2. 改变神经系统**

即使不存在全身注射药物的问题，仅针对神经回路的治疗也不能完全解决成瘾问题。例如，在一项涉及 4 名非常核心的酗酒者的极端研究中，电极植入物被直接植入基底神经节，其明确目的是中断寻求、动机回路，而不是身体中的其他任何东西。在这种情况下，只要电力流入特定区域的电极植入，这 4 个人欲望消失了，但一旦电力处于关机状态，渴望又回到以前的水平，所以没有外推法的实验结果在实验室中现实世界的情况。[②] 然而，事实是，仅仅是打断神经回路，永远不足以阻止我们这样高度复杂的生物的成瘾模式。1950 年，美国对成瘾者实施额叶切除术后，只有 47% 的患者 5 年后无复吸，53% 的术后患者复发，这个结果和运气差不多。[③]

如果直接中断大脑的渴望反应在治疗成瘾方面确实有用，那么尝试不具有灾难性的方法要比消融伏隔核更好。在这方面，不同形式的经颅磁刺激

① National Center for Addiction and Substance Abuse. Addiction Medicine：Closing the Gap between Science and Practice [J]. Columbia University, 2012 (6).

② CHARLES DUHIGG. The Power of Habit：Why We Do What We Do in Life and Business [M]. New York：Random House, 2012：72 – 73.

③ LI N, WANG J, WANG X L, et al. Nucleus Accumbens Surgery for Addiction [J]. World Neurosurgery, 2013, 80 (3 – 4)：9 – 19.

(transcranial magnetic stimulation，TMS) 已经显示出一些希望。经颅磁刺激是一种非侵入性治疗方法，电线圈穿过颅骨的外部。与之前的经颅磁刺激相比，重复经颅磁刺激，以及最具前景的深度经颅磁刺激，其电流到达颅骨内2厘米，穿透大脑皮层以外的情绪中枢，可以有效地控制欲望和减少烟酒的消费。人们发现，通过这一过程，某些特定的感官线索导致成瘾行为重复的可能性会降低，因为这一过程被认为增加了前额皮质的功能。该区域活性的增加被认为会导致更强的抑制能力。然而，即使这些程序是有帮助的，如果不能认识到神经系统是整合在一个有机层次系统中的动态系统，势必会导致治疗成瘾的失败。

更重要的是，强化大脑执行部分的功能根本不需要药物或手术。有意识的活动，如各种正念练习的训练，在成瘾治疗和许多其他类型的心理治疗中都变得非常流行。虽然有许多类型的正念练习和许多类型的冥想练习，但让我们以一种同时包含这2种练习的方法为例，正念冥想已被证明在提高避免自我损耗或执行控制的衰竭的能力方面是有效的。研究表明，这是通过影响不同类型的大脑处理，或者在另一个层面上，影响心理处理来实现的。例如，韦斯曼脑成像与行为实验室 (Waisman Laboratory For Brain Imaging and Behavior) 利用藏传佛教僧侣进行的一项研究表明，冥想时，注意力集中在特定的物体上，比如呼吸或咒语，可以增强即使不冥想时也能保持注意力的能力。[1] 对这一现象的解释是由神经元振荡与感觉输入节律的夹带引起的。换句话说，有节奏的呼吸或念咒语会影响神经放电模式的节奏。根据我们的复杂动力学分析，在这种情况下，自顶向下的处理，或集中精神能量，在大脑结构和功能方面，显示出改变较低层次的处理。正如我们所看到的，注意力是一种有限的资源，使用它是有代价的。因此，对于那些想要改变特定行为模式的人来说，这是很重要的，因为他们有足够的注意力来达到这个目的。专注冥想已经被证明可以增加这种资源，显然是通过改变大脑运作的方式。另一组研究人员在2010年的一项实验中证实了这一假设。他们发现，长期冥想者在前额皮质和中脑等部位的脑血流量显著增加。[2] 然而，另一项

① ANTOINE LUTZ, HELEEN A SLAGTER, NANCY B RAWLINGS, et al. Mental Training Enhances Attentional Stability：Neural and Behavioral Evidence [J]. Journal of Neuroscience, 2009, 29 (42)：13418 – 13427.

② ANDRES B NEWBERG, NANCY WINTERING, MARK R WALDMAN, et al. Cerebral Blood Flow Differences between Long-term Meditators and Non-meditators [J]. Consciousness and Cognition, 2010, 19 (4)：899 – 905.

研究证明，密集的冥想练习使专注于一个目标变得更容易，这样就有更多的资源可用来处理其他问题。① 正如前面所讨论的，自我损耗的成瘾复发表明试图控制冲动的人在一个领域持续时间更容易屈服于诱惑，放弃困难的认知任务早，并显示更少的体力和智力的毅力。但这些研究表明，注意力和自控力这 2 种重要的资源都可以得到加强，这一主张在身体和精神层面都可以证明。

人类不仅可以通过冥想来训练大脑，工作记忆练习也被证明与酗酒者饮酒活动减少有关。在一项研究中，心理学家对一些人进行了简单的工作记忆训练，根据酒精使用障碍识别测试（Alcohol Use Disorders Identification Test），这些人的行为构成了危险饮酒。在至少 25 天的 25 次实验中，这些志愿者参与了工作记忆练习。在研究期间，他们不仅工作记忆有所改善，他们的饮酒量平均每周也减少多达 10 杯，1 个月后接受测试时仍保持在这个水平。这种训练的效果似乎对那些在冲动程度上得分较高的人影响最大，也就是说，那些无法抑制冲动的人。该项研究表明前额叶皮层负责决策、规划复杂的行为和冲动控制，而增加前额叶活动可能解决在物理层次成瘾的思考和行为模式。由于心理体验和行为都是从这一层面产生的，加强其影响力似乎是帮助那些希望戒掉毒瘾的人摆脱毒瘾的一种简单而廉价的方法。考虑到经常采用其他方法来协助成瘾者的管理费用和困难，这些方法似乎是广泛传播的理想方法。免费的瑜伽和冥想课程已经在公园、教堂和其他中产阶层聚集的地方提供。为什么不在无家可归者收容所也提供这些机会呢？毫无疑问，要在这方面取得成功，就需要去介入。

## 二、自然系统法与创伤疗愈法

### 1. 自然系统法

即使是像运动这样具有广泛系统性的活动，无论是有氧运动还是基于抵抗力的运动，都能增加个体戒除毒瘾的机会。首先，锻炼增加了多巴胺的水平，而多巴胺只存在于大脑中那些在戒断期失去神经递质的区域。不仅如此，持续的锻炼还能增加大脑中多巴胺的储存，并刺激产生多巴胺受体的酶的产生，随着与成瘾有关的物质和活动的长期过量产生，多巴胺受体会减少。似乎这还不够，持续的锻炼能促进神经生成，即新神经元的产生，而这

---

① HELEEN A SLAGTER, ANTOINE LULZ, LAWRENCE L GREISHAR, et al. Mental Training Affects Distribution of Limited Brain Resources [J]. Plos Biology, 2007, 5 (6): 1228 – 1235.

一过程在上瘾的循环中停止了。脑源性神经营养因子（BDNF）是一种帮助现有神经元生长和促进新神经元生长和分化的物质，也受到剧烈运动的刺激。① 大脑是有可塑性的，正是这种可塑性导致了上瘾的变化，但正是这种可塑性让人从上瘾中过渡出来，重新获得控制和幸福的感觉。

无论是从个人角度还是从较大的环境角度，欣赏我们身体和大脑的有机的、完整的本质，可以为那些寻求摆脱成瘾行为的人提供额外的工具。积极地锻炼身体不仅能提高我们的整体健康水平，还能提高我们抵御那些不可避免地会使成瘾者倾向于默认行为的唤起性暗示的能力，而且仅仅接受自然体验也能提高我们的能力。我们的有机本质和内在本质的力量在研究中得到了强调。研究表明（调查样本 34.5 万人），与那些每天只面对混凝土的人相比，那些住在公园或林区一公里以内的人患抑郁症和焦虑症的几率更低。在以混凝土环境为主的地区（10% 的绿地），约 2.6% 的人口患有焦虑症，3.2% 的人患有抑郁症，而在绿地丰富的地区，只有 1.8% 的人（90% 的绿地）患有焦虑症，2.4% 的人患有抑郁症。② 虽然这些差异很小，而且结果的具体原因还不清楚，但从那时起进行的大量研究支持了这些发现，而且任何对这些情况的发生率有影响的因素都值得进一步研究。寻找一个单一的因素来解释这种影响可能是错误的。人类有机体更有可能在我们所处的自然环境中繁衍生息，有一系列复杂的原因。即使对那些生活在人口密集城市的人来说，也有一些方法可以利用暴露在大自然中所显示出的积极影响。即使我们不生活在树木和绿色植物中，我们也可以在公园里散步，但这需要一些努力，从而增加我们接触健康环境和锻炼的机会。在评论这项研究时，得克萨斯农工大学医学院的凯瑟琳·科特拉（Kathryn Kotrla）博士认为，这样的研究"非常清楚地强调了我们西方关于身心二元性的概念是完全错误的"③。研究表明，我们是一个完整的有机体，当我们变得健康时，就意味着我们的身体和心灵变得健康。我们从哪里开始不是问题，许多地方会做得和其他地方一样好。关键是成瘾是一个人类的问题，但对于这个问题，有很多潜在的干预机会，也有很多理由抱有希望。

---

① RATEY JOHN, ERIC HAGERMAN. Spark: The Revolutionary New Science of Exercise and the Brain [M]. New York: Little, Brown and Co, 2008: 167 – 190.

② JOLANDA MASS, ROBERT A VERHEIJ, PETER P GROENEWEGEN, et al. Green Space, Urbanity, and Health: How Strong Is the Relation? [J]. Journal of Epidemiology and Community Health, 2006, 60 (7): 587 – 592.

③ AMANDA GARDNER. Green Spaces Boost the Body and the Mind. abcnews. go. com, October 16, 2009, http://abcnews. go. com/Health/Healthday/green-spaces-boost-body-mind/story? id = 8835912&page = 2.

## 2. 创伤疗愈法

创伤经历显著增加了一个人成瘾的可能性。根据一项对超过 17000 名有长期不良童年经历的调查对象的研究，成瘾压倒性地暗示了之前的不良生活经历。在接受药物滥用治疗的患者中，据估计，33% ~ 59% 的女性和 12% ~ 34% 的男性患有 PTSD。[①] 最近治疗这种疾病的标准是认知行为疗法（CBT），在这种疗法中，患者被教导要隔离和评估有压力的想法。接下来最受欢迎的是暴露疗法，患者在一个安全的环境中反复讨论创伤事件，直到这些事件失去他们的情感力量。另一种类似的治疗包括眼动脱敏和后处理治疗（EMDR）。在最后一种方法中，当患者谈论一个创伤性事件时，分散注意力的方法是用来最小化情绪反应，这样他们就可以将记忆与减弱的情绪反应重新联系起来。这个想法是利用我们每次经历记忆都会改变这一事实。如果当患者提起创伤性记忆时，注意力集中在视觉上，那么通常伴随着那段记忆的情感反应就会减少。这些治疗通常与抗抑郁药或抗焦虑药物一起提供，以帮助患者以较低的情感关联重新处理记忆。然而，在治疗受到创伤的成瘾者时，通常给出的建议是先解决成瘾行为，然后在一段时间（通常是 1 年）的戒断之后，PTSD 才应该得到解决。然而，这种方法并不是最理想的，创伤后应激障碍症状本身，如过度警觉和高反应性是高度预测成瘾和复发的。

因此，一些研究人员把他们的注意力转向自主神经系统的功能。例如，丽莎·纳贾维茨（Lisa Najavits）在 2013 年的一次采访中指出：

> 当我们被邀请到中国、日本、印度和非洲去处理创伤时，我开始意识到，在西方心理学中，我们是多么重视通过弄清事情来思考，而其他文化又是多么强调自我调节。对我和我的许多同事来说，去那些地方帮助我们发现了通过呼吸、气功、击鼓或瑜伽等技术来调节自主觉醒的方法。令我惊讶的是，在我们追求有效治疗的过程中，有一件事对我来说如此明显，却不是核心：学会调节你的自主觉醒系统，或许是治疗 PTSD 最重要的一个先决条件。[②]

---

① Lisa M Najavits, R D Weiss, S R Shaw. The Link Between Substance Abuse and Posttraumatic Stress Disorder in Women: A Research Review [J] American Journal on Addictions, 1997 (6): 273 – 283.

② Bessel van der Kolk, Lisa M Najavits. Interview: What Is PTSD Really? Surprises, Twists of History, and the Politics of Diagnosis and Treatment [J]. Journal of Clinical Psychology: In Session, 2013, 69 (5): 516 – 522.

同样地，科罗拉多州丹佛市爱与创伤中心（the Love and Trauma Cente）的萨基·拉比（Saj Razvi）和他的同事们专注在自主神经系统（ANS）水平上治疗创伤。在创伤中，交感神经系统①会超负荷运转。与一般的紧急情况不同，机体无法应对这种超负荷的运转。我们可以理解这一点，特别是关于那种复杂的、持续的创伤，这种创伤往往从童年时期就影响到人们。而 ANS 的失活部分，副交感神经系统，也以同样强大的方式作出反应。因此，会出现戒断、分离、嗜睡和其他"关机"类型的反应。正常情况下，当压力经历适度时，ANS 系统可以返回到它的设定值。然而，当压力的经验累积为创伤，特别是持续数年的创伤，ANS 没有机会回到放松的状态。要达到这个目标，就需要回到高水平的激活状态，而高水平的激活状态往往带来痛苦、恐惧和威胁的体验。因此，根据这一模型，人们保留了创伤带来的压力，并且采用转移来应对这种压力，比如通过阅读和看电视来转移注意力，试图在他们的脑海中重新定义发生在他们身上的事情，或者全情投入到其他活动中去。在这种情况下，治疗的作用是帮助成瘾者从高水平激活活动中返回，以完成应激反应周期，回到自然平静的休息水平，与自己的身体融为一体。

为了最大限度地提高这种被称为遏制疗法的速度和疗效，研究人员一直在研究将二亚甲基双氧苯丙胺（MDMA）② 添加到治疗过程中会发生什么。在美国非营利组织迷幻药研究多学科协会（MAPS）的支持下，目前正在以色列、加拿大和美国南卡罗来纳、科罗拉多州进行 4 项二期研究。由于 MD-MA 对某些神经递质和激素的影响，它能产生对自己、对他人和对世界的依恋和信任的体验，产生被重视和被爱的感觉，同时与自己的体验产生一种亲密感。在没有 MDMA 的情况下，可能需要几个月才能实现的目标可以在 1 次药物伴随的会议和 3 次综合会议中实现。迄今完成的研究表明，这些成果是持久的。在南卡罗来纳的试验中，使用左洛复（Zoloft）的患者比使用安慰剂的患者在临床管理的 PTSD 量表（CAPS）③ 中得分低 6 分。相比之下，接 MDMA 辅助治疗的患者的 CAPS 评分下降了 30～70 分。更重要的是，即使在治疗 3.8 年后，83% 的参与者也不再符合 PTSD 的标准。此外，在 2 个月的随访和 3.8 年的随访检查之间，CAPS 得分平均下降了 10 分，这表明

---

① 也就是 ANS 的激活部分。
② 俗称"摇头丸"。
③ 测量 PTSD 强度的常用的衡量标准。

MDMA 治疗效果从疗程开始直到治疗结束仍在继续。

迷幻药研究多学科协会还支持使用其他迷幻药进行研究，用于治疗创伤、减轻焦虑和治疗成瘾。最近在约翰霍普金斯大学和纽约大学完成的使用裸盖菇素（psilocybin）的第二阶段试验，在缓解癌症患者对死亡的焦虑方面取得了显著的成效。人们可以想象，这些结果可以推断出其他患有深层次广泛性焦虑的人，广泛性焦虑与成瘾行为的发作密切相关。约翰霍普金斯大学的另一个研究小组最近发现，在类似的研究中，与那些接受其他行为或药物治疗的吸烟者相比，将裸盖菇素作为戒烟治疗项目的一部分的吸烟者，他们的戒烟效果要好得多。[①] 在接受其他方案治疗后的 6 个月里，成功戒烟的人通常不到 35%，但研究人员发现，接受裸盖菇素辅助治疗的人中，有 80% 的人在 6 个月后依然戒烟。迷幻的治疗方法的独特之处在于，不去试图抑制负面情绪的刺痛，迷幻剂治疗带来的不是根本性转变，而是在治疗结束后仍然有效。此外，成瘾者从这些治疗中经历了非常积极的副作用。例如，在约翰霍普金斯大学的研究中，87% 的患者将他们的裸盖菇素治疗列为他们生命中 10 个最有意义的经历之一，73% 的患者将他们的裸盖菇素治疗列为他们生命中 5 个最重要的精神经历之一。绝大多数人还说，他们的个人幸福感由于他们的经历而大大提高，而且在治疗后持续了很长一段时间。约翰霍普金斯大学的研究报告显示，73% 的参与者表示裸盖菇素增加了他们相信自己戒烟的能力，结果说明最生动的区别这种治疗等，然而，包括 73% 的参与者在约翰霍普金斯大学的研究报告称，裸盖菇素增加了他们相信他们戒烟的能力，而 68% 的成瘾者表示，他们经历过生活优先级和价值观的转变等，吸烟不重要了。由于早期研究取得了相当积极的结果，约翰霍普金斯大学和纽约大学现在都准备进入规模更大（400 名参与者）的三期研究。

## 三、十二步疗法

对自我和世界的一种表达方式的转变，重视节制和自我控制，而不是放纵，这是成瘾者思想的真正革命。这种转变像一个格式塔的转变，是概念状态空间的完全转变。这种转变的经验似乎在某些方面完全无法解释，当然不受意识控制。一些人在头脑清醒的时候说，意义系统会同时转换。就像任何

---

① MATTHEW W JOHNSON, GARCIA ROMEU A, COSIMANO M P, et al. Pilot Study of the 5-HT2AR Agonist Psilocybin in the Treatment of Tobacco Addiction [J]. Journal of Psychopharmacology, 2014, 28 (11): 983 –992.

革命一样，这种转变不但不能从系统内部发生，这种转变还需要外界的刺激。从我们日常生活的角度来看，这种革命性的变化至少是神秘的。但就目前的理论来看，它是自然的本质。这只是一个远离平衡的系统受到一个关键输入的影响的结果，就像一堆沙子在增加一粒沙子时坍塌一样。与魔法或超自然神的干预不同，整个成瘾模式是通过创造和维持成瘾模式的改变而改变的。一个人很可能是通过比自己更强大的力量被改变的，但它们都是一个人自身的自然力量，与它的物理和社会环境相互作用。正如上面所讨论的，这种转变可以通过迷幻药，或磁性疗法，或其他间接方法来实现，而且可靠性很高。但是，在社会环境中，研究情绪反应、冲动控制和管理对激励奖励系统的反应也可以通过其他方法来完成，而不是目前提到的那些方法。

被认定为成瘾者，可以通过采取一种内省的方法来提高他经历一场概念框架、思维和情感模式革命的概率，而这恰恰与试图控制他的冲动相反。在某种程度上，十二步疗法的精神觉醒经验是通过规定步骤实现的结果。虽然我所提到的这种基本的心理转变有时在采取这些步骤之后会发生，但这些特定步骤对于实现它来说既不是必要的，也不是充分的。它们不是必要的，因为其他类型的自我反思和社会支持动力已经被证明有助于唤起这样的转变。许多人经历了思想和情感的转变，如通过长期的康复成为快乐的戒酒者。而且，仅仅采取这些步骤还不足以实现革命性的变革。许多全心全意试图通过这样的步骤而系统工作的人，都未能在感情和世界观方面实现如此根本的改变。更为保守地说，那些具有自我启示性和责任感的人采取措施，同时可能还采取许多其他有意识的步骤，比如把注意力从自己身上转移开，有意识地感恩，以及帮助他人，具有更高的统计概率进入并维持一段时间的戒断和摆脱成瘾症状的自由等。

考虑到这种世界观变化的复杂性，它不会一下子全部发生，即使开始一个清醒职业生涯的格式塔式转变具有革命性的性质。新的世界观一开始被人们难以接受，因为持有它需要人们抵制回到另一种模式，这种模式已经通过无数次的重复获得了稳定性和力量。但是，随着时间的推移，新的观点可以得到巩固、加强。加强的方式多种多样，来源也多种多样。通过对变化的现实性进行反复的陈述和听证，使一个人的思维习惯化，是加强新建立的格式塔的方法之一。十二步疗法能做的重要的事情之一是帮助人们相信他们可以改变。重复讲述在使用至上的时期生活是怎样的，发生了什么，以及生活如何从滥用的循环中解脱出来，现在可以使一个人的思维模式重新适应，更有利于幸福和平的生活。当然，这可能发生在许多不同类型的支持和其他类型的团体中。那些支持十二步疗法的人在这个功能上没有任何专有的东西。同样地，与那些为自己的行为和态度树立榜样的人交往可以增强自己的力量，就像父母对待感情丰富的孩子一样，通过把那些较弱、较不自信的人的模式与那些较强、更习惯于成功的人的模式结合起来，从而增强自己的力量。通过这种方式，可以开发其他的自动响应来应对困难的情况。

最重要的是，成瘾者开始相信停止他的成瘾行为是可能的。不管成瘾与否，人们都会被自己的信仰所感动。事实上，哲学家们定义信仰的一种方式，就是根据人们愿意采取的行动来定义信仰。可以说我们相信所有的事情，但如果我们不愿意行动，这就是一个明确的信号，表明我们实际上并不相信。一个人有动机戒除毒品或其他成瘾行为的一种方式，就是坚定地相信。这是十二步疗法里经常重复的修辞，也许那些使用它的人相信它。但是如果监狱或制度化不能让人停止使用瘾品或参与成瘾性活动，这些威胁也没有能力帮他。这就引出了治疗成瘾的十二步疗法的另一个警告：对于那些参加这些治疗并试图采取措施但未能摆脱成瘾行为循环的人来说，存在明显的危险。危险在于，该疗法是建立在自我肯定的基础上的。换句话说，在参加这样的项目之后继续沉迷于这种模式意味着个人的失败。这些项目以及基于这些项目的90%以上的康复治疗项目，将彻底摆脱成瘾的责任推给了成瘾者。如果他不能达到他周围那些直言不讳的人所能达到的目标，很明显，他会陷入自责、成瘾行为、悔恨和绝望的恶性循环中。

影响动机的信念不一定是真实的，它们甚至不需要有意识。事实上，我们的许多信念不一定是有意识的，这一事实对成瘾者有着重要的暗示。首先，正如我们所知，几乎每一个成瘾者都有记忆，无论是可获得的还是已被遗忘的，关于他们成瘾的实质的记忆，给他们带来了不可否认的快乐、安宁、满足或一些混合的愉悦感。如果没有这样的效果，就不太可能有人会继续回到使用一些最终会带来严重负面后果的东西。[①] 一些有事业心的成瘾者甚至会一边吸毒一边努力写下自己的感受，以便客观地理解为什么他们会继续被瘾品所驱使，而这些瘾品在他们清醒的时候会对他们造成较大的伤害。我们在这些作品中发现的是发人深省的话语。在这些成瘾者的话语中，表达着与他们所选择的物质有关的真正的、发自内心的快乐、宽慰或满足。无论是好是坏，这些联系都存在于成瘾者的大脑中，如果不加以注意，它们就会

---

① 如果没有负面后果，那么是否涉及上瘾就值得怀疑了。

驱动行为。不管成瘾者意识到哪些"触发因素"，它可能与完全无意识的记忆相关，如环境、声音和气味，因为它们可以自动激活成瘾的核心预期周期。

那么，成瘾者如何处理无意识过程呢？幸运的是，有一些方法是用十二步疗法的公式化语言编码的，还有一些方法与呈现无意识意识有关。例如，如果对更高权力的信仰对他来说是一个活生生的选择，那么一个有这种信仰的成瘾者可以有一个强大的盟友来管理导致成瘾行为的想法。成瘾者可以把注意力集中在更高的权力上，而不是那些可能激发他们行动的煽动性想法，这必然会将他们的思维从使用的思维转移开来，因为注意力不可能真正的多焦点，也许足够长时间让这些想法的敏感性消失。如果一个人真的相信有人帮助他，他就会像举重运动员在观测员的帮助下举起重物一样，即使观测员只是轻轻地碰了一下重物。对于那些不相信这种力量的人来说，还有其他的选择来强化他们改变能力的信念，一些幻觉可能会产生这种效果。以更自然的方式，个人或许可以说服自己的大脑克服本身，通过阅读关于大脑的可塑性的科学文献，潜意识的力量限制活动，信念的力量，或冥想的成就等。怀疑论者可以通过各种方式对大自然感到兴奋，从而形成有助于他们恢复的信念。他们需要的只是一些可论证的、理论上合理的、可复制的东西。

比这些选择更普遍有效的是发展信念的社会方法，即讲述和聆听故事的实践，它也利用了现实的力量使我们相信可能发生的事情。在嗜酒者互诫协会中听到的证词，起到了灌输信念的作用，因为它们提供了不可否认的证据，表明成瘾的痛苦确实得到了缓解。无论多么绝望的成瘾者，当他听到重复的故事主人公境况不佳却可以成功脱瘾，他相信自己的未来也有无限可能。讲故事的过程还有一个额外的好处，那就是通过叙述重建自己的生活。当你与别人谈论你自己的痛苦和困惑的故事，并被别人聆听时，他开始理解自己的创伤，再次感受到人性。哲学家苏珊·布里森（Susan Brison）就如何在一场改变人生的创伤中幸存下来提出了这样一个问题：一个破碎的自我如何继续存在？答案是，一个人通过在他人的关心和支持下找到生活的意义来重塑自己。① 因为那些成瘾的人，像那些遭受其他创伤的人一样，往往对一切都有了经验，包括他们自己的身份。在别人帮助下重新确立自己的价值

---

① BRISON S SUSAN. Aftermath：Violence and the Remaking of a Self ［M］. Princeton：Princeton University Press，2002：253 - 262.

怎么强调都不过分。我们的记忆是随着时间而构建的，并且随着时间而改变。事实上，每一次我们重新记忆它们，它们就会发生变化，不是以它们原本的情感张力和意义发出光芒，而是在重构时呈现出恰如其分的意义价值。① 无法忍受的记忆可能定义某人脱瘾是不可能的，然而通过讲述人生故事可以将这些回忆转化为特殊事件的回忆，而不再是对人的定义。通过这种方式，不仅别人的人生故事帮助成瘾者相信自己可以脱瘾，而且他将自己的故事告诉越多的人，他就能得到越多的支持和正向反馈。

群体中口耳相传地分享故事的进一步价值在于被倾听的价值。成瘾者和他们所爱的人或治疗专家之间的讨论通常是在非交流中进行的练习。正如我们在第四章中阐述的，被异化的、错位的、被剥夺权利的人也经常经历物化。如果不是因为治疗通常需要周围都是有着类似问题和类似经历的人，对这种已经很困难的情况进行"治疗"可能会使问题恶化。向处境相似的人讲述和复述自己的故事，可以增强被倾听的体验，这是人类的基本需求。许多专家都认为，社会支持是度过人生困难时期最有效的因素，无论是成瘾、癌症存活，还是离异等。虽然社会可能对成瘾治疗提供了很多帮助，但与成瘾者的互动似乎是处理成瘾问题最有力的方法之一。对于那些从痛苦和羞耻的循环中解脱出来的成瘾者来说，感受到他人的包容和真诚的感动，就像婴儿第一次尝试了解世界一样重要。沟通是很难实现的，但对于那些经历过与世界脱节的人来说，这可能是重新发现，或第一次发现如何过有意义的人生的关键。

## 四、重新构建社会环境

自我价值感对于任何自我提升计划来说都是必不可少的，而对于成瘾者来说，这种感觉往往有点不堪一击。过去几十年里大力提倡的"严厉的爱"的方式是错误的。为了摆脱成瘾，特别是对成瘾者的健康、人际关系和（或）职业生活造成巨大损害的成瘾，必须使成瘾者重新融入他产生并成为其自然组成部分的社会系统。即使是最坚强的成瘾者也表明，这种重新融入社会对个人的重要性。弗吉尼亚联邦大学博士萨拉·哈金斯·斯卡布罗（Sarah Huggins Scarbrough）展示了继续支持解决成瘾问题、减少暴力和惯犯

---

① BRIDGE DONNA J, VOSS JOEL L. Hippocampal Binding of Novel Information with Dominant Memory Traces Can Support Both Memory Stability and Change [J]. The Journal of Neuroscience, 2014, 34 (6): 2203 – 2213.

的价值。她长达 3.5 年的研究表明，要想过上有意义的生活，往往可以从为自己的行为负责开始，并为自己的基本罪行开脱。研究参与者比其他没有参与研究的囚犯的再犯率低 18%。更重要的是，"即使是那些再次犯罪的参与者，从获释到再次入狱的时间也有显著增加"。这个项目成功的关键是双重的。首先，这是一个点对点的项目，这意味着参与者分享的经验会被处于类似情况的其他人听到。更多的专业人士无法理解这些参与者的疏离感、怨恨、愤怒和"他者性"，而不是向他们提供咨询。他们可以在那里谈论在其他地方无法理解的事情，成为一个有着共同理解的群体的一员，免除了他们疏远负罪感的责任。斯卡伯洛（Scarbrough）研究了他们经历的其他因素，包括匿名程序、信仰元素等。其次，行为矫正实践旨在帮助人们处理事情，比如空闲时间、孤独、遗弃、应对恐惧，或不适应寻求帮助。该治疗成功的第二个关键是其释放后的组成部分，包括交通援助、协助获取重要文件，如出生证明、社会保障卡、身份证等，以及获得住房和就业服务，这些都是成功过渡到社会稳定地位的必要因素。① 2011 年有 690 万人被监禁（仅在美国就有 230 万人），其中 80% 的人酗酒或其他药物成瘾，斯卡伯洛的研究值得认真关注。

另一种避免因成瘾行为而监禁所产生的消极的、自我强化的不良后果的方法是从一开始就拒绝监禁他们，这已经成为葡萄牙、捷克共和国和荷兰的做法。2000 年，葡萄牙将所有毒品合法化，这是一种"毒品战争"的新方法。在新的法案中，通常的物质仍然是非法的，但拥有会受到惩罚。个人使用的数量和违规停车的数量差不多。如果当事人被发现携带毒品不超过 10 天，就要接受"劝阻"面谈，面谈的地点在普通办公楼的委员会办公室，而不是在警察局。2012 年，对 67% 接受这些委员会采访的人的建议是暂时停职，这意味着没有后续后果。② 28% 的建议是让受访者接受药物治疗。这些建议并非没有支持。劝阻委员会的任务是评估个人的个人情况，并将他们推荐给一系列适当的服务机构，这些机构有一个全国性的网络。值得注意的是，葡萄牙提供的援助包括就业补贴，使个人能够为自己提供有尊严的生活。结果是惊人的。20 世纪 90 年代中期，葡萄牙 1000 万公民中有 10 万人

① Sarah Huggins Scarbrough. Breakthroughs in Offender Treatment: A Virginia Program Makes Inroads with Peer Support, Behavior Modification [J]. Addiction Professional, 2012, 10 (5): 13 –15.

② UK Home Office Report. Drugs: International Comparators [EB/OL]. [2014 – 10 – 30]. https://assets.publishing.service.gov.uk/government/uploads/system/uploads/attachment_data/file/368489/DrugsInternationalComparators.pdf.

被认为是严重吸毒成瘾者，其中感染艾滋病毒的人数不成比例地高。[①] 自 2001 年以来，艾滋病毒和艾滋病的新诊断病例显著减少，反复使用硬药和静脉注射毒品的人数下降了 50%。

其他削弱公共健康问题和对吸毒者非人化的方法也在其他地方尝试过，包括监督毒品消费、海洛因援助治疗[②]、毒品法庭和大麻供应方面的管制。正是在把这些吸毒者带回社区的措施发挥了重大的影响，给了成瘾者最大的机会过上有意义的生活。

在人类所经历的心理现象中，问题涉及复杂的动态系统在许多层次上的相互作用，以及具有独特经历的独特个体。试图用线性因果分析来理解为什么有些人成功地过上了他们想要的生活，而另一些人却继续感到失望，这必然会让那些失败的人感到沮丧。一个更有希望的策略是通过增加一个人避免落入已建立的吸引物的统计概率来克服不必要的成瘾。同样，将成瘾定义为一种暂时的问题，而不是一种必然的问题，比如一种注定要伴随一生的疾病似乎更有帮助。

虽然有些成瘾会自行消退（5%～8%），但对大多数人来说，最有帮助的态度是专注于增加对自己有利的可能性。虽然我们不能改变我们的 DNA 或消除童年的创伤，但焦虑和过敏等成瘾的预测因素可以通过药物、冥想和谈话疗法来解决。创伤可以通过多种方法来处理，如 EMDR、认知行为疗法和躯体疗法。成瘾的习惯因素可以通过改变任何单一的习惯来解决，在这个舞台上孕育着成功。例如，如果一个人开始有规律地锻炼，他就会在控制饮食方面取得更好的成绩，并在将来为控制饮食创造更多的资源。如果他决定参加一个互助自助小组，或者在他通常会开始吸食大麻的时候和朋友一起喝咖啡，他就能更好地管理这些行为。如果他开始一个反思或治疗的课程，以更好地了解他的反应，他将更好地准备应对他们。如果他向其他人伸出援手，并设法找到支持，他就会增加自我安慰的个人资源，就像婴儿会定期求助可靠的看护者，看护者会帮助他稳定并加强自己的自我安慰能力。在可能是人类经验中最重要的层次上，如果一个人开始在人类社会中说话，并作为一个有尊严的声音被听到，整个社会的资源就会发挥作用，使他的生活稳定下来并变得有意义。

---

① Wiebke Hollersen, " 'This Is Working：' Portugal, 12 years after Decriminalizing Drugs," Spiegel Online International, March 27, 2013, http：//www. spiegel. de/international/europe/evaluating-drug-de-criminalization-in-portugal-12-years-later-a-891060. html .

② 由医学专业人员为极度依赖阿片类药物的使用者注射纯海洛因。

# 第三节　非典型软瘾的挑战

## 一、理解软瘾

什么是软瘾？要识别软瘾，需要仔细地研究软瘾的定义，以及它们有哪些共同特征。软瘾可以是习惯、强迫性行为、反复出现的情绪、生活方式或思维模式。软瘾的本质是，它们能满足表面的欲望，却忽视或阻碍了更深层次的需求。它们用一种肤浅的快感或成就感替代了真正的感受或成就，使我们忽视自己的感受和精神世界。一项哈里斯民意调查（Harris Poll）显示，91%的美国人承认自己有软瘾。软瘾是一种安抚自己的错误尝试。问题是，软瘾不会丰富我们的生活，实际上反而会耗尽我们宝贵的资源。根据哈里斯调查，排行前十的软瘾包括：①拖延行为；②沉迷于电视；③工作狂；④情绪起伏大，如暴躁或过于兴奋；⑤暴饮暴食；⑥喝太多咖啡；⑦冲动购物；⑧沉迷于幻想；⑨经常抱怨；⑩沉迷于网络。

我们如何确定自己是否有软瘾？软瘾是那些看似无害的习惯，如购物狂，拖延症，暴饮暴食，沉迷于电视、上网、闲聊等。许多软瘾涉及吃饭、阅读和睡觉等必要的行为。只不过，当我们过度重复这些行为，使其超出其本来目的时，它们就会变成软瘾，实际上使我们远离了理想的生活。我们也许没有意识到，软瘾浪费了我们的金钱，剥夺了我们的时间，麻木了我们的感知，麻痹了我们的意识，耗尽了我们的精力。例如，我们发邮件、购物和打电话时，这些活动看上去似乎是完全无害甚至令人愉快的，然而，当我们意识到自己在上面花了多少时间和精力时就会发现，它们是如何损害我们的生活质量的。

## 二、当代生活悖论

软瘾和硬瘾的区别在于，吸毒或酗酒等硬瘾本身是危险的，会危及生命，而软瘾涉及的物质或行为本身并不危险，让它们成为问题的是我们对它们的滥用。与硬瘾不同，软瘾为社会所接受，甚至是很受欢迎的活动。① 软瘾虽然看似无害，有些甚至令人愉快，但本质上都是毫无意义的惯性行为。因此，人们是无法通过仅仅摆脱软瘾涉及的物质来摆脱它们的。相反，人们

---

① 朱迪斯·莱特. 软瘾［M］. 董黛，译. 广州：花城出版社，2022.

必须改变与这些活动的关系，学习新的技能。软瘾如此深入我们的生活，让我们的生活方式变成了由它们组成的网络。

软瘾是我们生活的这个充满矛盾的时代的写照，每个人都或多或少有软瘾。当今世界，我们拥有了获得满足感和人生意义的机会，也具备了用创新方式浪费时间的条件。这个时代对我们而言充满了特别的挑战——我们可以购买、消费和使用的商品数不胜数，它们对我们形成了巨大的诱惑。从平板、手机到其他最新潮的电子产品，每一款新商品都会让我们认为自己需要或想要它，即使我们以前根本不知道它的存在，或是根本没渴望过拥有它。

## 三、构建愿景

美国管理学家罗莎贝丝·莫斯·坎特（Rosabeth Moss Kanter）曾说，愿景不仅仅是一幅可能发生的景象，它是对我们更好的自我的呼吁，是对我们成为更好的人的呼吁。事实上，更充实的生活指的不仅仅是戒掉软瘾。摆脱软瘾并不是真正的焦点，满足你的精神需求才是。仅仅是摆脱一种物质或行为并不能解决任何问题，摆脱一种软瘾通常只会为另一种软瘾腾出空间。我们内心深处的渴望依然存在，因为它们仍未得到满足。这就是愿景发挥作用的地方。鼓舞人心的是，愿景可以帮助你抵御软瘾的诱惑，它能引导和推动你的生活，帮助你丰富人生的内涵。

许多人屈服于软瘾，正是因为心中缺乏愿景。他们会想"这样就够好了"或者"生活不就是这样吗"。他们习惯了一种生活，意识不到自己可以有更高的要求，生活还有更多的可能性。他们失去了动力，所以更容易屈服于软瘾习惯。你的愿景会告诉什么对你来说真正重要，你在内心深处最看重的是什么。它会给你动力，突破软瘾带来的障碍。你更深层次的渴望为你的愿景提供了燃料。想想甘地（Mahatma Gandhi）或马丁·路德·金（Martin Luther King, Jr.）各自的渴望和愿景。甘地渴望联系、正义和团结，这些渴望定义了他的愿景，并带领他跨越巨大的障碍，实现梦想。

他们开始看到的是软瘾和偏颇想法阻碍他们实现愿景。他们有一些对他们而言真正重要的事要努力去做，这值得他们抵抗诱惑，去追求理想。

什么是愿景？有了愿景，你会更清楚地看到该如何创造你一直以来渴望的生活。愿景建立在你的核心决定上，是对未来的一种圆满生活的想象。这是一幅让你的决定变为现实的画面。你的决定是你生活质量的指路明灯，而愿景能让你在生活的各个方面描绘出具体景象。愿景可能随着你生活中的变化改变，愿景不同于目标，目标有具体的时间、空间或数量可衡量，愿景是一切的起点。例如，一个与你的身体有关的愿景可能是"我的身体柔软而灵活，我喜欢自己的身体"，那么你的目标可能是"在 1 个月内腿伸直，手能碰到脚趾"，你的具体行动可能是"参加瑜伽课"愿景以及那些随之而来的目标和行动为我打开了一个全新的未来。它给了我广阔的视野，让我看到自己做从来没有想过的似乎超出我能力范围的事情的样子。它构建的这种引人注目的愿景给了我一个理由去抵抗我的软瘾，做最好的自己。没有哪种放纵值得我放弃梦想。没有空洞的目标，只有实现梦想的步骤。当我想起我的愿景时，我的工作就不再是一种责任了；当我想起我的任务是实现我的一部分愿景时，我就不可能拖延了。

### 四、实现愿景

以愿景为指导，一个看似简单的公式将帮助摆脱软瘾的束缚：增加那些有助于实现愿景的事物，减去那些会让人们远离愿景的事物。在这个公式中，加实际上是减，减实际上是加。人们要学会为生活增添内容，而不是用物质填满它。人们一直认为摆脱坏习惯的方法就是立刻放弃那种习惯，借助意志力咬紧牙关熬过去，但摆脱软瘾并不意味着远离电视、永远放弃大杯摩卡咖啡或者完全戒掉购物或上网。它的真正含义是设计一种充实的、令人满意的生活，让身体、思想和精神得到满足，它们不仅可以帮助你克服这些影响生活的习惯，而且还可以成为生活的基石，帮助人们过上更充实的生活。

**1. 学会加减法**

摆脱软瘾并不能带来有意义、更充实的生活，但解决更深层次的渴望可以。这种加减法可以帮助人们明确为了满足这些渴望，应该在生活中添加有意义的活动。当阅读、社交或与朋友聚会的时间增加后，看电视的时间就会减少，人们就不太可能放纵于软瘾。

**2. 养分和自我关爱的加法：生活 + 精神养分 − 软瘾 = 充实**

人们不必从零开始去创造梦想中的生活。加减的对象包括自我照顾和有意义的活动、个人力量和自我表达，以及生活目的和精神世界。人们会使用一种"分配方法"来做加法。他们在生活中加入不同的生活方式和活动，以更全面地接纳和尊重自己，而不仅仅是将自己训练成某种人。加法是一种改变生活方式的强大武器，不是要人们遵循规定，而是要听从自己的内心。在发现许多关爱、发展和发现自我的方法后，尽情展望生活的多种可能——它们是实现美好生活的要素。

### 3. 接受情绪的能力

在自我关爱中，情绪扮演着最重要但也最容易被忽视的角色。软瘾最大的害处和我们为其付出的代价是感受的麻木。没有了感受，我们永远无法了解我们的全部力量、本性和目的，永远不会过上我们理想中的生活。从本质上说，软瘾标志着对感受的排斥。我们大多数人在成长过程中接受的教育都没有鼓励我们尊重或接受自己的全部感受和情绪，所以我们很容易转向软瘾去麻痹"不该有"的感受和情绪。一个简单而有力的法则是，越关注自己的感受，就越少沉溺于软瘾。无论愿景是什么，有意识、负责任地表达感受会帮助实现它。

# 结　语

　　无论是作为控制和盈利的工具，指责的武器，还是不可原谅的行为的借口，成瘾的吸引力似乎无处不在。然而，它可以适用于在特定的背景下的任何人。即使在最典型的案例中，它也取决于遗传、环境、发展、心理和社会学因素的网络。成瘾的概念不应该被理解为一种已被定义和确定的现象，其范围由必要和充分条件所界定，应该被理解为一种原型，一种在我们的概念状态空间中的轨迹。接近这个原型的例子有这样一个人，她住在一栋废弃的建筑里，她把所有的资源都用在了吸食海洛因上。在更远的地方，仍然在这个概念的范围内，是那些1周中大部分时间都喝咖啡的人，当他不喝咖啡时，他会很生气，或者几个月没喝咖啡了，但仍然每天都在想它。当然，在不同的情况下可以做出一些概括。但我们确实注意到，支持团体种类繁多，这表明许多自认为成瘾的人并不认为他们的经历与那些对不同物质或活动上瘾的人相似。购物者或赌徒可能完全不了解酒精或鸦片成瘾者是如何使用这种危险的化学物质的，后2种类型的人可能对赌场或购物中心的诱惑没有任何兴趣。要得到哲学家和很多专业人士想要的那种定义是根本不可能的。

## 1. 是否存在真正的成瘾者

　　正如沃尔特·辛诺特-阿姆斯特朗（Walter Sinnott-Armstrong）所言，如果我们要回答成瘾者是否对自己的行为负责的问题，我们需要明确所有真正的成瘾者都有哪些共同之处，可以减轻或消除他们的责任。[①] 他认为，这正是我们无法做到的。真正的成瘾者是什么意思，它是指那些对某些物质的使用或对某些活动的倾向缺乏控制的人吗？我们已经看到了缺乏控制可能带来的一系列问题。在一个人成为成瘾者之前，缺乏控制要走多远？我们所说的失去控制的程度有多严重？就像我们说过的，几乎任何可以被描述为成瘾

---

[①]　WALTER SINNOTT-ARMSTRONG. Are Addicts Responsible? [M]. // Neil Levy. Perspectives from Philosophy, Psychology, and Neuroscience. New York：Oxford University Press，2013：126.

者在某些方面有控制，而在另一些方面没有，在某些情况下也没有。然而，几乎每个人在他生命中的某个时期都是如此。例如，2015 年皮尤基金会（Pew Foundation）的一项研究发现，73% 的受访青少年拥有智能手机，约 1/3 的非洲裔和西班牙裔青少年声称他们几乎一直在上网。① 在高中老师和大学初级课程的指导老师看来，这些青少年似乎沉迷于手机。即使他们同意关掉手机，并且因为使用手机而受到惩罚，这些青少年似乎也无法抗拒伸手拿手机的欲望。我们是否发现了一种新的成瘾，或者应该为这种行为创建一个新的类别？

　　一个简单的答案无法捕捉到成瘾的现象。在每一个认为自己成瘾的人身上，它都是独一无二的，就像他的精神一样。更重要的是，哪种程度的特异性可以作为解释成瘾者其他突发行为的基础，这在很大程度上取决于我们所提的问题的类型。这是一个务实的问题，根据这里所主张的观点，根本不存在作为整个系统基础的实体。相反，最主要的是互动。正如我们所看到的，这包括个人 DNA 以及细胞的复制和自组织的环境，还包括压力、营养和运动水平，和与母亲交流，以及个人发展。一个人是在青少年时期还是成年后成为成瘾者，取决于他后天发育过程中是否出现依恋异常，如果出现，是在什么时候，以何种方式出现？这将进一步取决于他是否在早年遭受过创伤，如果是，在他的个人世界里，这种创伤是如何经历的？所有这一切都是在意义世界的背景下进行的，在这个世界里，他以一个自我意识的，反思的存在出现，具有特定的敏感性和期望。照顾他的反应，他妈妈和他玩的游戏或对他开的玩笑，他身上的香烟、酒精、赌博和其他瘾品的作用环境、年龄、初次接触瘾品时的大脑发育，以及整个家庭在其文化环境中的安全，都有可能使他成瘾。这一系列因素与许多其他因素一起影响着一个人的态度、敏感性、自尊、对未来的看法，并与许多其他不断互动的因素相结合，构成了在他的世界中运作的个人的复杂动态。试图用一种或另一种教条来定义"真正的成瘾者"似乎是没有帮助的。

**2. 是否存在成瘾思维**

　　以上我们所描述的因素大多是在意识之外运作的，而且以复杂的方式无法进行直接的因果分析。这就是为什么我们永远不能提前知道谁会成瘾，或者成瘾意味着什么，或者成瘾在生活中意味着什么。同样，我们也无法预测

---

① AMANDA LENHART. Teens, Social Media and Technology Overview 2015. http：//www. pewinternet. org/2015/04/09/teens-social-media-technology-2015/.

什么会带来标志着摆脱成瘾模式的革命性转变。困难的是预期复吸，因为这些事件是在同样复杂的系统中发生的变化，而成瘾模式正是从这个系统开始出现的。就像一个酒鬼说的，当人们问他关于复发的标准问题，复发前发生了什么，复发前他有什么感觉，他在哪里，等等，他回答说，他还没有找到"黑匣子"。那么，一个重新陷入成瘾模式的人很难找到再次成瘾的原因。从神经活动的角度来说，我们可以说一个人处于危机边缘的全部状态是落入一口古老而又深的井。这就回答了"是什么样"的问题。然而，我们寻求的是"为什么"问题的答案。我们在心理层面上发现的是一系列环境和至少部分虚构的故事。对于这类问题，最可能给出的回答是什么？我们给一个"典型"的故事，一个符合生理、社会和道德期望的人，人们给出了他们希望的解释。这些解释提供了一种事后的有意义的叙述，这些解释基于一些容易记住的事实，而不是深入了解在特定情况下究竟是什么激励了人们。这是一个普遍的现象，从人们对环保问题的立场，到个人对果酱和茶选择的阐述，到对为什么特定的面孔相对于其他人更有吸引力的描述，各种研究都可以说明这一点。① 在这些研究中，人们经常对他们为什么会选择其中的一个或另一个提供了充分的解释，而事实上，他们解释为什么更喜欢的那个甚至不是他们最初选择的那个。

就像我们发现的其他困扰人类思考的难题一样，这种填补、辩护和明显给出错误理由的行为并不只适用于成瘾者。这些思维模式在我们的环境中运作，并作为人类思维进化的结果。那么，对于成瘾者的家人和朋友，或者是同为成瘾者的人，甚至是成瘾者自己来说，在滑倒后要求他们回答"你为什么要这么做？"是不公平的。无论是否是成瘾者，我们所经历的人生故事都是模棱两可的，因为它是粗略的；我们只对自身机体内进行的极小一部分处理过程知情，而所有这些处理过程总是受到环境的制约，制约着我们所处的环境中所进行的处理。不足为奇的是，还有相当大的空间需要填补或解释。哲学家丹尼尔·丹尼特（Daniel Dennett）指出，我们的故事没有倒数第二稿。② 在一个场合，或者在一个观众面前，他们吸引我们的注意力到我们的典型行为之前表达的一个方面，我们可能会给出一种解释，而在另一个场

---

① RICHARD E NISBETT, TIMOTHY DECAMP WILSON. Verbal Reports about Causal Influences on Social Judgments: Private Access versus Public Theories [J]. Journal of Personality and Social Psychology, 1977, 35（9）: 613 –624.

② DENNETT DANIEL. Consciousness Explained [M]. Boston: Little, Brown, and Company, 1991: 115 –138.

合，在一个不同的背景下，我们可能会为自己的选择提供完全不同的理由，没有一个是确定的。

这是一个经常被标签化的成瘾思考的例子，实际上是一个普遍的人类认知偏见在特定情况下被运用的例子，或者与经常滥用某种物质或活动有关，或者与沉溺于对自己有害的欲望有关，或者与使用他人的欲望相反。还有另外一个例子：否认。十二步疗法的一个主要主题是成瘾者否认他的成瘾。事实上，在与成瘾的本质相联系的文学作品中，否认似乎经常被提及：成瘾是一种否认的疾病。这到底意味着什么？一般来说，这意味着成瘾者在意识到他的持续使用或滥用会导致某些不愉快的后果时，拒绝将这些后果归因于他选择的物质或活动，而是将这些后果归因于其他东西。他发现其他特殊事件或情况可以解释他所经历的负面后果，而不是将其归因于瘾品或成瘾性活动。这似乎只是一个保守主义偏见的例子，无论是否成瘾，即使面对与之相反的新证据，也不愿修改自己的信念。保守主义偏见是一种普遍存在的偏见，存在于所有教条主义者中，它以乐观和悲观的态度为特征。但在成瘾的情况下，保守主义偏见似乎具有特殊的意义。在这种情况下，普遍的保守主义偏见成为一种疾病的公认症状。

另一种看待否认的方式是认知失调，而否认被认为是成瘾的一个标志。当我们的态度、信念或行为彼此不协调时，我们会感到不舒服。我们相信，无论做什么都能让故事保持一致，保留对我们最有价值的部分，并调整其他部分。当人们经历他们的信念和他们的行为之间的不协调，或在信念和价值观之间的不协调时，他们会试图通过改变 1 种或多种态度、行为或信念，或通过获得信仰的新证据，来减少这种不协调。用另一个我们大脑中有充分证据证明的技巧——确认偏误，就能找到符合我们最希望保留的信念体系。简而言之，我们看到了支持我们首选观点的证据，而忽略了与之相反的证据。利用这种自然产生的偏见，我们会忽视或降低与受欢迎的或习惯性行为相冲突的信念或态度的重要性。这种偏见已经得到了广泛的承认，实验科学已经把找出这种偏见可能在何处发挥作用，并在其发挥作用的道路上设置障碍作为标准做法。这就是双盲研究等实验方案背后的推动力。但在成瘾模式的背景下，它被认为是成瘾思维。

"优于常人效应"也常被描述为成瘾性思维，这种偏见让大多数人认为自己在一切方面都优于常人，从开车到做道德决定，再到拒绝认为自己优于常人。这种影响在父母对孩子的描述方面是非常明显的，在这种情况下通常不会被认为是不好的。同样，当学生在激烈的竞争中申请医学院时，这种现象很少被认为是一种缺陷。更不用说，当一个士兵与他的团队一起对抗一支强大得多的军队时，也不会被认为是有缺陷的，相信自己比一般人好是在这种情况下鼓起必要勇气的可能。事实上，瑞恩·麦凯（Ryan McKay）和丹尼特甚至认为，这种特殊的、错误的、积极的信念实际上是进化的、适应性的。① 然而，对于那些被贴上成瘾标签的人来说，表现出这种偏见的人被判定为具有最终的独特性，如果这个人想要克服他的成瘾，就必须纠正这种态度。关于这个标签有 2 个讽刺的地方值得一提。第一个是悲剧性的：那些正在努力克服毒瘾，但却认为自己并不比一般人好，或与他们不同的人，而且认为只有那些具有特殊品质的人才能真正改变的人，可能会放弃努力，过上更好的生活。第二个是讽刺的那些指责别人的人正在从事另一种认知偏见，即本质主义。在本质主义偏见下，酗酒或吸毒成瘾是某些人的一种基本特征，一旦被应用，就没有办法摆脱这种特征。正如这一观点所说，一旦酗酒，就永远是个酒鬼。对于许多参与十二步程序的人来说，本质主义偏见是一种安全特性。如果人们认识到许多人已经不再沉迷于此，那么就没有必要再依赖于那些被爱好者所接受的项目，这种情况对那些依靠社区力量茁壮成长的人来说构成了太大的威胁。无论如何，就认知偏见本身而言，它已被各类研究人员广泛认可，它们并不表明有任何特别容易成瘾的思维方式。

注意力偏见似乎是另一种成瘾思维的罪魁祸首：人们普遍认为，成瘾思维模式会导致人们高度关注那些与他们最频繁重复的想法有关的情感、物体和事件。同样，这种效应在心理学文献中被认为是一种认知偏见，而不是一种成瘾的心理模式，因为它只是人类思维的特征之一。这种特殊的偏见在数百项研究中得到了生动的体现，包括著名的"看不见的大猩猩"实验，它描述了人类注意力运作方式的一个基本特征。实验很简单，哈佛大学邀请参与实验的人看一个视频，在视频中有 6 人连续在穿插走动中传球，其中 3 个人穿白色衣服，另外 3 个人穿黑色衣服。要求参与实验的人观察穿白色衣服的人一共传了几次球。视频结束以后，只要专注于看视频，大多数人都可以说出正确答案：16 次。然而实验者会问另外一个问题：你是否看到视频中有一只大猩猩？有一半的人都说没有看到。奇妙的是，当重新看了一遍视频以后，那些没有看到大猩猩的人才发现，视频里真的有一只大猩猩。不仅如此，不仅有大猩猩，而且窗帘的颜色也有改变，并且穿黑色衣服的人中途离

---

① MCKAY RYAN T, DENNETT DANIEL C. The Evolution of Misbelief [J]. Brain and Behavioral Sciences, 2009（32）：493 - 561.

开了，这些观众都没有注意到。其实这个实验简单地解释了一个道理：人的注意力是有限的。当我们专注于一件事情的时候，其他事情就会被忽略。①然而，当一个人被贴上成瘾标签时，表达偏见的术语和它的作用强度被理解为不同的。那些在参加十二步疗法分享会的人，他们有特定的结构化分享方式，包括事情是怎样的，发生了什么，现在是怎样的，表现出一种不同的注意力偏见。尤其在那些戒断多年的人的故事中，他们成瘾行为的负面影响，以及伴随戒断而来的积极事件和感受，显得尤为突出。当然，如果痛苦是巨大的，并且与成瘾行为直接相关，那么停止吸烟的缓解实际上是巨大的。但同样的事件很可能在干预或住院治疗之前被视为"没有那么糟糕"。哪一种描述有效取决于一个人的注意力是集中在再次使用的前景上，还是集中在戒断的目标上。在任何一种情况下，无数的细节都会从他的意识中消失，但哪些细节会消失，哪些细节会被处理，这些都与他脑海中最重要的东西有关。

这种定向注意力与后见之明偏见、保守主义偏见以及解决认知失调的冲动相结合，在我们所有人身上都存在。无论一个人是否有过被贴上成瘾标签的经历，人类的认知都倾向于讲述一个随着时间推移而变得一致的故事，无论是在预期方面还是事后来看。无论是上述任何一种偏见思维，还是在普通健康人身上发现的数十种其他思维方式，都没有任何一种与成瘾有什么特别之处，这种"上瘾"的想法比"上瘾"的标签更没有根据。然而，这些常见的术语都被用来体现一些真实的东西。正是这种语言促进了处理一系列人类问题的特殊方法，这些问题既无视这些问题的人之间的差异，也无视被称为成瘾者和非成瘾者之间的相似之处。对解决现实世界中的实际问题有帮助的是理解复杂系统产生的多样性，并根据它们的本质来处理个人和社会系统，以及创造它们和由它们产生的社会系统。

**3. 动机的复杂性**

从所有这些关于复杂性、分析水平、社会结构和普遍心理偏见的讨论中得出成瘾的结论。人们因为使用物质和参加某些活动破坏了他们的健康、人际关系和职业生活。如果否认这些人中的许多人有时似乎无法控制自己的行为，或者至少感觉自己没有能力控制它，或者没有动机去控制它，那是不可取的。在科学和社会生活的许多领域，一群人制定决策，而研究事业的发展却从未在这个领域的定义上达成共识。为什么解决某些人类问题如此困难。

---

① 哈佛大学实验"看不见的大猩猩"，培养孩子专注力，3 招见效超快 ［EB/OL］ ［2020 -02 -12］. https：//www. sohu. com/a/372541072_ 116416.

首先，我们可以假设更高层次的分析不能否定低层次的分析：生物体不能违背细胞运行的物理规律，就像社会系统不能违背健康或受创伤儿童的发展规律一样，无论这些规律是什么，它们都描述了个体心理的运行。尽管处于混沌边缘的系统，如天气和人类心理在未来很短的时间内是不可预测的，但这一事实并不意味着它们是不确定的。因果原则仍然有效。其次，我们知道所有复杂自适应系统的特征都是存在某些杠杆点，在这些杠杆点上，输入的微小变化会在整个系统中产生显著的、有方向性的变化。这意味着看似矛盾的革命性改变，比如陷入成瘾模式的大脑，不仅是可能的，而且在某些情况下是容易实现的。

成瘾模式似乎特别不稳定，因为它们的出现只能通过持续的放纵来维持。更重要的是，当它们进步时，继续前进的动力被改变的动力所包围，它们就会变得更加不稳定。特别是那些在过去建立的其他模式，任何数量的事情被证明是可能使整个成瘾模式的杠杆点崩溃，如酒后驾车可能是诱因，或者跌倒导致骨折。我遇到的一个人得了急性胰腺炎，导致了 5 天的药物昏迷，从那时起，他喝酒的欲望就消失了。成瘾者经历这些小改变让生活变化大，最终包括停止成瘾的模式。在某些情况下，简单的戒断本身就能产生一个临界点。这可能是少数人在接受住院治疗后做出永久性改变的原因。在特定复杂动力系统的背景下，成瘾状态就像一粒沙子，处于临界状态时撞击，导致滑坡。对于不同的人，或者是同一个人，或者是不同时间的同一个人，或者是具有略微不同的生物化学特征的同一个人，这个事件也可能不会引起变化。系统某一级别的输入更改可能导致整体上不成比例的较大更改，这是一个概率问题。

这就引出了另一个贯穿于成瘾康复话语中的概念，并成为不同群体之间争论的焦点：触底。在《十二步房间》（12-step rooms）、《回忆录》（memoirs）和《戒酒协会大书》（AA's Big Book）中，成瘾的职业模式是，一个人开始使用或做一些令人愉快的事情，它变得过度，糟糕的事情发生，然后这个人最终触底，开始恢复。没有这一低谷，就无法开始前进。当一个人再次陷入他的成瘾行为模式时，通常给出的解释是，他还没有触底。然而，一些群体坚持认为触底并不是必要的，如理性复苏和长期复苏，人们只需要找到一个视角，从这个视角可以看出，他们需要改变一些事情。十二步疗法的支持者通常会回答说，像这样的人是少数幸运的人，他们只需要达到一个高点，就可以有动力去改变。这可能是表达同一件事的 2 种方式。重要的观察结果是，在某个阶段会发生一些事情，没有人能事先知道会发生什么，它将作为一个杠杆点,引发人们看待事物的整个方式的巨大变化。这并不意味着一种不同的生活瞬间,但它确实意味着一个关键的时刻已经被超越,曾经稳定的模式的大部分已经崩溃,进入另一个不同的模式。

法学体系倾向认为,消极强化至少可以促使人停止某些成瘾行为。赌博或购物导致他人在未经同意的情况下损失钱财,吸食或至少拥有某种毒品,以及酒后驾驶,都会受到严厉的惩罚,有时还会被监禁。这种控制人们行为的尝试的问题在于,它依赖于对动机的经济学而不是心理学的理解。这种特定的人类行为模式的假设已经被证明是如此错误,以至于经济学领域在很大程度上已经抛弃了它们,而关注人类实际行为的行为经济学领域,鉴于我们的隐性偏见,已经迅速发展起来。作为激励手段,奖励已经被证明比惩罚更有效。但即使是奖励也不总是有效的,有时会破坏目标。虽然我们已经看到,在某些情况下,成瘾者可以有效地改变他们的行为,以获得经济奖励,但从长远来看,奖励可能会剥夺他们的自主权和出于内在原因的行动能力的信心。①

无论如何,使成瘾者产生改变能力的因素似乎是众多的。如果不把触底定义为一个人在摆脱成瘾行为模式之前发生的任何事情,那么以某种创伤的方式跌落到谷底对于实现改变来说既不是实现改变的必要条件,也不是充分条件。一方面,许多人仅仅因为对生活整体感觉的不满而做出了改变;另一方面,尽管成千上万的人经历了与使用电子烟有关的可怕后果,他们仍然坚持下去。在复杂的适应性系统中,有能力创造一个关于重大生活变化的故事,有时用创伤性崩溃来描述这些变化可能会有帮助,如果是这样,那么就应该加以培养。十二步疗法及其语言惯例确实帮助了很多成瘾者。但对于一些寻求改变的成瘾者来说,将"触底反弹"作为这一过程的必要组成部分,足以让他们害怕接受改变的价值。

成瘾是一种从复杂的动态系统中产生的现象。如果成瘾被理解为一种相对不稳定的模式,那么人们无法预测成瘾的临界点在哪里。正如生活长期复苏计划背后的指导思想所指出的,一个人创造永久性变化的最佳选择是创建一个包含尽可能多的资源的工具箱。这个支持团体不是提供一个固定的计划,而是倡导个人通过反思自己,反思过去激励或强调他们的因素,并寻找

---

① WILLIAM W STOOPS, JOSHUA A LILE, PAUL E A GLASER, et al. Alternative Reinforcer Response Cost Impacts Cocaine Choice in Humans [J]. Progress in Neuro-Psychopharmacology and Biological Psychiatry, 2012, 36 (1): 189-193.

新的方法来支持积极的生活变化，从而创造自己的改变之路。目前可能有用的治疗工具包括，药物治疗、冥想、按摩、瑜伽、营养改善、日记、谈话治疗、精神病治疗。信念也是复杂动态系统中的一个因果因素，在这个复杂动态系统中，自上而下的因果关系与自下而上的因果关系一样真实。此外，鼓励尝试，再尝试，不羞愧或内疚是重要的，因为一个人永远不知道哪一次尝试会成功，直到其中一个成功，即使一个人在某一时刻陷入成瘾的模式，生活的每一天都很重要。

许多十二步疗法小组的成员会告诉新成员不要酗酒或吸毒，而是要关注生活的其他方面。对于因果关系是非线性的复杂系统，这些方法背后的直觉很有意义。关注健康、家庭、愉快的工作和娱乐活动，以及潜在的心理压力和潜在的目标，可能比沉溺于成瘾本身更有助于克服成瘾。在这种干预中，成瘾者被要求对成瘾承担个人责任。

如果以不同的方式思考和行动，我们就能改变神经元群的振荡模式，以及大脑各部分连接的方式。因果关系并不以大多数人期望的简单方式运作，我们以某种方式集中注意力的事实也难以获得完美的解释，包括瑜伽或冥想，强烈的情绪，坠入爱河等。我们的系统中存在着复杂的因果关系，确实改变了大脑的运作方式。从长期来看，这也不足为奇，因为改变大脑焦点的思维来自被改变的大脑，大脑本身会在冥想等活动中改变过去的成瘾模式。将我们对成瘾的研究置于严肃对待人类和我们所创造和生活的社会的复杂性的背景下，为发现预防或干预成瘾周期的有效方法提供了更多的机会。有些人可能会说，这种方法产生的问题比它解决的问题还多。但在某些情况下，解决实际问题的所有困难要比创建易于管理但不能转化为现实答案的模型更好。考虑到这一代普遍存在的成瘾问题，值得花力气来解决我们实际生活中的问题。

# 中文参考文献

［1］程志良. 成瘾［M］. 北京：机械工业出版社，2019.

［2］梅琳. 中国居民烟酒消费成瘾性、交叉性及其消费税政策研究［D］. 北京：对外经济贸易大学，2019.

［3］仲伟民. 全球化、成瘾性消费品与近代世界的形成［J］. 学术界，2019（3）：89 - 97.

［4］曹华，杨玲，何圆圆，等. 时间洞察力对成瘾行为的影响及其机制［J］. 心理科学进展，2019（4）：666 - 675.

［5］汤芳，曾海萍. 成瘾症［M］. 北京：中国医药科技出版社，2019.

［6］李明定. 吸烟成瘾——遗传、机制与防治［M］. 北京：人民卫生出版社，2019.

［7］康复之友. 十二步骤的疗愈力［M］. 台北：心灵工坊文化事业股份有限公司，2019.

［8］Michael Kuhar. 成瘾的大脑［M］. 蔡承志，译. 台北：本事出版，2018.

［9］Maia Szalavitz. 成瘾与大脑［M］. 郑谷苑，译. 台北：远流出版事业股份有限公司，2018.

［10］亨利·戈梅兹. 如何帮助酒精成瘾者：酒精相关障碍者陪护指南［M］. 何素珍，译. 上海：上海社会科学院出版社，2018.

［11］韩丹. 吸毒人群成瘾问题的社会学研究［M］. 上海：上海社会科学院出版社，2017.

［12］Otto Wolff. 糖—嗜甜成瘾［M］. 王新艳，译. 台北：人智出版社有限公司，2017.

［13］鞠永熙，史宏灿. 毒品成瘾与戒毒康复［M］. 北京：法律出版社，2017.

［14］Paul Williams，Tracey Jackson. 告别成瘾：改变人生的六大宣言［M］. 凌春秀，译. 北京：人民邮电出版社，2017.

［15］ Michael Kuhar. 为什么我们会上瘾：操纵人类大脑成瘾的元凶 ［M］. 王斐，译. 北京：中国人民大学出版社，2017.

［16］ Akikur Mohammad. 戒瘾：战胜致命性成瘾 ［M］. 王斐，译. 北京：中国人民大学出版社，2017.

［17］ 李生斌. 成瘾基因组学 ［M］. 西安：西安交通大学出版社，2016.

［18］ 郝伟，赵敏，李锦. 成瘾医学：理论与实践 ［M］. 北京：人民卫生出版社，2016.

［19］ 浦科学. 行为经济学视角下的理性成瘾研究 ［M］. 重庆：重庆出版社，2016.

［20］ 杨良. 药物依赖学 ［M］. 北京：人民卫生出版社，2015.

［21］ Larry Rosen. i 成瘾 ［M］. 方晓义，译. 北京：机械工业出版社，2013.

［22］ 何坊. 成瘾模式：可怕的商业智慧 ［M］. 广州：广东经济出版社，2013.

［23］ 王增珍. 成瘾行为心理治疗操作指南与案例 ［M］. 北京：人民卫生出版社，2012.

［24］ David J. Linden. 愉悦的秘密 ［M］. 张美惠，译. 台北：时报文化出版企业股份有限公司，2011.

［25］ 陈永浩. 若沉遇溺：基督徒与成瘾行为 ［M］. 香港：生命及伦理研究中心，2010.

［26］ Bill Reading, Michael Jacobs. 成瘾 ［M］. 胡连新，译. 北京：人民卫生出版社，2008.

［27］ 管林初. 药物滥用和成瘾纵谈 ［M］. 上海：上海教育出版社，2008.

［28］ Patt Denning, Jeannie Little, Adina Glickman. 挑战成瘾观点 ［M］. 谢菊英，蔡春美，管少彬，译. 台北：张老师文化事业股份有限公司，2007.

［29］ 杨波. 人格与成瘾 ［M］. 北京：新华出版社，2005.

［30］ 师建国. 成瘾——21 世纪的流行病 ［M］. 北京：科学出版社，2004.

［31］ 朱迪斯·莱特. 软瘾 ［M］. 董黛，译. 广州：花城出版社，2022.

# 英文参考文献

［1］ ALEXANDER MICHELLE. The New Jim Crow: Mass Incarceration in the Age of Colorblindness ［M］. New York: The New Press, 2010.

［2］ American Psychiatric Association Committee on Nomenclature and Statistics. Diagnostic and Statistical Manual of Mental Disorders IV-TR ［M］. Washington DC: American Psychiatric Association, 1994.

［3］ BATESON GREGORY. The Cybernetics of Self: A Theory of Alcoholism ［M］. // GREGONY BATESON. Stepsto an Ecology of Mind: Collected Essays in Anthropology, Psychiatry, Evolution and Epistemology. San Francisco: Chandler Publishing Company, 1982.

［4］ BICKHARD MARK. Process and Emergence: Normative Function and Representation ［J］. Axiomathes: An International Journal in Ontology and Cognitive Systems, 2004 (14): 135 – 169.

［5］ CHURCHLAND PAUL. Neurophilosophy at Work ［M］. New York: Cambridge UniversityPress, 2007.

［6］ COURTWRIGHT DAVID T. Forces of Habit: Drugs and the Making of the Modern World ［M］. Cambridge, MA: Harvard University Press, 2001.

［7］ DAMASIO ANTONIO. The Feeling of What Happens: Body and Emotion in the Making of Consciousness ［M］. New York: Harcourt, 1999.

［8］ DEACON TERRANCE W. Incomplete Nature: How Mind Emerged from Matter ［M］. New York: Norton, 2012.

［9］ DENNETT DANIEL. Elbow Room: The Varieties of Free Will Worth Wanting ［M］. Cambridge, MA: MIT Press, 1984.

［10］ DENNETT DANIEL. Consciousness Explained ［M］. Boston: Little, Brown, and Company, 1991.

［11］ DODES LANCE. Psychodynamic Practice: Individuals, Groups and Organisations [J]. Special Issue: The Psychodynamics of Substance Abuse, 2009, 15 (4): 381 – 393.

[12] DUBE SHANTA R, FELITTI VINCENT J, DONG MAXIA, et al. Childhood Abuse, Neglect, and Household Dysfunction and the Risk of Illicit Drug Use: The Adverse Childhood Experiences Study [J]. Pediatrics, 2003, 111 (3): 564 – 572.

[13] EVERITT B J, DICKINSOC A, ROBBINS T W. The Neuropsychological Basis of Addictive Behavior [J]. Brain Research Review, 2001, 36 (2 – 3): 129 – 138.

[14] EVERITT B J, ROBBINS T W. Neural Systems of Reinforcement for DrugAddiction: From Actions to Habits to Compulsion [J]. Nature Neuroscience, 2005, 8 (11): 1481 – 1489.

[15] FLANAGAN OWEN. What Is It Like to Be An Addict? [M]. // JEFFREY POLAND, GEORGE GRAHAM. Addiction and Responsibility. Cambridge, Mass: MIT Press. 2011.

[16] FLANAGAN OWEN. Phenomenal Authority: The Epistemic Authority of AlcoholicsAnonymous [M]. // Neil Levey. Addiction and Self-Control: Perspectives from Philosophy, Psychology, and Neuroscience. New York: Oxford University Press. 2013.

[17] FODDY BENNETT. Addiction and Its Sciences: Philosophy [J]. Addiction, 2010, 106 (1): 25 – 31.

[18] FODOR JERRY. The Language of Thought [M]. New York: Crowell, 1975.

[19] FODOR JERRY. Representations [M]. Cambridge, MA: MIT Press, 1981.

[20] HELM CHRISTINE, PLOTSKY PAUL M, NEMEROFF CHARLES B. Importance of Studying the Contributions of Early Adverse Experience to Neurobiological Findings in Depression [J]. Neuropsychopharmacology, 2004, 29 (4): 205 – 217.

[21] HEYMAN GENE. Addiction: A Disorder of Choice [M]. Cambridge, MA: Harvard University Press, 2009.

[22] KAHNEMAN DANIEL. Thinking, Fast and Slow [M]. New York: Farrar, Straus and Giroux, 2011.

[23] KENNETT JEANETTE. Just Say No? Addiction and the Elements of Self-

Control ［M］. // Neil Levey. Addiction and Self-Control: Perspectives from Philosophy, Psychology, and Neuroscience. New York: Oxford University Press, 2013.

［24］ KNAPP CAROLINE. Drinking: A Love Story ［M］. New York: Bantam Doubleday Dell Publishing Group. 1996.

［25］ KOOB G F, LE MOAL M. Drug Abuse: Hedonic Homeostatic Dysregulation ［J］. Science, 1997, 278 (5335): 52 – 58.

［26］ KOOB G F, CAINE S B, PARSONS L, et al. Opponent Process Model and Psychostimulant Addiction ［J］. Pharmacological Biochemistry and Behavior, 1997, 57 (3): 513 – 521.

［27］ KOOB GEORGE F, VOLKOW NORA D. Neurocircuitry of Addiction ［J］. Neuropsychopharmacology, 2010, 35 (1): 217 – 138.

［28］ LADYMAN JAMES, ROSS DON, DAVID SPURRETT, et al. Everything Must Go: Metaphysics Naturalized ［M］. New York: Oxford University Press, 2007.

［29］ LEVY NEIL. Resisting "Weakness of Will" ［J］. Philosophy and Phenomenological Research, 2011, 82 (1): 134 – 155.

［30］ MATÉ GABOR. In The Realm of Hungry Ghosts: Close Encounters with Addiction ［M］. Berkeley, CA: North Atlantic Books, 2010.

［31］ PERRY B D, POLLARD R. Homeostasis, Stress, Trauma, and Adaptation: A Neurodevelopmental View of Childhood Trauma ［J］. Child and Adolescent Psychiatric Clinics of North America, 1998, 7 (1): 33 – 51.

［32］ PERRY BRUCE D. Childhood Experience and the Expression of Genetic Potential: What Childhood Neglect Tells Us about Nature and Nurture ［J］. Brain and Mind, 2002, 3 (1): 79 – 100.

［33］ RAPPING ELAYNE. The Culture of Recovery: Making Sense of the Self-Help Movement in Women's Lives ［M］. Boston: Beacon Press, 1996.

［34］ RATEY JOHN, ERIC HAGERMAN. Spark: The Revolutionary New Science of Exerciseand the Brain ［M］. New York: Little, Brown and Co, 2008.

［35］ ROBINSON T E, BERRIDGE K C. The Neural Basis of Drug Craving: Anincentive-Sensitization Theory of Addiction ［J］. Brain Research Reviews, 1993, 18 (3): 247 – 291.

# 第二部分　实证研究

# 实证调查一　大麻与烟酒的认知比较调查

大麻是一种古老的栽培植物，有着重要的药用价值和广泛的工业用途，因其具有成瘾性和麻醉性，对人体健康和行为能力有一定的危害性，被联合国禁毒公约列为管制毒品。现代社会吸食大麻日益泛滥，越来越多的公众人物违法吸食大麻，如公众熟知的明星以身试法。明星群体作为公众人物，通过影视新闻媒体、互联网等媒介的传播，其一言一行对社会的影响十分广泛。大学生对大麻的认知很大一部分来源于此，从而潜移默化地形成了对其的深刻认识。

英国医学杂志《柳叶刀》2007年刊文显示，英国布里斯托大学教授大卫·努特根据对社会的实际危害性高低列出了十大最有害健康毒品，人们通常认为比烟草、酒精危害更大的大麻则没有排入前十名。大麻作为一种"软毒品"，指有一定致幻作用，但依赖性相对较低的毒品，其对身体的伤害和依赖性都不如酒精和烟草。从成瘾的比例来看，大麻（9%）与烟草（32%）、酒精（27%）、海洛因（23%）、可卡因（15%）相比较小。烟、酒均为被广泛滥用的物质，烟草中所含的烟碱易刺激中枢神经，酒精易抑制中枢神经，两者均会使人体产生精神依赖和身体依赖，对人体的危害比吸食大麻高。

目前，国内学者的研究主要集中于各类群体（包括青少年、吸毒人员、药物依赖者等）的毒品认知现状和毒品预防教育问题，与大麻相关的则有大麻的应用、大麻素的化学研究和美国"大麻合法化"问题等。关于各群体对大麻的认知状况调查研究尚少，与烟、酒相比较，调查研究几乎处于空白状态。

本课题主要探讨大学生对大麻的认知状况及其原因和影响因素。大麻与烟酒同属大宗"瘾品"，通过与烟酒的比较，反映大学生对大麻的各种认识误区，破除大学生对大麻毒品的固化思维，呼吁大学生客观、理性地看待大麻，对吸毒的利弊有更全面的认识，做出对自己更理性、更负责的选择。了解大学生对大麻的认知态度和行为选择，有助于我国禁毒宣传和禁毒教育工作的开展，为大麻的学校教育、宣传和立法提供参考依据和可行性建议。

# 对象与方法

## 1 调查对象
广州市内的在读大学生，年级从大一至大五。

## 2 调查方法

### 2.1 问卷调查法
自行制作问卷于 2014 年 11~12 月对广州市内的在读大学生采取随机方式进行调查，一半问卷在各高校校内派发和回收，另一半问卷通过网上收集。问卷共发放 408 份，回收 403 份，有效问卷 398 份，问卷回收率 98.77%，有效问卷率 97.55%。

### 2.2 个人访谈法
按专业类别选取 10 名大学生进行访谈，就问卷部分题目进行深入的访谈。

### 2.3 文献研究法
通过图书馆、网络和中国期刊，查阅与大麻、烟酒、毒品相关的文献和书籍资料，对大麻基本情况做较详细的了解，并为后续的调查问卷设计和论文撰写提供借鉴和资料准备。

### 2.4 统计分析法
采用问卷星网页，spss20.0 录入数据，运用 spss20.0 进行描述统计和交叉分析。

# 结　果

## 1 调查的基本情况
本次实际调查 418 人，其中共发放问卷 408 份，回收 403 份，有效问卷 398 份，问卷回收率 98.77%，有效问卷率 97.55%；访谈共 10 人。调查问卷由四部分组成，分别是被调查者的一般情况、利弊认知、认知态度和法律方面选择，问卷共 29 题。

调查对象中，男性 136 人占 34.17%，女性 262 人占 65.83%；大一学生有 153 人占 38.44%，大二学生有 95 人占 23.87%，大三学生有 74 人占 18.59%，大四学生有 71 人占 17.84%，大五学生有 5 人占 1.25%；医学类专业学生有 156 人占 39.20%，非医学专业学生有 242 人占 60.80%。以上基本信息及曾经食用或3个月内曾食用过的物质构成比例，具体见表2-1-1~表2-1-5。

表2-1-1　调查对象的性别比例

| 性别 | 人数（n）/人 | 百分比/% |
|---|---|---|
| 男 | 136 | 34.17 |
| 女 | 262 | 65.83 |

表2-1-2　年级构成比例

| 年级 | 人数（n）/人 | 百分比/% |
|---|---|---|
| 大一 | 153 | 38.44 |
| 大二 | 95 | 23.87 |
| 大三 | 74 | 18.59 |
| 大四 | 71 | 17.84 |
| 大五 | 5 | 1.25 |

表2-1-3　专业类别比例

| 专业类别 | 人数（n）/人 | 百分比/% |
|---|---|---|
| 医学类 | 156 | 39.20 |
| 非医学类 | 242 | 60.80 |

表2-1-4　曾经食用过的物质比例

| 物质 | 人数（n）/人 | 百分比/% |
|---|---|---|
| 烟 | 41 | 9.40 |
| 酒 | 259 | 59.4 |
| 大麻 | 1 | 0.20 |
| 无 | 135 | 31.00 |

表2-1-5　最近3个月内，曾经食用过的物质比例

| 物质 | 人数（n）/人 | 百分比/% |
|---|---|---|
| 烟 | 16 | 3.90 |
| 酒 | 157 | 38.00 |
| 大麻 | 0 | 0 |
| 无 | 240 | 58.10 |

## 2 对烟、酒、大麻的利弊认知状况

### 2.1 大学生关于大麻的毒品性质及其对生理、精神伤害有深刻认识

问卷结果显示，98.24%的大学生选择了大麻是毒品，有14.57%的大学生认为烟也是毒品；在长期过量使用的情况下，有78.89%的大学生认为大麻对人体的生理伤害最大，有94.22%的大学生认为大麻对人体的精神伤害最大。值得关注的一点是，大学生选择烟酒对人体的精神伤害比对人体的生理伤害的人要多，高出15.58%；选择大麻对人体的精神伤害多于生理伤害，高出19.35%；也有19.09%的大学生认为烟/酒对人体的精神伤害最大。因此从整体上看，对于大麻是毒品及其对人体的伤害，大学生有较为深刻的认知和看法，但与科学研究结果之间仍存在一定的差别。具体见表2-1-6和图2-1-1、图2-1-2。

表2-1-6 哪些物质是毒品

| 物质 | 人数（n）/人 | 百分比/% |
|---|---|---|
| 烟 | 58 | 14.57 |
| 酒 | 13 | 3.26 |
| 大麻 | 391 | 98.24 |
| 无 | 5 | 1.26 |
| 不知道 | 1 | 0.25 |
| 合计 | 468 | 117.58 |

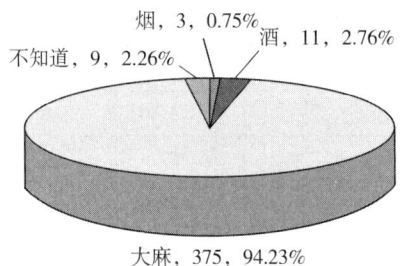

图2-1-1 长期过量使用哪种物质
对人体生理伤害最大

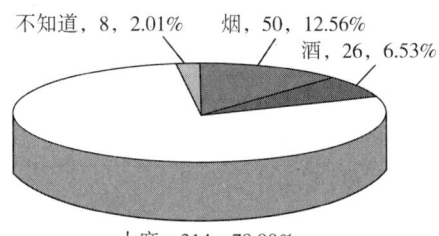

图2-1-2 长期过量使用哪种物质
对人体精神伤害最大

### 2.2 大学生对大麻的作用功效的认知度低于烟草和酒精

通过查阅各类文献资料，分别归纳烟草、酒精、大麻的作用或功效，并均设为选项。问卷结果显示，对于烟草的作用或功效，70.6%的人认为烟草有助于社交应酬，79.65%的大学生认为吸食烟草可提神，而对于口服烟草

可驱虫、嚼食可解饥止渴以及外用可治疗创伤溃疡这 3 种功效，有一定认识的人不多。

从酒精的作用或功效来看，85.43% 的人清楚酒精可消毒、杀菌、处理伤口，58.54% 人认识到酒精能够调节体内新陈代谢、促进血液循环；而对于酒精可以增加食欲，促消化和利尿的功效，真正了解的人总体较少，比例均低于 30% 。

从大麻的作用或功效看来，78.14% 人能够认识到大麻的止痛镇静功效，54.77% 的人认识到大麻能消除烦躁与疲劳、提神兴奋，而对于大麻可以治疗青光眼及增强性欲等功效认识较少。

调查对象中完全不知道酒精、烟草、大麻的作用或功效的，酒精有 12 人，烟草有 37 人，大麻有 48 人，而从烟草、酒精、大麻每选项选择人数的平均值计算看来，大学生对烟草和大麻的作用功效认识程度较低，认知度最低的为大麻，平均值仅为 161 人。具体见表 2－1－7。

表 2－1－7　烟草、酒精、大麻的作用或功效

|  | 选项 | 人数（n）/人 | 百分比/% |
|---|---|---|---|
| 烟草 | 有助于社交应酬 | 281 | 70.60 |
|  | 吸食可提神 | 317 | 79.65 |
|  | 口服可驱虫 | 38 | 9.55 |
|  | 嚼食可解饥止渴 | 37 | 9.30 |
|  | 外用可治疗创伤溃疡 | 135 | 33.92 |
|  | 精神类治疗药物 | 157 | 39.45 |
|  | 不知道 | 37 | 9.30 |
|  | 小计 | 1002 | 251.76 |
| 酒精 | 调节体内新陈代谢，促进血液循环 | 233 | 58.54 |
|  | 增加食欲，促消化 | 77 | 19.35 |
|  | 退烧 | 162 | 40.70 |
|  | 消毒，杀菌，处理伤口 | 340 | 85.43 |
|  | 辅助睡眠 | 157 | 39.45 |
|  | 利尿 | 118 | 29.65 |
|  | 不知道 | 12 | 3.02 |
|  | 小计 | 1099 | 276.13 |

表 2 – 1 – 7（续）

| | 选项 | 人数（n）/人 | 百分比/% |
|---|---|---|---|
| 大麻 | 大麻可作为工业用途，如纺织、造纸、建筑材料等 | 158 | 39.70 |
| | 大麻籽（油）产品，可作为食品、天然保健品、药品和化妆品的原料 | 125 | 31.41 |
| | 消除烦躁与疲劳，提神兴奋 | 218 | 54.77 |
| | 止痛镇静 | 311 | 78.14 |
| | 治疗青光眼 | 24 | 6.03 |
| | 增强性欲 | 40 | 10.05 |
| | 不知道 | 48 | 12.06 |
| | 小计 | 924 | 232.16 |

注：烟草、酒精、大麻每选项选择人数（n）的平均值分别是：160、181、146（人）。

## 2.3 大学生对大麻的危害性认知低于烟草和酒精

调查结果显示，大学生对烟草、酒精、大麻的危害性认知程度处于中等偏上水平，相对高于其对作用功效的认知程度，对于烟草、酒精、大麻的作用功效问题，每选项选择人数（n）的平均值分别是：160、181、146（人），而对于烟草、酒精、大麻的危害问题，每选项选择人数（n）的平均值分别是：286、277、250（人），因此大学生对三者功效的认知度明显低于对危害性的认知度。

大学生对大麻的危害性认知水平稍微低于烟草和酒精，完全不知道大麻的危害性的人有 37 人，从烟草、酒精、大麻每选项选择人数（n）的平均值计算看来，大学生对大麻的危害性认识程度仍然是最低的。具体见表 2 – 1 – 8。

表 2 – 1 – 8　烟草、酒精、大麻的危害

| | 选项 | 人数（n）/人 | 百分比/% |
|---|---|---|---|
| 烟草 | 成瘾，产生精神和生理依赖 | 371 | 93.22 |
| | 影响药效 | 172 | 43.22 |
| | 烟雾急性中毒 | 159 | 39.95 |
| | 引起肺癌，诱发多种疾病 | 378 | 94.97 |
| | 损害呼吸系统 | 353 | 88.69 |
| | 不知道 | 5 | 1.26 |
| | 小计 | 1438 | 361.31 |

表 2 - 1 - 8（续）

| | 选项 | 人数（n)/人 | 百分比/% |
|---|---|---|---|
| 酒精 | 成瘾，产生精神和生理依赖 | 290 | 72.86 |
| | 损害神经系统，产生幻觉，引发交通事故 | 335 | 84.17 |
| | 急性/慢性酒精中毒 | 348 | 87.44 |
| | 肝脏损害 | 364 | 91.46 |
| | 损害心血管系统 | 254 | 63.82 |
| | 产生认知功能障碍，引发犯罪 | 235 | 59.05 |
| | 致癌 | 112 | 28.14 |
| | 不知道 | 4 | 1.01 |
| | 小计 | 1942 | 487.94 |
| 大麻 | 急性/慢性中毒 | 152 | 38.19 |
| | 损害神经系统，导致精神和行为障碍 | 305 | 76.63 |
| | 成瘾，产生精神依赖 | 354 | 88.94 |
| | 危害人体健康（比如影响心肺、免疫、生殖系统） | 270 | 67.84 |
| | 削弱大脑记忆力及注意力，损害思维 | 253 | 63.57 |
| | 有致幻性，易引发犯罪 | 323 | 81.16 |
| | 致畸致癌 | 94 | 23.62 |
| | 不知道 | 37 | 9.30 |
| | 小计 | 1788 | 449.25 |

注：烟草、酒精、大麻每选项选择人数（n）的平均值分别是：286、277、250（人）。

### 3 认识来源分析

调查结果显示，86.93%的大学生对大麻的认识来源为影视新闻媒体，72.86%的认识来源是互联网，也有53.27%的认识来源是学校宣传教育，其余认识途径所占比例较小。大学生对大麻的认识途径显示非常狭窄，或多或少会导致大学生对大麻整体认知的偏差。据访谈了解到，部分大学生了解大麻的渠道可概括为网络/电视媒体报道的明星吸食大麻事件、影视剧的扫毒或公安警察的缉毒行动等。

大学生对烟草和酒精的认识来源分布较广，影视新闻媒体、学校宣传教育、亲戚朋友同学、互联网等均占一定比例。烟酒在生活中应用较普遍，管控程度大大低于大麻，烟酒的认识渠道更多。具体见表2-1-9。

表 2 - 1 - 9　大学生对大麻、烟草、酒精的认识来源

| 选项 | 大麻 | | 烟草 | | 酒精 | |
|---|---|---|---|---|---|---|
| | 人数（n）/人 | 百分比/% | 人数（n）/人 | 百分比/% | 人数（n）/人 | 百分比/% |
| 国家法律法规 | 132 | 33.17 | 138 | 34.67 | 152 | 38.19 |
| 影视新闻媒体 | 346 | 86.93 | 298 | 74.87 | 293 | 73.62 |
| 学校宣传教育 | 212 | 53.27 | 253 | 63.57 | 226 | 56.78 |
| 亲戚朋友同学 | 73 | 18.34 | 209 | 52.51 | 225 | 56.53 |
| 报纸杂志 | 107 | 26.88 | 136 | 34.17 | 112 | 28.14 |
| 互联网 | 290 | 72.86 | 248 | 62.31 | 248 | 62.31 |
| 其他 | 11 | 2.76 | 11 | 2.76 | 14 | 3.52 |
| 合计 | 1171 | 294.22 | 1293 | 324.87 | 1270 | 319.10 |

## 4　对烟、酒、大麻的认识态度及行为选择

### 4.1　多数学生反对适度吸食大麻

对于"大麻是药品，滥用就是毒品"这一说法，82.16%的大学生表示同意，只有8.79%的大学生反对。说明大学生对于大麻的药用价值有一定的认知水平，但是始终对于同属毒品范畴的大麻持坚决反对态度。

79.4%的大学生支持适度饮酒，41.21%的大学生反对适度吸烟，说明大学生对饮酒的态度相对于吸烟和吸食大麻较为宽容；不论是支持还是反对3种行为，均有超过19%的大学生选择"尊重个人爱好"，说明还是有部分大学生对于烟、酒、大麻的行为选择较为理性和开放。具体见图 2 - 1 - 3 ~ 图 2 - 1 - 5。

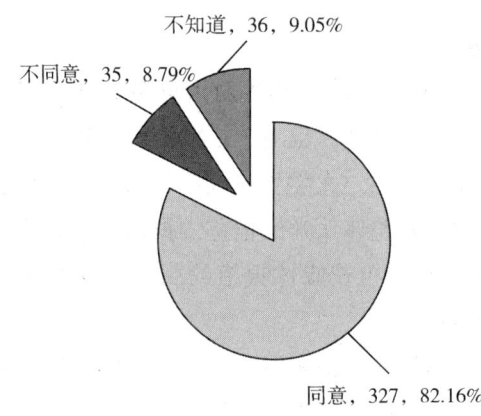

不知道，36，9.05%

不同意，35，8.79%

同意，327，82.16%

图 2 - 1 - 3　对于"大麻是药品，滥用就是毒品"这一说法的态度

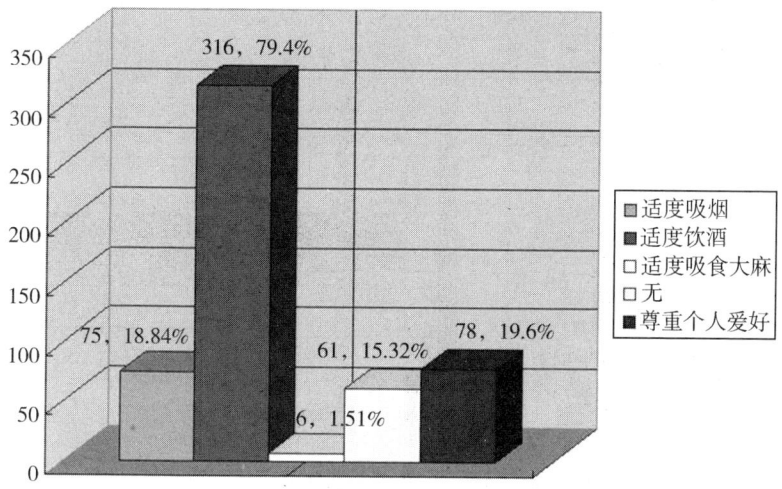

图 2 - 1 - 4　支持何种行为

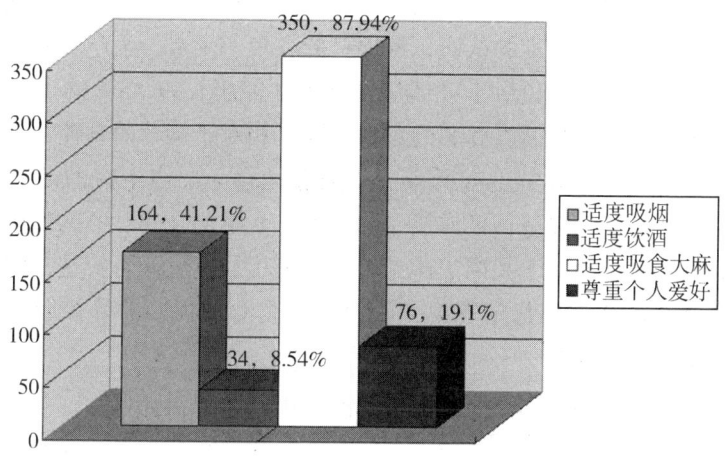

图 2 - 1 - 5　反对何种行为

### 4.2　大学生对吸食大麻的行为认识较为理智

问卷显示，大部分大学生认为吸食大麻是一种违法的、不健康的、对他人或社会有害的行为，分别占比情况为：行为性质"违法的"为 70.35%，"不健康的"为 75.13%，"对他人或社会有害的"为 64.57%；而选择"可缓解压力的""娱乐性的""可理解的"的大学生较少。分析可得出，大学生对吸食大麻这一行为的认识较为正面和理智。具体见图 2 - 1 - 6。

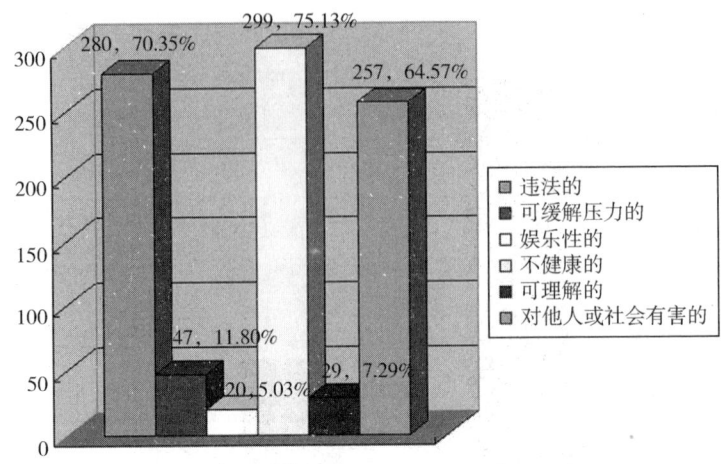

图 2-1-6 你认为吸食大麻是一种什么行为

### 4.3 大学生普遍赞同对大宗瘾品实施严格管控

问卷结果显示，86.93%的大学生认为我国法律应该严格管控烟草交易，对于烟草危害人体有一定的认识，从烟草的种植、制造、生产、销售等各个环节，应加强管控，避免由于吸烟危害到人体健康。59.55%的大学生认为我国法律应该严格管控酒类商品的买卖行为，相对于烟草的管控，选择管控酒类商品这一行为的大学生有所减少。随着社会上层出不穷的酒类商品上市，人们对酒商品大多呈积极或接受的态度，包括酒文化、酒的作用、酒的意义价值等方面。而对于我国法律是否应该适度放宽大麻管控这一问题，只有8.79%的大学生选择肯定答案，说明大学生对待大麻的管控问题比较谨慎。具体见表2-1-10。

表 2-1-10 烟草、酒精、大麻的管控问题

| 我国法律是否应该 | 是 | | 否 | | 无所谓 | |
|---|---|---|---|---|---|---|
| | 人数 (n)/人 | 百分比/% | 人数 (n)/人 | 百分比/% | 人数 (n)/人 | 百分比/% |
| 严格管控烟草买卖 | 346 | 86.93 | 29 | 7.29 | 23 | 5.78 |
| 严格管控酒类商品买卖 | 237 | 59.55 | 104 | 26.13 | 57 | 14.32 |
| 适度放宽大麻管控 | 35 | 8.79 | 350 | 87.94 | 13 | 3.27 |

### 4.4 大学生对"大麻合法化"的观点持反对态度

问卷结果显示，88.69%的大学生对"大麻合法化"的观点持反对态

度。从他们反对的理由上看来，92.4%的大学生认为大麻具有成瘾性、致幻性，长期吸食影响人体健康；91.9%的大学生认为大麻合法化后，将面临众多社会问题（如犯罪问题、车祸事故、家暴等）；84%的大学生认为大麻属于入门级毒品，会诱发更严重的吸毒行为；76.8%的大学生认为禁毒是保障公民生命健康权的一种体现；79%的大学生认为大麻会加重我国毒品泛滥问题。据访谈了解到，部分大学生反对大麻并不是单纯的直指大麻，而是反映我国对毒品的一种坚决反对态度。

而赞成"大麻合法化"这一观点的大学生仅占5.78%。从他们赞成的理由上看来，60.9%的大学生认为大麻作为软性毒品对人体的伤害较小、成瘾性小；30.4%的大学生认为禁毒成本高，而且成效一般；21.7%的大学生认为大麻的经济价值高，国家禁毒政策影响了大麻的有效开发；认为使用大麻是一种个人权利，应该由民众自由选择这一理由的大学生仅占4.3%。

不论是"大麻合法化"问题，还是程度较浅的"适度放宽对大麻的管控"问题，大学生对二者的态度选择较为一致，皆为反对。因此从整体上看来，大学生对大麻的态度较抵制。具体见图2-1-7。

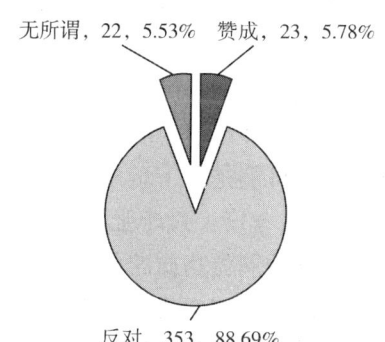

图2-1-7 对"大麻合法化"的态度

# 讨 论

## 1 大学生对大宗瘾品的认知存在局限性

### 1.1 对烟草、酒精和大麻的危害程度存在认知误区

英国医学杂志《柳叶刀》2007年刊文显示，英国布里斯托大学教授大卫·努特根据对社会的实际危害性高低列出了十大最有害健康毒品，其中包括烟草和酒精，而人们普遍认为比烟酒危害性大的大麻并没有排入前十名。大麻有一定的致幻作用，但其成瘾性较低，从成瘾的比例来看，大麻为

9%，与烟草（32%）、酒精（27%）相比较小。因此整体来看，大麻对人体的危害性并不比烟草和酒精大。

但是调查结果显示，在长期过量使用的情况下，有78.90%的大学生认为大麻对人体的精神伤害最大，有94.23%的大学生认为大麻对人体的生理伤害最大，选择烟酒的人数较少，大部分人都认为大麻对人体的伤害高于烟酒（图2-1-1、图2-1-2）。与此同时，从我校外国留学生的调查结果上看来，留学生对于同样问题的选择截然不同。有29.76%的留学生认为烟对人体生理伤害最大，选择酒的占30.9%，而选择大麻的仅占34.5%，对人体精神伤害的调查结果也较为相似。①

通过中外学生的调查结果比较可以看出，留学生的数据结果分布相对均衡，对3种物质的危害程度认识较客观。而广州市大学生"一边倒"地认为大麻对人体的伤害较大，存在一定的认知误区。大学生受"刻板效应"的影响，认为"毒品的危害都非常大"，并且清楚地认识到大麻是毒品、国家明文禁止，故得出大麻对人体的危害高于法律没有禁止使用的烟草和酒精这一认知。

### 1.2 大学生对烟草、酒精和大麻的功效认知度低于危害性认知度

结果显示，大学生对烟草、酒精、大麻的危害性认知程度处于中等偏上水平，相对高于其对作用功效的认知程度，危害性认知百分比合计平均值为428.97%，高于功效认知百分比合计平均值245.23%。

深入分析这种状况的原因可能是：①学校在"远离毒品""吸烟有害健康"、吸烟饮酒等方面的教育在态度上过于强硬与偏倚，一定程度地偏向于灌输烟草、酒精和大麻或者其他同类物质的危害性，而缺乏对这些物质较为客观、全面的教育。②国家法律上明文规定禁止吸食大麻，吸食大麻属于违法行为，并且对烟草和酒精的买卖行为有一定限制，学生当然会认为被禁止或被限制的物质危害性大，渐渐会在心理上加强这一危害性认知度。③媒体在新闻传播上的片面性，直观地曝光"明星吸食大麻""酒后驾驶"及"扫毒"等新闻，以强烈直观的视角吸引观众眼球，缺乏一定理性而具有教育意义的评论，使学生对这些物质的危害性具有更"深刻"的认识，而对其用途及功效了解较少。

### 2 影视新闻媒体是认知大宗瘾品的主要传播渠道

如今大部分大学生对大麻的认识途径较狭窄，从这点出发可分析出，主

---

① 本数据来源于广州医科大学外国留学生问卷（英文版内容相同）的统计数据，详见附录1、附录2。

要的认识渠道对大学生了解大麻起非常大的影响作用。调查结果显示，86.93%的大学生对大麻的认识来源为影视新闻媒体，72.86%的认识来源是互联网，学校的宣传教育仅占53.27%（表2-1-9）。较少人会主动学习关于烟草、酒精、大麻的相关法律法规，除了医学院校学生能或多或少从课堂上了解到烟酒的影响及大麻的药用价值外，一般学生都接触较少。

认知渠道的广度和深度会直接影响大学生对大麻的整体认知水平，主要传播渠道的信息单一也会导致大学生的认知偏差。影视新闻媒体在传播渠道上具有一定的及时性、多样性以及直观性等优点，能生动形象地展示一个事件或一个故事，使人产生深刻印象。同时，它的缺点也是显而易见的，我们从影视新闻媒体及互联网上了解到关于大麻的信息，往往是"明星吸毒事件"、公安缉毒、酒后驾驶致车祸等新闻事件或影视，媒体在传播上往往不够全面，以负面新闻事件为主。这些消极信息的传输，容易让大学生形成对大麻的片面认识，使大学生的意识深受其"毒"。

相反，大学生对烟草和酒精的认识来源分布较广，包括影视新闻媒体、学校宣传教育、亲戚朋友同学、互联网等途径，均占一定比例。在生活上应用较普遍，大学生对烟酒的认识比较清晰透明，对待烟酒的管控问题更加宽容。

### 3 抵制大麻反映大学生反毒禁毒的态度

大学生普遍对大麻的了解其少，受到认识来源的影响，接受到关于大麻的大多是负面信息，缺乏全面、积极的反映。因此提到"大麻"，大学生直接联想到的就是"它是毒品"或者"它对人体危害很大"。调查结果显示，有87.94%的大学生反对适度吸食大麻，有87.94%的大学生认为我国法律不应该适度放宽对大麻的管控，88.69%的大学生对"大麻合法化"的观点持反对态度，认为大麻具有成瘾性、致幻性，长期吸食会影响人体健康，并且会加重我国毒品泛滥问题。但是我校外国留学生的调查数据显示，仅仅有39.7%的留学生反对适度吸食大麻，有68.9%的留学生赞成"大麻合法化"。① 中外数据结果差异非常大，这一差异的原因可能涉及各国教育体系、国家政策、风俗习惯及思维态度等因素的影响。

但是对于"大麻是药品，滥用就是毒品"这一说法，82.16%的大学生表示同意，说明大学生对于大麻的药用价值有一定的认知水平，但是对于同

---

① 本数据来源于广州医科大学外国留学生问卷（英文版内容相同）的统计数据，详见附录1、附录2。

属毒品范畴的大麻始终持坚决反对态度。大麻首先是一种药品，但有强烈的毒副作用，使用适当，大麻就是药品；失控滥用，所谓药品也就是毒品。国家法律、国家对大麻和烟酒的行为态度直接影响我们的认知观念，大麻属于毒品，大学生反对吸食大麻并非单纯直指大麻，而是反映出对毒品的一种坚决反对的态度。

# 附录1 中文问卷

## 广州市大学生对大麻的认知状况调查——与烟酒比较的视角

亲爱的同学：

你好！我们正在进行一项关于大学生对大麻认知状况的调查，以便为大麻的宣传和立法提供相关建议，加深学生对大麻的客观认识。请你根据你的基本认识逐题作答（请在所选项下画"√"），本次调查采用匿名方式。感谢你的支持和合作，谢谢！

### 一、基本信息

1. 你的性别是：A. 男　B. 女
2. 你所在的学校是：＿＿＿＿＿＿＿＿
3. 你的年级是：A. 大一　B. 大二　C. 大三　D. 大四　E. 大五
4. 你所学的专业类别是：A. 理工类　B. 经管类　C. 文史类　D. 医学类　E. 体艺类　F. 其他＿＿＿＿＿
5. 你曾经吸食过下列哪些物质？（可多选）
   A. 烟　　　　　B. 酒　　　　　C. 大麻　　　　　D. 无
6. 最近3个月内，你曾经吸食过下列哪些物质？（可多选）
   A. 烟　　　　　B. 酒　　　　　C. 大麻　　　　　D. 无

### 二、利弊认知

7. 以下哪些物质是毒品？（可多选）
   A. 烟　　　　　B. 酒　　　　　C. 大麻　　　　　D. 无
   E. 不知道
8. 长期过量吸食以下哪种物质对人体的生理伤害最大？
   A. 烟　　　　　B. 酒　　　　　C. 大麻　　　　　D. 不知道
9. 长期过量吸食以下哪种物质对人体的精神伤害最大？
   A. 烟　　　　　B. 酒　　　　　C. 大麻　　　　　D. 不知道
10. 烟草的作用或功效包括以下哪些？（可多选）
    A. 有助于社交应酬　　　　　B. 吸食可提神

C. 口服可驱虫　　　　　　　　D. 嚼食可解饥止渴

E. 外用可治疗创伤溃疡　　　　F. 精神类治疗药物

G. 不知道

11. 烟草的危害包括以下哪些？（可多选）

    A. 成瘾，产生精神和生理依赖　　B. 影响药效

    C. 烟雾急性中毒　　　　　　　　D. 引起肺癌，诱发多种疾病

    E. 损害呼吸系统　　　　　　　　F. 不知道

12. 酒的作用或功效包括以下哪些？（可多选）

    A. 调节体内新陈代谢，促进血液循环

    B. 增加食欲，促消化

    C. 退烧

    D. 消毒，杀菌，处理伤口

    E. 辅助睡眠

    F. 利尿

    G. 不知道

13. 酒精的危害包括以下哪些？（可多选）

    A. 成瘾，产生精神和生理依赖

    B. 损害神经系统，产生幻觉，引发交通事故

    C. 急性/慢性酒精中毒

    D. 肝脏损害

    E. 损害心血管系统

    F. 产生认知功能障碍，引发犯罪

    G. 致癌

    H. 不知道

14. 大麻的作用或功效包括以下哪些？（可多选）

    A. 大麻可作为工业用途，如纺织、造纸、建筑材料等

    B. 大麻籽（油）产品，可作为食品、天然保健品、药品和化妆品
       的原料

    C. 消除烦躁与疲劳，提神兴奋

    D. 止痛镇静

    E. 治疗青光眼

    F. 增强性欲

    G. 不知道

15. 大麻的危害包括以下哪些？（可多选）

    A. 急性/慢性中毒

    B. 损害神经系统，导致精神和行为障碍

    C. 成瘾，产生精神依赖

    D. 危害人体健康（比如影响心肺、免疫、生殖系统）

    E. 削弱大脑记忆力及注意力，损害思维

    F. 有致幻性，易引发犯罪

    G. 致畸致癌

    H. 不知道

### 三、认知态度

16. 你对大麻的认识来源于（　　）？（可多选）

    A. 国家法律法规　　B. 影视新闻媒体　　C. 学校宣传教育

    D. 家庭朋友　　　　E. 报纸杂志　　　　F. 互联网

    G. 其他_____

17. 你对烟草的认识来源于（　　）？（可多选）

    A. 国家法律法规　　B. 影视新闻媒体　　C. 学校宣传教育

    D. 家庭朋友　　　　E. 报纸杂志　　　　F. 互联网

    G. 其他_____

18. 你对酒的认识来源于（　　）？（可多选）

    A. 国家法律法规　　B. 影视新闻媒体　　C. 公益宣传教育

    D. 亲戚朋友　　　　E. 报纸杂志　　　　F. 互联网

    G. 其他_____

19. 你支持下列何种行为？（可多选）

    A. 适度吸烟　　　　B. 适度饮酒　　　　C. 适度吸食大麻

    D. 无　　　　　　　E. 尊重个人爱好

20. 你反对下列何种行为？（可多选）

    A. 适度吸烟　　　　　　　　　　　　B. 适度饮酒

    C. 适度吸食大麻　　　　　　　　　　D. 尊重个人爱好

21. 对于"大麻是药品，滥用就是毒品"这一说法你同意吗？

    A. 同意　　　　　　B. 不同意　　　　　C. 不知道

22. 你认为，吸食大麻是一种（　　）行为？（可多选）

    A. 违法的　　　　　B. 可缓解压力的　　C. 娱乐性的

    D. 不健康的　　　　E. 可理解的　　　　F. 对他人或社会有害的

### 四、法律方面

23. 以下哪些物质是法律禁止的？（可多选）

    A. 烟　　　　　　　　B. 酒　　　　　　　　C. 大麻

    D. 无　　　　　　　　E. 不知道

24. 我国法律是否应该严格管控烟草买卖？

    A. 是　　　　　　　　B. 否　　　　　　　　C. 无所谓

25. 我国法律是否应该严格管控酒类商品买卖？

    A. 是　　　　　　　　B. 否　　　　　　　　C. 无所谓

26. 我国法律是否应该适度放宽大麻管控？

    A. 是　　　　　　　　B. 否　　　　　　　　C. 无所谓

27. 你对"大麻合法化"的态度是？

    A. 赞成　　　　　　　B. 反对　　　　　　　C. 无所谓

28. 你支持大麻合法化的理由（可多选）

    A. 大麻作为软性毒品对人体的伤害较小、成瘾性小

    B. 禁毒成本高，而且成效一般

    C. 使用大麻是一种个人权利，应该由民众自由选择

    D. 大麻的经济价值高，国家禁毒政策影响了大麻的有效开发

    E. 其他理由_____

29. 你反对大麻合法化的理由（可多选）

    A. 大麻具有成瘾性、致幻性，长期吸食影响人体健康

    B. 大麻合法化后，将面临众多社会问题（如犯罪问题、车祸事故、家暴等）

    C. 属于入门级毒品，会诱发更严重的吸毒行为

    D. 禁毒是保障公民生命健康权的一种体现

    E. 加重我国毒品泛滥问题

    F. 其他理由_____

# 附录 2   英文问卷

Dear students：

　We would like to ask your favor to take a moment and fill out a questionnaire about the recognition of university students about marijuana. Your answer will be highly appreciated and they will be analyzed confidentially andanonymously.

1. What is your gender?　　A. Male　B. Female
2. Which of the following substances have you ever used?（multiple choice）
   A. tabacco　　　　B. alcohol　　　　C. marijuana　　　　D. none of them
3. Which of the following substances have you used within the last three month?（multiple choice）
   A. tabacco　　　　B. alcohol　　　　C. marijuana　　　　D. none of them
4. Which of the following substances is drugs?（multiple choice）
   A. tabacco　　　　B. alcohol　　　　C. marijuana　　　　D. none of them
   E. I don't know
5. Long-term excessive use of which of the following substances would hurt the most on human body?
   A. tabacco　　　　B. alcohol　　　　C. marijuana　　　　D. none of them
6. Long-term excessive use of which of the following substances would hurt the most on human spirit?
   A. tabacco　　　　B. alcohol　　　　C. marijuana　　　　D. none of them
7. What is the effect of tobacco?（multiple choice）
   A. Helps to socialize
   B. Smoking can be refreshing
   C. Taking orally for deworming
   D. Chewing can solve hunger and thirst
   E. Topical treatment of traumatic ulcer
   F. Psychiatric medication
   G. I don't know

8. What are the risk of tobacco? (multiple choice)

   A. Addiction, mental and physical dependence

   B. Weaken the effect of medicine

   C. Acute poisoning in smoke

   D. Cause of lung cancer, and induce various diseases

   E. Damage to the respiratory system

   F. I don't know

9. What is the effect of alcohol? (multiple choice)

   A. Regulate body's metabolism and promotes blood circulation

   B. Increased appetite and promoting digestion

   C. Bring down a fever

   D. Disinfecting, antiseptic, treating a wound

   E. Sleep aid

   F. diuresis

   G. I don't know

10. What is the harmful effect of alcohol? (multiple choice)

   A. Addiction, mental and physical dependence

   B. Damage to the nervous system, create illusion, causing traffic accident

   C. Acute/chronic alcohol poisoning

   D. Liver damage

   E. Damage to the cardiovascular system

   F. Cognitive dysfunction, causing crime

   G. Cause cancer

   H. I don't know

11. What is the effect of hemp? (multiple choice)

   A. Hemp can be used for industrial purposes, such as textiles, paper, building material, etc

   B. Hemp (oil) products can be used as raw material for food, natural health products, drugs and cosmetics

   C. Elimination of fidget and fatigue, refreshing and excited

   D. Relieve pain and remain calm

   E. Treatment of glaucoma

   F. Increase sexual desire

   G. I don't know

12. What are the harmful effect of marijuana (multiple choice)

    A. Acute/Chronic poisoning

    B. Damage the nervous system, leading to mental and behavioural disorders

    C. Addiction, psychological dependence

    D. Harm to human health (for example, affect the cardiovascular, immune andreproductive systems)

    E. Weakening memory and attention, damage thinking ability

    F. Causeillusion, apt to cause crime

    G. Cause deformities and cause cancer

    H. I don't know

13. Where do you get the knowledge of marijuana? (multiple choice)

    A. National laws and regulations   B. News media

    C. School education                D. Family factors

    E. Newspapers and magazines        F. Internet

    G. Others _____

14. Where do you get the knowledge of tobacco? (multiple choice)

    A. National laws and regulations   B. News media

    C. School education                D. Family factors

    E. Newspapers and magazines        F. Internet

    G. Others _____

15. Where do you get the knowledge of alcohol? (multiple choice)

    A. National laws and regulations   B. Film and news media

    C. Public education                D. Family and friends

    E. Newspapers and magazines        F. Internet

    G. Others _____

16. Do you support which of the following behavior ? (multiple choice)

    A. Moderate smoking                B. Moderate alcohol consumption

    C. Moderate marijuana use          D. None of them

    E. Respecting personal preferences

17. Do you oppose which of the following behavior ? (multiple choice)

    A. Moderate smoking                B. Moderate alcohol consumption

    C. Moderate marijuana use          D. None of them

    E. Respecting personal preferences

18. Do you agree the argument that "Marijuana is medicine, but is drug while abuse it"?

    A. Yes, I do         B. No, I don't         C. I don't know

19. In your opinion, smoking marijuana is ____ behavior? (multiple choice)

    A. Illegal                B. Relieving stress

    C. Entertainment       D. Unhealthy

    E. Understandable      F. Harmful to others or the community

20. Which of the following substances is prohibited by law? (multiple choice)

    A. tabacco             B. alcohol          C. marijuana

    D. none of them       E. I don't know

21. Should laws strictly control tobacco business?

    A. Yes, it should     B. No, it should't     C. It doesn't matter

22. Should laws strictly control alcohol business?

    A. Yes, it should     B. No, it should't     C. It doesn't matter

23. Should laws relax the control on marijuana?

    A. Yes, it should     B. No, it should't     C. It doesn't matter

24. What is your attitude toward the legalization of marijuana ?

    A. Supported          B. Opposed          C. It doesn't matter

25. What is the reason that you support the legalization of marijuana (multiple choice)

    A. As soft drugs, small health risks, low addiction

    B. Potential value of clinical pharmacology

    C. High cost on prohibition drugs, and its effect is soso

    D. It is individual right to use marijuana, people should be free to choose whether to use or not

    E. The high economic value of marijuana national, but drug policyaffect theeffective development of marijuana

    F. Other reasons _____

26. What is your reasons of opposing to the legalization of marijuana? (multiple choice)

    A. Marijuana is addictive, hallucinogenic, and chronic impact on human health

    B. After the legalization of marijuana, would face numerous social problems (such as: crime, car accidents, domestic violence and other crime issues)

C. Belonging to the entry-level drug, can cause more serious drug abuse

D. Drug prohibition is a reflection of protecting citizens' rights to life and health

E. Increasing problems of drug abuse

F. Other reasons _____

# 实证调查二　大麻与硬毒品的认知比较调查

　　毒品问题不但影响社会稳定、危害国家安全，而且对公民的生存和发展构成重大威胁。不断有艺人吸食大麻的丑闻被曝出，令大众一片哗然，不但对社会及青少年造成不良影响，也令大麻这种受争议的毒品引起大家的关注。大家熟知的演员柯××就因吸食大麻被警方行政拘留，他对此行为供认不讳；而他被行政拘留的 2 年前，还在禁毒宣传片上郑重承诺"我不吸毒"。具有讽刺意味的是，同一年，他就在房××家里第一次吸食毒品大麻。

　　目前，荷兰、巴基斯坦以及美国部分州都允许大麻的使用，在中国也出现了部分赞成大麻合法化的呼声。由于大麻成瘾性及生理危害性较其他毒品温和，作为一种软性毒品，已经引起了大众广泛的争议，而与软毒品相对的，则是具有很强致幻性和刺激作用的硬毒品，吸食者极易产生药物依赖。海洛因、冰毒等绝大多数毒品都在其列。

　　近年来，我国青少年滥用毒品的比例逐年升高，其泛滥程度令人担忧，青少年俨然已成为我国主要的吸毒人群。大学生群体思想独立、好奇心强、容易接受新鲜事物，而且受教育程度较高，这些特征使大学生群体区别于其他群体。因而，针对大学生群体特点的反毒禁毒教育显得尤为重要。

　　国内已开展针对大学生群体的毒品认知态度和禁毒预防教育方面的研究，但是此类研究通常对毒品的界定比较宽泛，没有对硬毒品和软毒品做出区分，得到的结论难免存在偏颇。

　　本研究以大学生为研究对象，了解广州大学生对大麻及硬毒品的认知状况，并对毒品管制等反毒禁毒相关议题展开讨论。本研究以大麻为切入点，通过与硬毒品的比较，为有针对性地开展反毒禁毒预防教育工作提出合理有效的建议。

## 对象与方法

### 1 调查对象

广州各高校的在校大学生，年龄在 18 ~ 23 周岁。

### 2 调查方法

#### 2.1 问卷调查法

采用自行设计的问卷进行调查，以网上发布问卷调查作为主要调查方式搜集资料数据，对广州市内的在读大学生采取随机方式进行调查。共收到 194 份有效答卷，其中 171 份答卷来源网络，比例为 88.14%。

#### 2.2 个人访谈法

发放问卷时随机抽查 3 ~ 5 名大学生，就问卷部分题目进行深入的访谈。

## 结　果

### 1 调查的基本情况

本次实际调查 202 人，有效应答 194 人，有效应答率为 97%。调查问卷由三部分组成，分别是大麻与硬毒品利弊认知、认知态度、法律方面。问卷共 25 题。

调查对象中，男性 82 人占 42.27%，女性 112 人占 57.73%；大一学生有 18 人占 9.28%，大二学生有 29 人占 14.95%，大三学生有 44 人占 22.68%，大四学生有 103 人占 53.09%。低年级和高年级比约为 1 : 3，毒品沾染率为 0。具体见表 2 - 2 - 1 ~ 表 2 - 2 - 3。

表 2 - 2 - 1 调查对象的性别比例

| 性别 | 人数（n）/人 | 百分比/% |
|---|---|---|
| 男 | 82 | 42.27 |
| 女 | 112 | 57.73 |

表 2 - 2 - 2 调查对象的年级比例

| 年级 | 人数（n）/人 | 百分比/% |
|---|---|---|
| 大一 | 18 | 9.28 |
| 大二 | 29 | 14.95 |
| 大三 | 44 | 22.68 |
| 大四 | 103 | 53.09 |

表 2 - 2 - 3    调查对象曾经食用过哪些物质

| 选项 | 人数（n）/人 | 百分比/% |
|---|---|---|
| 冰毒 | 0 | 0 |
| 海洛因 | 0 | 0 |
| 大麻 | 0 | 0 |
| 无 | 194 | 100 |

## 2    大麻与硬毒品的利弊认知状况

### 2.1    大学生关于大麻的毒品性质及其与硬毒品的区别认识不足

问卷调查显示，多数大学生都知道冰毒、海洛因和大麻属于国家严格管制的毒品，正答率为 96.39%。但了解海洛因和冰毒属于成瘾性和伤害性更大的硬毒品的大学生仅有 36.60%，另外有 37.63% 大学生不能对大麻与硬毒品做出正确区分。由于大麻的成瘾性和伤害性都远低于海洛因和冰毒，应当视为软毒品。其中 77.32% 的大学生知晓冰毒、海洛因和大麻均产生心理依赖，无论吸食哪种毒品均会对人体中枢神经系统产生一定的兴奋或抑制效果，从而导致心理上的成瘾。另外，50.51% 和 61.85% 的大学生分别知晓大麻、海洛因和冰毒均产生耐受性以及大麻戒断反应最轻，因为随着吸食毒品的频率不断增加，以较少的毒品就能产生的兴奋作用必须以不断增加用药剂量才能达到原有的兴奋性效果，进而对其产生耐受性，并且海洛因、冰毒一旦中断使用，即会产生一系列显著的戒断反应，而大麻在低剂量长期使用突然停药后，戒断症状通常是较轻的。61.85% 的大学生知晓 3 种毒品成瘾性的对比，其中海洛因和冰毒极易上瘾，冰毒更是一次使用便会成瘾，毫无办法解脱。而大麻上瘾更多的是一种心理依赖，躯体依赖性远不如冰毒、海洛因那么严重。值得注意的是，知道吸食大麻可能会导致传染性疾病的大学生仅有 38.66%，知晓率偏低。而有 41.23% 的大学生不知道，或者认为吸食大麻不会导致传染病的发生。其实吸食大麻可能会导致人体免疫力的下降，从而使传染性疾病发生的概率增高。详见表 2 - 2 - 4。

表 2 - 2 - 4    毒品性质与特征的知晓情况

| 内容 | 正确人数（n）/人 | 百分比/% |
|---|---|---|
| 冰毒、海洛因和大麻均属毒品 | 187 | 96.39 |
| 冰毒、海洛因属于硬毒品 | 71 | 36.60 |
| 冰毒、海洛因和大麻均产生心理依赖 | 150 | 77.32 |
| 冰毒、海洛因和大麻均产生耐受性 | 98 | 50.51 |

表 2 - 2 - 4（续）

| 内容 | 正确人数（n）/人 | 百分比/% |
|---|---|---|
| 大麻戒断反应最轻 | 120 | 61.85 |
| 成瘾性海洛因≥冰毒＞大麻 | 120 | 61.85 |
| 吸食大麻可能会导致传染病 | 75 | 38.66 |

### 2.2 大学生对毒品危害的认知程度高于对其功效的认知

调查对象对于海洛因、冰毒和大麻 3 种毒品对人体产生的生理和心理的危害，知晓率为 60%~70%。其中吸食大麻将会导致的危害包括影响判断力、平衡失调（71.13%），记忆力衰退（70.10%），免疫力下降（65.46%），呼吸器官受损（63.40%），焦虑、抑郁（62.89%）；吸食海洛因将会导致的危害包括免疫力下降（66.49%）、影响心血管系统（65.46%）、抑制呼吸中枢（64.95%）、肾衰竭（64.95%）；吸食冰毒将会导致的危害包括幻觉、妄想（78.35%），免疫力下降（64.43%），焦虑、抑郁（60.82%），性欲亢进（46.39%），龋齿（32.99%）。大学生对这 3 种毒品的作用和功效了解程度不尽相同，知晓率普遍偏低，其中对大麻作用平均知晓率为 47.01%，对海洛因作用平均知晓率为 36.73%，对冰毒作用平均知晓率为 36.60%。可见大学生对毒品危害的认知程度高于对其功效的认知。详见表 2 - 2 - 5~表 2 - 2 - 7。

表 2 - 2 - 5   大麻的作用、危害知晓情况

| 大麻的作用 | 知晓人数（n）/人 | 百分比/% | 大麻的危害 | 知晓人数（n）/人 | 百分比/% |
|---|---|---|---|---|---|
| 大麻可作为工业用途，如纺织、造纸、建筑材料等 | 81 | 41.75 | 影响判断力，平衡失调 | 138 | 71.13 |
| 大麻籽（油）产品，可作为食品、天然保健品、药品和化妆品的原料 | 102 | 52.58 | 免疫力下降 | 127 | 65.46 |
| 消除烦躁与疲劳，提神兴奋 | 117 | 60.31 | 呼吸器官受损 | 123 | 63.40 |
| 止痛镇静 | 133 | 68.56 | 记忆力衰退 | 136 | 70.10 |
| 治疗青光眼 | 23 | 11.86 | 焦虑、抑郁 | 122 | 62.89 |
| 不知道 | 31 | 15.98 | 不知道 | 16 | 13.40 |

表 2 - 2 - 6　海洛因的作用、危害知晓情况

| 海洛因的作用 | 知晓人数（n）/人 | 百分比/% | 海洛因的危害 | 知晓人数（n）/人 | 百分比/% |
|---|---|---|---|---|---|
| 抗焦虑 | 80 | 41.24 | 影响心血管系统 | 127 | 65.46 |
| 缓解长期疲劳 | 90 | 46.39 | 免疫力下降 | 129 | 66.49 |
| 止痛镇静 | 135 | 65.59 | 抑制呼吸中枢 | 126 | 64.95 |
| 治疗幼儿啼哭 | 29 | 14.95 | 肾衰竭 | 126 | 64.95 |
| 治疗痢疾 | 30 | 15.46 | 不知道 | 31 | 15.98 |
| 不知道 | 44 | 22.68 | | | |

表 2 - 2 - 7　冰毒的作用、危害知晓情况

| 冰毒的作用 | 知晓人数（n）/人 | 百分比/% | 冰毒的危害 | 知晓人数（n）/人 | 百分比/% |
|---|---|---|---|---|---|
| 缓解充血 | 70 | 36.08 | 性欲亢进 | 90 | 46.39 |
| 止咳剂 | 61 | 31.44 | 免疫力下降 | 125 | 64.43 |
| 感冒速效药 | 65 | 33.51 | 幻觉、妄想 | 152 | 78.35 |
| 提神兴奋 | 125 | 64.43 | 龋齿 | 64 | 32.99 |
| 减肥瘦身 | 34 | 17.53 | 焦虑、抑郁 | 118 | 60.82 |
| 不知道 | 48 | 24.74 | 不知道 | 28 | 14.43 |

**2.3　大学生对毒品的功效有一定认识，但并不全面**

调查显示，大学生对以上 3 种毒品的功效知晓率有较大的差异，对于常见的作用功效有一定认识，如冰毒会使吸食者兴奋提神，知晓率为 64.43%，但对于冰毒的其他作用知晓率较低，包括缓解充血（36.08%）、感冒速效药（33.51%）、止咳剂（31.44%）、减肥瘦身（17.53%）。同样，对于海洛因、大麻常见的止痛镇静功效，知晓率均为 60% 左右，而大麻、海洛因其他作用知晓率偏低且有较大差异，其中包括大麻的食品药品用途（52.58%）、工业用途（41.75%）、治疗青光眼（11.86%），海洛因的缓解长期疲劳（46.39%）、抗焦虑（41.24%）、治疗痢疾（15.46%）、治疗幼儿啼哭（14.95%）等。详见表 2 - 2 - 5 ~ 表 2 - 2 - 7。

**2.4　大学生对毒品的危害有深入认识，但仍有少数大学生完全不知道**

由调查可知，大学生对这 3 种毒品的危害都有一定程度的认识，但其中有 13.40% 学生完全不知道大麻的危害，另外分别有 15.98% 和 14.43% 完全不知道海洛因和冰毒的危害。这种情况很可能是由于大学生在接受和了解毒品相关的知识方面处于被动接收状态，很少主动去了解关心这方面的知

识，而且现今各种传播媒介对于毒品滥用情况及其导致危害的严重性宣传较少，即使开展了此类宣传，其针对性、覆盖面和力度也不到位，且内容较单一无趣，不能引起大学生的关注，所以仍有小部分大学生完全不了解毒品的危害。详见表2-2-5～表2-2-7。

**3 大学生对大麻认知来源分析**

**3.1 大学生对大麻的认识主要集中于影视新闻媒体和互联网**

从调查结果来看，大学生对大麻的认识和了解途径是多渠道、多方面的。其中从新闻媒体获取知识率最高，达到79.38%；紧接着是互联网和学校教育，分别有64.43%和58.25%。可见大学生在这方面的知识来源主要集中在新闻媒体和互联网。新闻媒体作为一种覆盖面广、权威性高的媒介，因其贴近群众、传递信息迅速快捷等特点，在大麻宣传教育上能够起到一个较好的传播效果。通过制作播出与大麻相关的专题节目或报道，或透过吸食者的现身说法、真实故事等，发挥新闻媒体的传播优势，更具体直观，具有较强感染力，能更好地引起大学生对大麻的关注。同时，现今大学生的学习生活也已经离不开互联网，而且依赖程度越来越高，从中获取的信息比以往要大幅增长。国内主流媒体网站和常用的社交媒体包括人人网、微博、微信等在信息传播中起到越来越重要的作用，大学生从中获取的大麻知识要比以往有所增加。详见表2-2-8。

表2-2-8 调查对象对大麻的认识来源于哪些渠道

| 选项 | 人数（n）/人 | 百分比/% |
| --- | --- | --- |
| 国家法律法规 | 108 | 55.67 |
| 新闻媒体 | 154 | 79.38 |
| 学校教育 | 113 | 58.25 |
| 家庭因素 | 37 | 19.07 |
| 报纸杂志 | 96 | 49.48 |
| 互联网 | 125 | 64.43 |

**3.2 高校反毒禁毒教育存在局限性，多数大学生赞成毒品分类教育**

问卷显示，学校教育是大学生获取禁毒知识的最主要途径，占到80.93%，其次是新闻媒体和互联网，分别占79.90%和69.95%。虽然今日的高校早已不是封闭的象牙塔，但在校大学生一年中仍有近80%的时间在学校度过，所以学校教育对大学生的影响仍是最为深刻的，在反毒禁毒教育方面也是如此，高校应该在日常生活中对大学生进行毒品常识的正面教育与引导。但另一项数据表明，只有 58.25% 的大学生是从学校获取大麻相关知识的，这说明高校在禁毒宣教上对于毒品常识的宣传并不到位，存在一定缺失。同时也存在一定的局限性，一方面，现今高校的禁毒宣教困境在于大学生没有接受相关教育的动机，由于高校的禁毒宣传内容较为单一乏味，部分高校的禁毒宣传教育工作往往徒有虚名，苍白无力！要么根本不提禁毒宣传教育，要么只是走走过场不能与时俱进，大学生处于被动接受一方，致使其参与度比较低，积极性无法被充分调动。另一方面，有 87.11% 的大学生赞成对毒品实行分类别宣传教育，只有 4.64% 的人反对实施。表明绝大多数大学生都认为现阶段的禁毒工作还存在一定的不足之处，若能够适当改进，对毒品实施分类别的教育，能更容易为大学生所接受，从而培养大学生防范毒品的意识和能力，提高禁毒宣传工作的规模和效果。详见表 2 - 2 - 9、图 2 - 2 - 1。

表 2 - 2 - 9　调查对象从哪里接受过有关禁毒宣传教育

| 选项 | 人数（n）/人 | 百分比/% |
|---|---|---|
| 新闻媒体 | 155 | 79.90 |
| 学校教育 | 157 | 80.93 |
| 家庭 | 69 | 35.57 |
| 报纸杂志 | 102 | 52.58 |
| 互联网 | 126 | 69.95 |
| 无 | 2 | 1.03 |

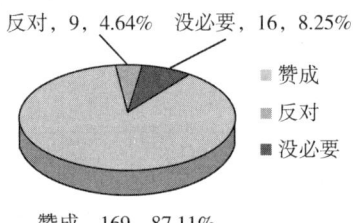

图 2 - 2 - 1　对毒品实行分类别禁毒宣传教育，调查对象的态度

### 4　大学生对大麻认知态度分析

#### 4.1　大学生普遍认同吸食大麻是违法行为

《中华人民共和国治安管理处罚法》第 72 条规定：吸食、注射毒品的，处 10 日以上 15 日以下拘留，可以并处 3000 元以下罚款；情节较轻的，处 5 日以下拘留或者 500 元以下罚款。若有成瘾行为则要接受社区戒毒或强制戒毒。在问卷中，认为吸食大麻属违法行为的大学生占 89.69%，并有 69.59%

的大学生认为这是不健康的行为，说明大学生对于吸食大麻这种行为都有正确的道德观念，肯定其违法性。值得注意的是，只有39.69%的大学生认为吸食大麻是一种不道德的行为，57.22%的大学生认为是对他人或社会有害的行为。90后大学生自我意识和观念更突出，一部分大学生认为吸食大麻只是个人消费行为，是吸食者自己的选择，是公民个人对自己生活的一种毁灭性安排，直接危害的是吸食者自身的健康乃至生命，但不会直接危害他人和社会的利益，行为本身无须对他人有任何道德亏欠，他人更加无权干涉。详见表2-2-10。

表2-2-10 调查对象认为青少年吸食大麻是什么行为

| 选项 | 人数（n）/人 | 百分比/% |
| --- | --- | --- |
| 违法的 | 174 | 89.69 |
| 不道德的 | 77 | 39.69 |
| 不健康的 | 135 | 69.59 |
| 娱乐的 | 8 | 4.12 |
| 对他人或社会有害的 | 111 | 57.22 |

### 4.2 大学生可能因为好奇而尝试大麻

另一项数据显示，青少年自身的无知好奇是吸食大麻的最主要原因，由于其好奇心强和认知能力低，意志薄弱者抵抗不住诱惑而吸食，占到81.44%。有58.25%的大学生认为精神空虚也是诱因之一。而且这种行为不但受自身的影响，社会和文化环境负面影响也成为青少年吸食大麻的主要因素，包括生活环境的影响和被蓄意引诱，分别占53.09%和71.13%。特别是青少年追求刺激，很容易在"朋友"的诱导下，虚荣心的刺激下，认为吸食大麻只是属于普通的"消遣"，没有大碍，并不是吸毒，最终误入歧途。更有甚者认为这是在朋友面前的一种炫耀，从而把这种不合法的行为打上了前卫、时尚的标签，认为这是一种身份和地位的象征。详见表2-2-11。

表2-2-11 调查对象认为青少年吸食大麻的原因

| 选项 | 人数（n）/人 | 百分比/% |
| --- | --- | --- |
| 好奇 | 158 | 81.44 |
| 受生活环境影响 | 103 | 53.09 |
| 精神空虚 | 113 | 58.25 |
| 被蓄意引诱 | 138 | 71.13 |
| 学习压力大 | 44 | 22.68 |

### 5 大麻管制及合法化问题

#### 5.1 大学生态度谨慎，普遍赞同对大麻实施严格管控

问卷中，对于在临床医疗上使用大麻，持支持态度的大学生占73.20%，持反对意见的占21.13%，认为无所谓的有5.67%。可见大学生普遍肯定其医用价值，赞成大麻在临床方面上的应用。而在适度放宽大麻管控的问题上，仅有12.89%的大学生表示应该，81.96%的大学生表示不赞成。详见图2-2-2、图2-2-3。

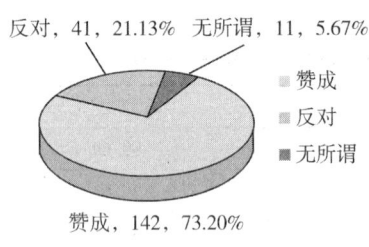

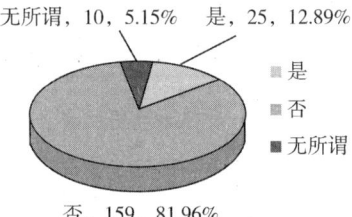

图2-2-2 调查对象对于大麻用于 　　图2-2-3 我国法律是否应该
　　临床医疗的态度 　　　　　　　　适度放宽大麻管控

#### 5.2 大学生持抵制态度，普遍反对大麻合法化

问卷结果显示，只有6.70%大学生支持大麻合法化，而81.96%的大学生都反对大麻合法化在我国实行，两者选择差距甚远。在支持大麻合法化的理由中，认为其作为软性毒品对人体伤害、成瘾小和临床药理价值潜力大的大学生占76.92%，46.15%的大学生认为禁毒成本高，而且成效一般，只有23.08%的大学生认为使用大麻是一种个人权利，应该由民众自由选择。在反对大麻合法化的理由中，82.39%的大学生认为这会加重我国毒品泛滥问题，88.05%的大学生认为其属于入门级毒品，会诱发更严重吸毒行为，大学生若被大麻的"软"性所迷惑，再加上自身自制力稍弱，很可能会继续尝试其他毒品，深陷其中。81.13%的大学生认为大麻具有致幻性，可引起犯罪，吸食者在产生幻觉的情况下，轻则会影响判断力，对时间和距离都不能准确测定，严重者则对自身和周边环境造成潜在的威胁。74.84%的大学生认为长期吸食大麻影响人体健康。大麻的成瘾性和毒性虽然一直是其争议所在，但长期过量使用这种毒品损伤身体和心智是不容置疑的事实。其中，认为禁毒是保障公民生命健康权的一种体现选择率最高，达89.93%。详见图2-2-4，表2-2-12，表2-2-13。

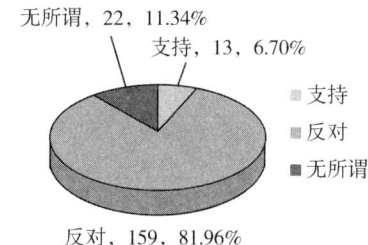

无所谓，22，11.34%
支持，13，6.70%

■支持
■反对
■无所谓

反对，159，81.96%

图 2 - 2 - 4　调查对象对大麻合法化的态度

表 2 - 2 - 12　调查对象支持大麻合法化的理由

| 选项 | 人数（n）/人 | 百分比/% |
|---|---|---|
| 作为软性毒品对人体的伤害、成瘾性小 | 10 | 76.92 |
| 临床药理价值潜力大 | 10 | 76.92 |
| 禁毒成本高，而且成效一般 | 6 | 46.15 |
| 使用大麻是一种个人权利，应该由民众自由选择 | 3 | 23.08 |

表 2 - 2 - 13　调查对象反对大麻合法化的理由

| 选项 | 人数（n）/人 | 百分比/% |
|---|---|---|
| 属于入门级毒品，会诱发更严重的吸毒行为 | 140 | 88.05 |
| 具有致幻性，可引起犯罪 | 129 | 81.13 |
| 加重我国毒品泛滥问题 | 131 | 82.39 |
| 长期吸食影响人体健康 | 119 | 74.84 |
| 禁毒是保障公民生命健康权的一种体现 | 144 | 89.93 |

# 讨　论

## 1　大学生对毒品特征认知不足，不能正确区分毒品类别

当今社会对于大学生的毒品认知存在一些误区，认为大学生文化程度较高，识别能力强，能自觉抵制毒品，吸毒和大学生形象不符；或者认为高校相对封闭，不易受到毒品问题的侵扰。在大学生中也普遍存在这样的认识，认为毒品离自己很遥远，自己的生活圈子是不会存在毒品的，确定自己肯定不会走上吸食毒品的道路。

但调查显示，一方面，大学生对于毒品特征包括耐受性、戒断反应以及依赖性等认知程度不高，分别只有 50.51%、61.85% 和 77.32%；另一方面，他们对于毒品类别的认识，软硬毒品的区分度并不高，只有 36.60%

（表 2 - 2 - 4）。可知，大学生虽然对毒品有最基本的认识，但其掌握程度一般，而且认识片面、不准确。

由于大学生正处在青春期与成年期初期阶段，心理和生理都处在迅速变化之中，而且好奇心强、容易接受新鲜事物，如果没有对毒品形成正确的认知或认识不足，就很容易先入为主，在好奇心驱使下或社会环境下产生从众行为。要知道虽然仅一次的毒品尝试并不等价于毒品滥用，但是如果不能及时得到干预和正确引导，就很容易发展到滥用毒品，而且大学生之间的相互影响作用也是很大的。要使大学生对毒品有更深入的了解，必须通过教育宣传对毒品知识作补充。不同种类毒品进行分类并多加普及说明和宣传，可在一定程度上使大学生对毒品的认识更加全面。

**2　大学生对大麻以及硬毒品的利弊认知存在局限性**

近几年我国青少年逐渐成为吸食毒品的主要人群，且比例逐年攀升，虽然受到多方面因素影响，包括毒品特征认知不足，不能正确区分毒品类别等。但不能忽视的是，大学生对大麻以及硬毒品的利弊认知存在局限性，也是导致滥用毒品的主要诱因。

从调查结果看，只有 38.66% 的大学生知晓吸食大麻可能会导致传染病的发生，41.23% 的大学生不知道或者认为吸食大麻不会导致传染病。他们对毒品危害的认知程度要高于对其功效的认知，并且对于毒品功效作用知晓率有较大差异，常见功效的知晓率明显高于其他。

由于大学生对于毒品的利弊认知存在局限性，通过访谈得知，他们之所以觉得吸食大麻不会导致传染病的发生，是因为他们认为大麻并没有与其破损的皮肤或暴露的黏膜接触。但大麻实际影响的是人体内部免疫系统的功能，从而使感染传染病的概率增高。而海洛因、冰毒这 2 种毒品不但会使吸食者的免疫力下降，功能低下，而且静脉注射者若共用不洁注射器还会感染肝炎、艾滋病等传染病。同时他们可能在蓄意引诱下，信服吸毒可以减肥等有关传言，若稍微欠缺防范意识，就容易陷入毒品的麻醉中。实际上，所有的兴奋剂都有减肥的效果。这一切源于兴奋可以在增加身体消耗的同时抑制食欲，但副作用就是出现营养不良、消化系统紊乱、体质下降等危害。

**3　大学生获取反毒禁毒资讯的渠道有限，资讯单一**

由于现阶段传播媒介发展迅速和日益壮大，大学生正处在日新月异的信息传播环境中，而且其获取资讯的渠道和接受信息的能力都有别于其他群体，所以大众普遍认为大学生能够从中获取合适的反毒禁毒资讯。

调查结果显示，广州大学生获取反毒禁毒资讯主要来源于 3 个渠道，其中学校教育所占的比例最高，为80.93%，其次是新闻媒体和互联网，分别占79.90%和69.95%（表2-2-9）。

　　高校宣传教育相对新闻媒体来说，其受众和覆盖层面具有针对性，但由于常以挂条幅，或制作宣传海报、标语等方式来开展禁毒工作，资讯较为单一且缺乏创新性，致使大学生重视程度不够。而新闻媒体作为舆论的代表者和形成者，也是大学生获取禁毒知识的重要途径之一，虽然在宣传上直观具体，但其禁毒资讯只能单向传播，反馈作用较弱，学生从媒体获取禁毒资讯具有很高的偶然性和随机性。现阶段媒体过多地集中于对演艺明星吸食大麻个案的报道，而忽略透过制作专题栏目或吸毒者现身说法等更具感染力的节目或报道来开展禁毒普及宣传，使其传播优势不能充分发挥。互联网虽然是现今最贴近生活、贴近群众的传播手段，但大学生在禁毒反毒中处于被动接受一方，注定了其在互联网上获取的有关资讯同样具有较大的偶然性和随机性。另外，我国各省的禁毒网站建设良莠不齐，有些内容落后过时且信息更新不及时，相比较来看互联网在禁毒宣传上略显落后。

### 4　大学生对待大麻的态度理性谨慎，行为倾向保守

　　由于大麻的成瘾性和危害性较低，通常被冠以"软毒品"之名，社会上对于吸食大麻是否道德也存在一定争议。英国医学杂志《柳叶刀》2007年刊文显示，大麻的依赖性及伤害性甚至不及大家经常接触的烟酒，使得世界范围内出现不少支持放宽大麻管制的呼声。

　　调查显示，89.69%的大学生认为吸食大麻属于违法行为，而只有39.69%的大学生认为吸食大麻属于不道德的行为。另一项数据显示，在我国是否应适度放宽大麻管控问题上，持反对态度的大学生占了81.96%，支持的为12.89%。而在大麻合法化的问题上，反对的大学生同样占81.96%，支持的仅占6.70%，11.34%表示无所谓。另外有73.2%的大学生赞成大麻在临床上应用。

　　从法律上看，吸食大麻属于违法和犯罪行为，而吸食大麻的不道德性在于，每一个人都是社会的一员，每一个人都有责任成为社会和谐发展的贡献者，自我毁灭性安排间接地构成对一个国家、民族的侵害。在现今社会，吸食大麻行为会间接影响他人，从而危害社会。虽然西方一些国家大麻已经合法化了，但部分国家包括美国，合法化也是有限的合法化。放宽大麻管制与《中华人民共和国禁毒法》等相关法律相违背，将在很多细节上挑战现有的社会制度和公众认知。我国人口基数大，若开放大麻的使用，只会加重毒品的泛滥，其后果将会是灾难性的。而对于大麻在医疗上的使用价值，根据访

谈得知，调查对象认为只要遵循医嘱严格使用即不必过分担心，但也有人担心会产生副作用，包括耐受性及依赖性等，对人体造成不必要的伤害。大麻虽然对慢性疼痛、青光眼、艾滋病等均具有明显的治疗作用，但存在不良反应和副作用，使用的剂量范围和最适宜的给药方法还有待进一步研究，且尚未能进入临床应用，因此现阶段我国还不具备大麻合法化的条件。大部分大学生虽然对于大麻的医用价值和临床使用都持肯定的态度，但对于吸食大麻特别是大麻合法化还是持理性谨慎的态度，都不认同放宽对大麻的管控。

# 附　录　调查问卷

## 广州市大学生的大麻认知状况调查——与硬毒品比较的视角

亲爱的同学：

你好！我们正在进行一项关于大学生对大麻认知状况的调查，以便为大麻的宣传和立法提供相关建议，加深学生对大麻的客观认识。请你根据你的基本认识逐题作答，本次调查采用匿名方式。感谢你的支持和合作，谢谢！

### 一、基本信息

1. 你的性别是：A. 男　B. 女

2. 你的年级是：A. 大一　B. 大二　C. 大三　D. 大四

3. 你曾经食用过哪些物质？

　　A. 冰毒　　　　　B. 海洛因　　　　C. 大麻

### 二、利弊认知（不定项选择）

4. 以下哪些物质属于毒品？

　　A. 冰毒　　　　　B. 海洛因　　　　C. 大麻　　　　D. 不知道

5. 以下哪些物质属于硬毒品？（硬毒品指成瘾更强、危害更大的毒品）

　　A. 冰毒　　　　　B. 海洛因　　　　C. 大麻　　　　D. 不知道

6. 以下哪些物质以心理依赖为主？

　　A. 冰毒　　　　　B. 海洛因　　　　C. 大麻　　　　D. 不知道

7. 以下哪些物质易产生耐受性？

　　A. 冰毒　　　　　B. 海洛因　　　　C. 大麻　　　　D. 不知道

8. 以下哪种毒品的戒断反应最轻？（单选）

　　A. 冰毒　　　　　B. 海洛因　　　　C. 大麻　　　　D. 不知道

9. 根据成瘾性强弱，以下排序正确的是（　　）？（单选）

　　A. 海洛因≥大麻＞冰毒　　　　　　B. 海洛因≥冰毒＞大麻

　　C. 大麻≥冰毒＞海洛因　　　　　　D. 海洛因＝大麻＝冰毒

　　E. 不知道

10. 大麻的作用或功效包括（　　）（多选）

    A. 大麻可作为工业用途，如纺织、造纸、建筑材料等

    B. 大麻籽（油）产品，可作为食品、天然保健品、药品和化妆品的原料

    C. 消除烦躁与疲劳，提神兴奋

    D. 止痛镇静

    E. 治疗青光眼

    F. 增强性欲

    G. 不知道

11. 大麻的危害包括（　　）（多选）

    A. 影响判断力，平衡失调　　　　　B. 免疫力下降

    C. 呼吸器官受损　　　　　　　　　D. 记忆力衰退

    E. 焦虑、抑郁　　　　　　　　　　F. 不知道

12. 海洛因的作用或功效包括（　　）（多选）

    A. 抗焦虑　　　　　　　　　　　　B. 缓解长期疲劳

    C. 止痛镇静　　　　　　　　　　　D. 治疗幼儿啼哭

    E. 治疗痢疾　　　　　　　　　　　F. 不知道

13. 海洛因的危害包括（　　）（多选）

    A. 影响心血管系统　　　　　　　　B. 免疫力下降

    C. 抑制呼吸中枢　　　　　　　　　D. 肾衰竭

    E. 不知道

14. 冰毒的作用或功效包括（　　）（多选）

    A. 缓解充血　　　　　　　　　　　B. 止咳剂

    C. 感冒速效药　　　　　　　　　　D. 提神兴奋

    E. 减肥瘦身　　　　　　　　　　　F. 不知道

15. 冰毒的危害包括（　　）

    A. 性欲亢进　　　　　　　　　　　B. 免疫力下降

    C. 幻觉、妄想　　　　　　　　　　D. 龋齿

    E. 焦虑、抑郁　　　　　　　　　　F. 不知道

## 三、认知态度

16. 你对大麻的认识来源于哪些渠道？（可多选）

    A. 国家法律法规　　　　　　　　　B. 新闻媒体

C. 学校教育                                D. 家庭因素

E. 报纸杂志                                F. 互联网

17. 吸食大麻是（    ）行为（多选）

A. 违法的                                  B. 不道德的

C. 不健康的                                D. 娱乐的

E. 对他人或社会有害的

18. 你认为青少年吸食大麻的原因是？（可多选）

A. 好奇                                    B. 受生活环境影响

C. 精神空虚                                D. 被蓄意引诱

E. 学习压力大

19. 你从哪里接受过有关禁毒宣传教育？

A. 新闻媒体                                B. 学校教育

C. 家庭                                    D. 报纸杂志

E. 互联网                                  F. 无

20. 对毒品实行分类别禁毒宣传教育，你的态度是？

A. 赞成          B. 反对          C. 没必要

21. 对于大麻日常临床医疗用，你的态度是？

A. 赞成（只要遵循医嘱严格使用即可）

B. 反对（担心产生耐受性及依赖性）

C. 无所谓

## 四、法律方面

22. 我国法律是否应该适度放宽大麻管控？

A. 是          B. 否          C. 无所谓

23. 你对大麻合法化的态度是？

A. 支持（请跳至第 24 题）

B. 反对（请跳至第 25 题）

C. 无所谓

24. 你支持大麻合法化的理由是（    ）（可多选）

A. 作为软性毒品对人体的伤害、成瘾性小

B. 临床药理价值潜力大

C. 禁毒成本高，而且成效一般

D. 使用大麻是一种个人权利，应该由民众自由选择

25. 你反对大麻合法化的理由是（　　　）（可多选）

    A. 属于入门级毒品，会诱发更严重的吸毒行为

    B. 具有致幻性，可引起犯罪

    C. 长期吸食影响人体健康

    D. 加重我国毒品泛滥问题

    E. 禁毒是保障公民生命健康权的一种体现

# 实证调查三　非典型瘾品知信行调查

　　网瘾，到目前为止已经引起社会各界的高度关注，但是另一种对青少年健康成长具有较大影响的"瘾"，却没有引起人们的关注，那就是零食的成瘾性。随着经济的发展和生活水平的提高，在人们日常饮食中，零食的地位日益凸显。现在人们对食品的需求上不再只是正餐，而更多的是正餐之外的需求——零食。对于大学生而言，零食已经成为其生活中较为重要的一部分。零食相比起毒品和烟酒等具有明显的成瘾性的物质来说，其所具有的成瘾性并不明显，但是由于零食的原始食材或者添加剂的影响，可能会让人产生愉悦感从而具有一定的成瘾性，所以在摄入量和频率达到一定时就会让人产生物质依赖，即成瘾。

　　国外的研究人员在 21 世纪初就开始对食物成瘾进行研究，但是对零食和饮品成瘾的研究较少，主要集中在食物的成瘾或者零食与肥胖的关系。赫瑟林顿（Hetherington）在《食物渴求与成瘾》中，从情绪、节食和饮食障碍等方面讲述了导致食物成瘾的因素，并认为大部分的食物成瘾与心理、生理和社会文化等因素相关。尼科尔（Nicole）等人在糖成瘾的实验中证明，糖是具有一种天然成瘾的物质。有学者认为，椒盐类的食物经过精加工后也会产生瘾性。2009 年，耶鲁大学研究人员发表的《耶鲁食物成瘾量表》，通过实验验证高脂肪、高糖量等食物可以量化其成瘾性。

　　国内有学者认为，零食瘾是一种新型上瘾的形式。学者们通过对大学生每月零食的消费，消费的原因、频率和口味，零食对身体影响的认识以及情绪对零食消费的影响等的调查，认为大学生在零食选择时具有盲目性。大部分大学生以零食的口味去选择零食而不是依据零食所具有的营养价值，同时大学生过于依赖零食。大学生摄入零食情况很普遍，女生的比例高于男生，而且用零食代替正餐及早餐者也占有很高的比例。有研究者发现，在我们的日常饮食上存在着一种"享乐性贪食"现象，这种现象仅仅是为了获得愉悦感而进行过度摄食。还有学者认为零食中的糖、盐和脂肪是更容易让人上瘾的配料。《中国儿童青少年零食消费指南》提出，在恰当的时间消费合理量的零食对身体是有益处的，指出零食其实也是摄取营养的一种途径，可以补充正餐所缺的营养成分。

本研究以大学生为研究对象，对广州市的大学生进行零食的知信行调查，帮助大学生意识到零食的成瘾性问题，让大学生对非典型瘾品有更多的关注和了解，从而有利于促进大学生身体健康；并依据大学生对零食的认知和行为倾向给出合理的建议，帮助大学生树立良好的零食选择观。

# 对象与方法

## 1 调查对象

广州市内广州医科大学、华南师范大学、广东工业大学、广东财经大学、中山大学新华学院 5 所高校的在读大学生，年级从大一至研究生。

## 2 调查方法

### 2.1 问卷调查法

自行制作问卷于 2017 年 12 月至 2018 年 2 月以网上发布问卷调查作为主要调查方式搜集资料数据，针对广州市内 5 所高校的在读大学生采取随机方式进行调查。本次调查问卷共发放 315 份，回收 311 份，问卷回收率98.73%，其中有效问卷为 301 份，有效问卷率96.78%。

### 2.2 个人访谈法

按年级选取 3~5 名大学生进行访谈，就问卷部分题目进行深入的访谈。

### 2.3 文献研究法

通过图书馆、网络和中国知网查阅国内外有关食物成瘾、大学生零食食用的文献和书籍资料，对食物成瘾和大学生零食食用的基本情况做较详细的了解，并为后续的调查问卷设计和论文撰写提供借鉴和资料准备。

### 2.4 统计分析法

采用问卷星网页，spss20.0 录入数据，运用 spss20.0 进行描述统计和交叉分析。

# 结　果

## 1 调查的基本情况

本次实际调查 315 人，其中问卷共发放 315 份，回收 311 份，有效问卷301 份，问卷回收率98.73%，有效问卷率96.78%；访谈共 5 人。调查问卷由 5 部分组成，分别是被调查者的一般情况、零食和食品添加剂的基本认知、零食需求态度、零食摄入行为选择的调查和成瘾分析，问卷共22题。

此次的调查对象，男性占27.24%，女性占72.76%；本科低年级学生占42.52%，本科高年级学生占46.84%，研究生占10.63%；经管类专业学生占45.18%，理工类专业学生占26.58%，文史类专业学生占14.29%，医药类专业学生占11.63%，其他类专业中艺术类和教育类共占2.32%。在本次调查中，籍贯为农村的学生占61.13%，城市学生占38.87%；来广州上大学前生活在华东地区的学生占6.98%，华中地区学生占6.64%，华南地区学生占80.07%，西南地区学生占3.99%，西北地区学生占1.66%，东北地区学生占0.66%；月生活费在800元以下的学生占15.28%，800~1500元的学生占67.44%，1500元以上的学生占17.28%。具体见表2-3-1~表2-3-6。

表2-3-1　调查对象的性别比例

| 性别 | 人数（n）/人 | 百分比/% |
| --- | --- | --- |
| 男 | 82 | 27.24 |
| 女 | 219 | 72.76 |

表2-3-2　调查对象的年级构成比例

| 年级 | 人数（n）/人 | 百分比/% |
| --- | --- | --- |
| 本科低年级（大一、大二） | 128 | 42.52 |
| 本科高年级（大三、大四、大五） | 141 | 46.84 |
| 研究生 | 32 | 10.63 |

表2-3-3　调查对象的专业学科比例

| 专业类别 | 人数（n）/人 | 百分比/% |
| --- | --- | --- |
| 经管类 | 136 | 45.18 |
| 理工类 | 80 | 26.58 |
| 文史类 | 43 | 14.29 |
| 医药类 | 35 | 11.63 |
| 其他 | 7 | 2.32 |

表2-3-4　调查对象的籍贯构成比例

| 籍贯 | 人数（n）/人 | 百分比/% |
| --- | --- | --- |
| 农村 | 184 | 61.13 |
| 城市 | 117 | 38.87 |

表 2 - 3 - 5　调查对象上大学前所生活地区比例

| 地区 | 人数（n）/人 | 百分比/% |
|---|---|---|
| 华东 | 21 | 6.98 |
| 华中 | 20 | 6.64 |
| 华南 | 241 | 80.07 |
| 西南 | 12 | 3.99 |
| 西北 | 5 | 1.66 |
| 东北 | 2 | 0.66 |

表 2 - 3 - 6　调查对象一个月生活费所属范围

| 费用范围 | 人数（n）/人 | 百分比/% |
|---|---|---|
| 800 元以下 | 46 | 15.28 |
| 800～1500 元 | 203 | 67.44 |
| 1500 元以上 | 52 | 17.28 |

### 2　零食和食品添加剂的基本认知状况

本研究以大学生对零食和食品添加的基本认知为切入点，调查大学生对非典型瘾品的认识状况。根据调查结果，发现大学生对零食和食品添加剂的认知存在不足，主要体现在以下 3 个方面。

### 2.1　大学生关于零食所含卡路里大小情况认识不足，但普遍认为过量食用零食对身体有害

根据薄荷（在线体重管理平台的食品营养数据库）中的热量查询得出，比较每 100 克的膨化食品、果脯和什锦糖果所含的卡路里大小的结果为，膨化食品所含卡路里 > 什锦糖果 > 果脯；消耗 50 克的牛肉干、豆干（辣条）和芒果干所需时间的运动时间大小为牛肉干 > 豆干（辣条）> 芒果干。问卷结果显示，有 52.16% 的大学生正确地选择了每 100 克不同种类的零食之间卡路里含量大小，但是仅有 44.85% 的大学选择了消耗 50 克的牛肉干、豆干（辣条）和芒果干所需时间的运动时间大小这个正确的答案。在对关于零食所含卡路里大小的问卷题目中，回答正确率为 48.6%，可看出大学生对零食所含卡路里大小的认识不足。根据表 2 - 3 - 7 中数据得出，卡方检验 $P$ 值 $< 0.05$，不同专业的大学生对不同种类零食所含卡路里大小认识情况有差异，专业是影响认识深浅的因素之一，具有统计学意义。详见图 2 - 3 - 1、图 2 - 3 - 2、表 2 - 3 - 7、表 2 - 3 - 8。

问卷调查结果显示，分别有 53.16% 和 25.91% 的大学生认同及非常认同过量食用零食对身体有害。根据卡方检验得出，$P$ 值 $< 0.05$，说明年级是

影响大学生对过量食用零食对身体有害认识的因素，具有统计学意义。详见
图 2 - 3 - 3，表 2 - 3 - 9。

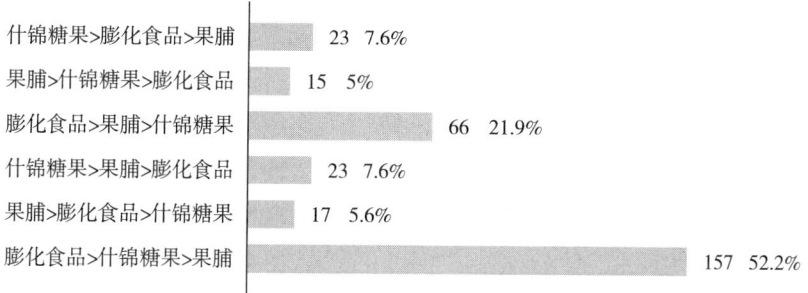

图 2 - 3 - 1　每 100 克的膨化食品、果脯和什锦糖果所含的卡路里大小

表 2 - 3 - 7　不同特征大学生对不同种类零食所含卡路里大小认识情况

| 组别 | | 膨化食品 ><br>什锦糖果 ><br>果脯 | | 果脯 > 膨化<br>食品 > 什锦<br>糖果 | | 什锦糖果 ><br>果脯 > 膨化<br>食品 | | 膨化食品 ><br>果脯 > 什锦<br>糖果 | | 果脯 > 什锦<br>糖果 > 膨化<br>食品 | | 什锦糖果 ><br>膨化食品 ><br>果脯 | | $\chi^2$ 值 | $P$ 值 |
|---|---|---|---|---|---|---|---|---|---|---|---|---|---|---|
| | | 人数<br>(n)<br>/人 | 百分比<br>/% | 人数<br>(n)<br>/人 | 百分比<br>/% | 人数<br>(n)<br>/人 | 百分比<br>/% | 人数<br>(n)<br>/人 | 百分比<br>/% | 人数<br>(n)<br>/人 | 百分比<br>/% | 人数<br>(n)<br>/人 | 百分比<br>/% | | |
| 专业 | 经管类 | 62 | 45.6 | 9 | 6.6 | 7 | 5.1 | 36 | 26.5 | 10 | 7.4 | 12 | 8.8 | 37.85 | 0.002 |
| | 理工类 | 33 | 41.3 | 2 | 2.5 | 12 | 15.0 | 21 | 26.3 | 3 | 3.8 | 9 | 11.3 | | |
| | 文史类 | 32 | 74.4 | 4 | 9.3 | 1 | 2.3 | 3 | 7.0 | 1 | 2.3 | 2 | 4.7 | | |
| | 医药类 | 25 | 71.4 | 2 | 5.7 | 2 | 5.7 | 5 | 14.3 | 1 | 2.9 | 0 | 0 | | |
| | 其他 | 5 | 71.4 | 0 | 0 | 1 | 14.3 | 1 | 14.3 | 0 | 0 | 0 | 0 | | |

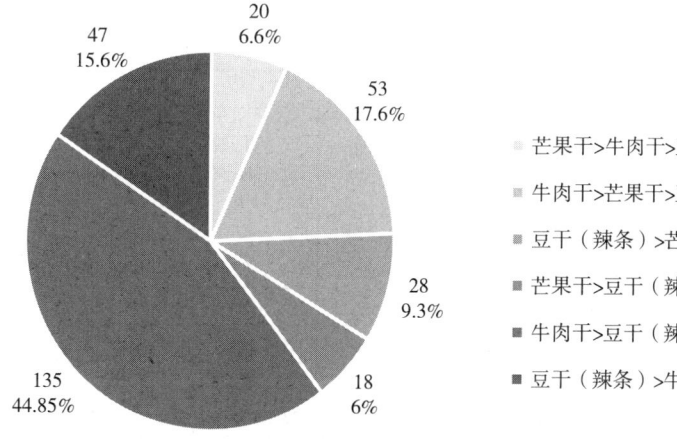

图 2 - 3 - 2　消耗 50 克的牛肉干、豆干（辣条）、芒果干所需时间的运动时间大小

表2-3-8　不同特征大学生对消耗不同种类零食所含卡路里时间大小认识情况

| 组别 | | 芒果干＞牛肉干＞豆干(辣条) | | 牛肉干＞芒果干＞豆干(辣条) | | 豆干(辣条)＞芒果干＞牛肉干 | | 芒果干＞豆干(辣条)＞牛肉干 | | 牛肉干＞豆干(辣条)＞芒果干 | | 豆干(辣条)＞牛肉干＞芒果干 | | $\chi^2$值 | $P$值 |
| --- | --- | --- | --- | --- | --- | --- | --- | --- | --- | --- | --- | --- | --- | --- | --- |
| | | 人数(n)/人 | 百分比/% | 人数(n)/人 | 百分比/% | 人数(n)/人 | 百分比/% | 人数(n)/人 | 百分比/% | 人数(n)/人 | 百分比/% | 人数(n)/人 | 百分比/% | | |
| 专业 | 经管类 | 10 | 7.4 | 31 | 22.8 | 15 | 11.0 | 9 | 6.6 | 48 | 35.3 | 23 | 16.9 | 34.139 | 0.004 |
| | 理工类 | 5 | 6.3 | 7 | 8.8 | 9 | 11.3 | 5 | 6.3 | 46 | 57.5 | 8 | 10.0 | | |
| | 文史类 | 0 | 0 | 10 | 23.3 | 3 | 7.0 | 3 | 7.0 | 16 | 37.2 | 11 | 25.6 | | |
| | 医药类 | 5 | 14.3 | 4 | 11.4 | 1 | 2.9 | 0 | 0 | 20 | 57.1 | 5 | 14.3 | | |
| | 其他 | 0 | 0 | 1 | 14.3 | 0 | 0 | 1 | 14.3 | 5 | 71.4 | 0 | 0 | | |

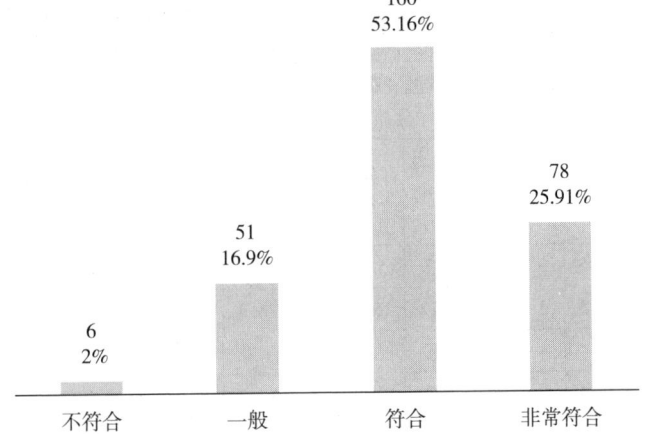

图2-3-3　调查对象认为过量食用零食会对身体有伤害

表2-3-9　不同特征大学生对过量食用零食会对身体有伤害的认同情况

| 组别 | | 非常不符合 | | 不符合 | | 一般 | | 符合 | | 非常符合 | | $\chi^2$值 | $P$值 |
| --- | --- | --- | --- | --- | --- | --- | --- | --- | --- | --- | --- | --- | --- |
| | | 人数(n)/人 | 百分比/% | 人数(n)/人 | 百分比/% | 人数(n)/人 | 百分比/% | 人数(n)/人 | 百分比/% | 人数(n)/人 | 百分比/% | | |
| 性别 | 男 | 5 | 6.1 | 3 | 3.7 | 18 | 22.0 | 46 | 56.1 | 10 | 12.2 | 21.13 | 0.00 |
| | 女 | 1 | 0.5 | 3 | 1.4 | 33 | 15.1 | 114 | 52.1 | 68 | 31.1 | | |
| 籍贯 | 农村 | 5 | 2.7 | 4 | 2.2 | 44 | 23.9 | 92 | 50.0 | 39 | 21.2 | 19.85 | 0.00 |
| | 城市 | 1 | 0.9 | 2 | 1.7 | 7 | 6.0 | 68 | 58.1 | 39 | 33.3 | | |
| 年级 | 本科低年级 | 1 | 0.8 | 2 | 1.6 | 26 | 20.3 | 67 | 52.3 | 32 | 25.0 | 20.22 | 0.01 |
| | 本科高年级 | 2 | 1.4 | 4 | 2.8 | 16 | 11.3 | 77 | 54.6 | 42 | 29.8 | | |
| | 研究生 | 3 | 9.4 | 0 | 0 | 9 | 28.1 | 16 | 50.0 | 4 | 12.5 | | |

### 2.2 大学生对零食所含食品添加剂的认识度和关注度均较低

由调查可知，对于是否有不含食品添加剂的零食，13.62%的大学生认为肯定有，41.20%的大学生认为可能有，36.21%的大学生认为肯定没有，仅有约9%的学生表示不知道。在现代食品工业中，食品添加剂是一个合法合理的存在。仅有36.21的大学生正确认识零食中的食品添加剂的存在，而更多的大学生对食品添加剂抱着一种不确定的认识（41.20%），由此可看出大学生对零食所含添加剂的认识度较低。根据卡方检验 P 值 < 0.05 可知，不同专业和年级对食品添加剂的认识有影响，具有统计学意义。详见图 2 – 3 – 4，表 2 – 3 – 10。

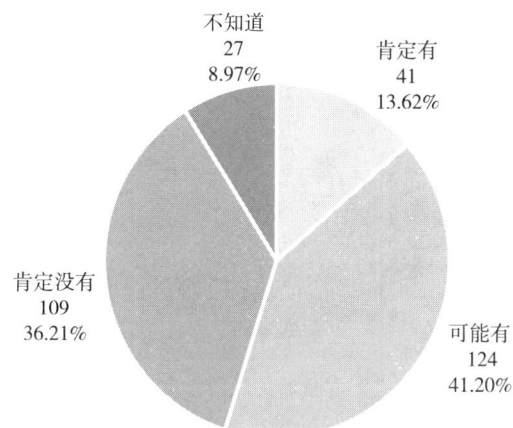

图 2 – 3 – 4　是否有不含食品添加剂的零食

表 2 – 3 – 10　不同特征大学生认为是否有不含食品添加剂的零食情况

| 组别 | | 肯定有 | | 可能有 | | 肯定没有 | | 不知道 | | χ²值 | P 值 |
|---|---|---|---|---|---|---|---|---|---|---|---|
| | | 人数(n)/人 | 百分比/% | 人数(n)/人 | 百分比/% | 人数(n)/人 | 百分比/% | 人数(n)/人 | 百分比/% | | |
| 年级 | 本科低年级 | 21 | 16.4 | 64 | 50.0 | 33 | 25.8 | 10 | 7.8 | 15.169 | 0.019 |
| | 本科高年级 | 17 | 12.1 | 52 | 36.9 | 58 | 41.1 | 14 | 9.9 | | |
| | 研究生 | 3 | 9.4 | 8 | 25.0 | 18 | 56.3 | 3 | 9.4 | | |
| 专业类别 | 经管类 | 20 | 14.7 | 55 | 40.4 | 46 | 33.8 | 15 | 11.0 | 23.538 | 0.023 |
| | 理工类 | 4 | 5.0 | 34 | 42.5 | 38 | 47.5 | 4 | 5.0 | | |
| | 文史类 | 12 | 27.9 | 19 | 44.2 | 10 | 23.3 | 2 | 4.7 | | |
| | 医药类 | 3 | 8.6 | 15 | 42.9 | 12 | 34.3 | 5 | 14.3 | | |
| | 其他 | 2 | 28.6 | 1 | 14.3 | 3 | 42.9 | 1 | 14.3 | | |

调查显示，在购买零食时总是关注所含食品添加剂的大学生仅有 9.63%，有 28.24% 的大学生在购买零食时偶尔关注食品添加剂，有 38.54% 的大学生在购买零食时很少关注其所含食品添加剂，还有 23.59% 的大学生存在购买零食时从不关注所含添加剂的情况，由此可以看出大学生对零食添加剂的关注度较低。根据卡方检验得出，年级是影响大学生购买零食是否关注其所含食品添加剂情况的影响因素，具有统计学意义。详见图 2 - 3 - 5，表 2 - 3 - 11。

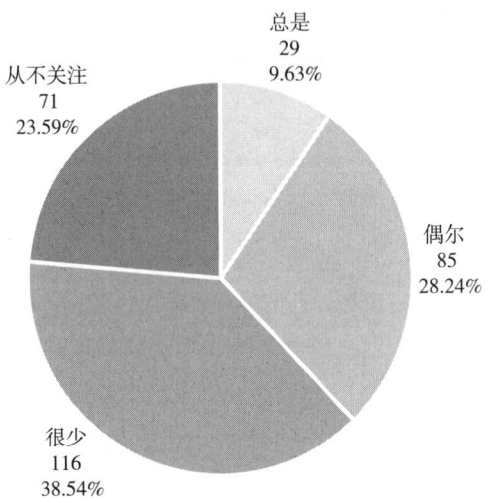

图 2 - 3 - 5　买零食时关注所含食品添加剂情况

表 2 - 3 - 11　不同特征大学生购买零食时关注其所含食品添加剂情况

| 组别 | | 总是 | | 偶尔 | | 很少 | | 从不 | | χ²值 | P 值 |
|---|---|---|---|---|---|---|---|---|---|---|---|
| | | 人数(n)/人 | 百分比/% | 人数(n)/人 | 百分比/% | 人数(n)/人 | 百分比/% | 人数(n)/人 | 百分比/% | | |
| 年级 | 本科低年级 | 17 | 13.3 | 43 | 33.6 | 50 | 39.1 | 18 | 14.1 | 24.839 | 0.00 |
| | 本科高年级 | 6 | 4.3 | 39 | 27.7 | 56 | 39.7 | 40 | 28.4 | | |
| | 研究生 | 6 | 18.8 | 3 | 9.4 | 10 | 31.3 | 13 | 40.6 | | |

注：本科低年级指大一、大二学生，本科高年级指大三、大四、大五学生。

## 2.3　大学生对食品添加剂的认知度高于对零食的基本认识

问卷结果显示，有 84.39% 的大学生正确地选择了柠檬酸是食物添加剂，有 61.46% 和 41.20% 的大学生认为碳酸氢钠和咖啡因是食物添加剂，但仅有 22.26% 的大学生正确选择维生素 C 是食物添加剂。值得关注的是，有 42.52% 和 23.59% 的大学生认为麦芽糖和氯霉素是食物添加剂。根据麦芽糖的成分可以知道其是碳水化合物的一种，可作为营养剂，并非作为食物添加剂。氯霉素作为一种抗生素更不能作为食物添加剂。食品添加剂在日常的饮食生活中较为常见，但从表2-3-12中可看出，大学生在平常生活中对添加剂的认识度和关注度均不高，但是比较大学生对食品添加剂认识（52.6%）和零食认识（48.6%）的平均正确率可以看出，大学生对食品添加剂的认识略高于零食的基本认识。详见表2-3-12、表2-3-13。

表2-3-12　调查对象对零食及添加剂认识情况

| 添加剂 | 正确人数（n）/人 | 百分比/% | 能量消耗时间 | 正确人数（n）/人 | 百分比/% |
|---|---|---|---|---|---|
| 柠檬酸 | 254 | 84.39 | 牛肉干＞豆干（辣条）＞芒果干 | 135 | 44.85 |
| 碳酸氢钠 | 185 | 61.46 | | | |
| 咖啡因 | 124 | 41.20 | 膨化食品＞什锦糖果＞果脯 | 157 | 52.16 |
| 维生素C | 67 | 22.26 | | | |

表2-3-13　调查对象对部分添加剂认识情况

| 选项 | 人数（n）/人 | 百分比/% |
|---|---|---|
| 柠檬酸 | 254 | 84.4 |
| 麦芽糖 | 128 | 42.52 |
| 碳酸氢钠 | 185 | 61.5 |
| 咖啡因 | 124 | 41.2 |
| 维生素C | 67 | 22.3 |
| 氯霉素 | 71 | 23.59 |

### 3　零食态度分析

本研究从大学生对零食成瘾和摄入零食的态度，以及在摄入零食时的状态和感受等方面来讨论大学生对零食的态度。

### 3.1　大学生在一定程度上喜爱零食，对零食成瘾的态度有不同，并为了身体健康关注和控制零食的摄入

从调查结果来看，有49.5%的大学生喜爱零食（9.97%的大学生认为自己非常喜爱零食，有39.53%的大学生喜爱零食），有50.5%的大学生对零食的态度是不喜爱或一般（43.52%的大学生对零食一般喜爱，有6.31%的大学生不喜爱零食，仅有0.7%的大学生非常不喜爱零食）。超过半数的受调查的大学生喜爱零食，但是喜爱零食的比例和人数并没有压倒性的优势，因此认为大学生在一定程度上喜爱零食，但不具有明显的普遍性。有47.51%的大学生认同零食具有成瘾性，有52.49%的大学生不认同或者不清楚零食具有成瘾性，可以看出，大学生对零食成瘾的态度不同。调查对

象对于为了身体健康是否应该关注和限制每周吃零食的次数和数量的看法有明显的差别。有 2.99% 的大学生认为为了身体健康关注和限制每周吃零食的次数和数量这个观点非常不符合其个人观点，有 3.65% 的大学生认为不符合其个人观点，有 23.59% 的大学生认为一般符合其个人观点，有 42.86% 和 26.91% 的大学生认为为了身体健康应该关注和限制每周吃零食的次数和数量符合与非常符合其个人观点。根据数据可知，有 93.36% 的受访大学生仍会为了身体健康去关注和控制零食的摄入。详见表 2 - 3 - 14、图 2 - 3 - 6。

表 2 - 3 - 14　调查对象喜爱零食及关注和限制每周吃零食的态度

| 选项 | 喜爱零食 | | 关注和限制每周吃零食 | |
| --- | --- | --- | --- | --- |
| | 人数（n）/人 | 百分比/% | 人数（n）/人 | 百分比/% |
| 非常不符合 | 2 | 0.7 | 9 | 2.99 |
| 不符合 | 19 | 6.31 | 11 | 3.65 |
| 一般 | 131 | 43.52 | 71 | 23.59 |
| 符合 | 119 | 39.53 | 129 | 42.86 |
| 非常符合 | 30 | 9.97 | 81 | 26.91 |

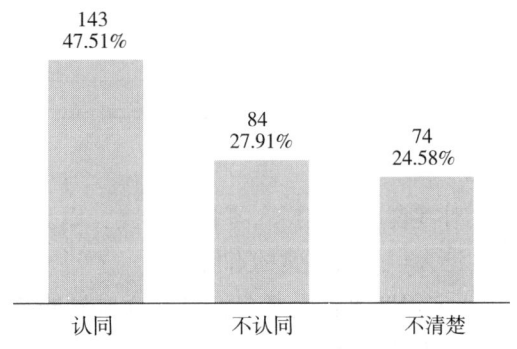

图 2 - 3 - 6　调查对象对零食成瘾的态度

### 3.2　大学生在摄入零食时的状态和态度较为稳定

问卷调查显示，有 3.65% 和 10.63% 的大学生认为心情好的时候非常不符合和不符合更想食用零食，有 36.21% 和 39.20% 的大学生认为心情好的时候更想食用零食一般和符合其个人情况，有 10.30% 的大学生认为心情好的时候更想食用零食。有 1.66% 的大学生认为心情不好的时候更加不想食用零食，有 11.63% 的大学生认为在心情不好的时候不想食用零食，有 35.88% 和 37.21% 的大学生认为心情不好的时候更想食用零食一般和符合其个人情况，有 13.62% 的大学生认为在心情不好的时候更想食用零食。根据数据情况得出，在心情好或者不好的状态下，选择一般和符合的人数均较多且较为稳定，可以看出大学生在摄入零食时的状态和态度较为稳定。详见图 2 - 3 - 7、图 2 - 3 - 8。

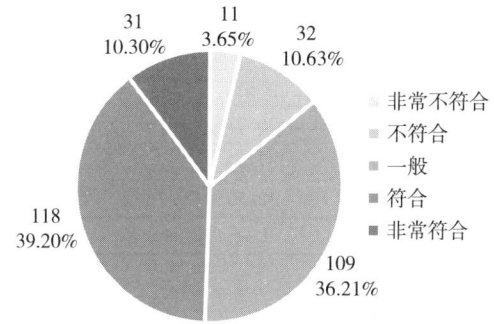

图 2 - 3 - 7　调查对象心情好的时候会更想食用零食

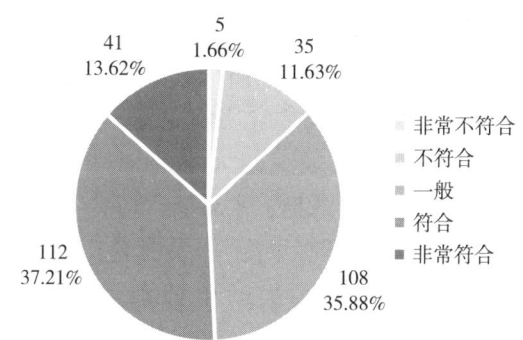

图 2 - 3 - 8　调查对象心情不好的时候会更想食用零食

**3.3　大学生普遍认为在吃零食时带来"心情的愉悦感胜过味觉的享受"是上瘾的表现，且大部分大学生有此感受体验**

调查结果显示，在对调查对象调查认为在吃零食时带来"心情的愉悦感胜过味觉的享受"是上瘾的表现时，有 4.98% 的大学生认为非常不符合，有 20.27% 的大学生认为不符合，认为一般的大学生占 37.54%，32.56% 的受访大学生认为符合，仅有 4.65% 的大学生认为非常符合。对于吃零食时带来"心情的愉悦感胜过味觉的享受"是上瘾的表现，74.75% 的受访大学生持有肯定的态度。对大学生调查其在吃零食的时候是否存在有"心情的愉悦感胜过味觉的享受"的感觉时，有 2.66% 的大学生认为非常不符合，19.27% 认为不符合，35.22% 认为一般，36.54% 认为符合，6.31% 认为非常符合。根据数据可以得出，有78.07%的调查对象认为在吃零食的时候存在有"心情的愉悦感胜过味觉的享受"的感觉。详见表2-3-15。

表2-3-15 对摄入零食成瘾心理态度及个人摄入零食的心理感受

| 选项 | 认为在吃零食时带来"心情的愉悦感胜过味觉的享受"是上瘾的表现 | | 在吃零食的时候有"心情的愉悦感胜过味觉的享受" | |
|---|---|---|---|---|
| | 人数（n）/人 | 百分比/% | 人数（n）/人 | 百分比/% |
| 非常不符合 | 15 | 4.98 | 8 | 2.66 |
| 不符合 | 61 | 20.27 | 58 | 19.27 |
| 一般 | 113 | 37.54 | 106 | 35.22 |
| 符合 | 98 | 32.56 | 110 | 36.54 |
| 非常符合 | 14 | 4.65 | 19 | 6.31 |

### 4 对零食摄入的行为选择

本研究从对零食的选择、零食的花费、摄入零食的频率和零食摄入的关注度等方面对大学生零食摄入的行为进行分析。

### 4.1 大部分大学生最常食用的零食种类为膨化食品类

从调查结果得出，大学生最常食用的零食种类差别较大。膨化食品类（薯片、饼干等）零食是大学生最常食用的零食，有126人，占41.86%；最常食用果脯类（话梅、芒果等）的大学生有36人，占11.96%；有9.97%的大学生最常食用糖类（软糖、水果糖、巧克力等）；有9.30%的大学生最常食用果仁类（杏仁、开心果等）；最常食用肉脯类（牛肉干等）、豆干类（辣条等）和其他零食的大学生分别占比8.97%、13.29%和4.65%。详见表2-3-16。

表2-3-16 最常食用的零食种类

| 种类 | 人数（n）/人 | 百分比/% |
|---|---|---|
| 膨化食品类（薯片、饼干等） | 126 | 41.86 |
| 果脯类（话梅、芒果等） | 36 | 11.96 |
| 糖类（软糖、水果糖、巧克力等） | 30 | 9.97 |
| 果仁类（杏仁、开心果等） | 28 | 9.30 |
| 肉脯类（牛肉干等） | 27 | 8.97 |
| 豆干类（辣条等） | 40 | 13.29 |
| 其他 | 14 | 4.65 |

### 4.2 大部分大学生每月购买零食的费用在300元以下

问卷调查得出，每月购买零食花费在100~300元的大学生有111人占

36.88%，有16人占5.32%每月零食上的费用有300～500元，仅有5人占1.66%的大学生每月花费500元以上购买零食，每月购买零食花费少于100元的有169人占56.15%。根据数据可知，有93.03%的大学生每月购买零食花费在300元以下。详见图2-3-9。

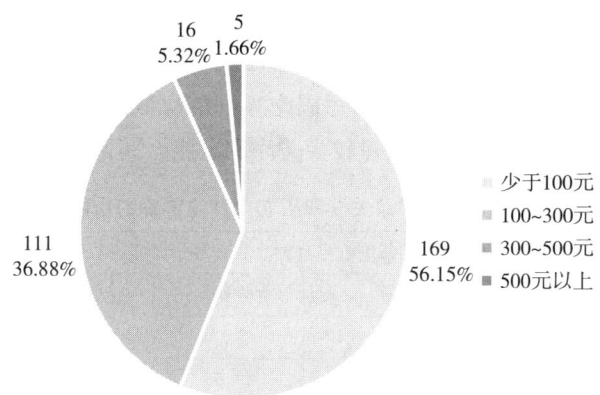

图2-3-9 调查对象每月购买零食的费用

### 4.3 大学生摄入零食的频率及食用习惯较为合理

问卷中，每周食用零食的频率为每天都吃的大学生有18人占5.98%，每周有4～5天吃的有33人占10.96%，每周有1～3天吃的有146人占48.51%，有100人占33.22%的大学生每周很少吃零食，仅有4人占1.33%的大学生从来不吃零食。每天把零食作为早餐食用的大学生有1.33%，有2.99%的大学生每周4～5天把零食作为早餐，有21.26%的大学生每周1～3天把零食作为早餐，有33.22%的大学生每周少于1天把零食作为早餐吃，还有41.20%的大学生从不把零食作为早餐食用。受访大学生每天或每周4～5天吃零食和把零食作为早餐的仅占16.94%和4.32%，可以看出大学生对于零食摄入的频率和食用习惯较为合理。详见表2-3-17。

表2-3-17 调查对象食用零食及把零食作为早餐食用的频率

| 选项 | 食用零食的频率 | | 把零食作为早餐食用的频率 | |
|---|---|---|---|---|
| | 人数（n）/人 | 百分比/% | 人数（n）/人 | 百分比/% |
| 每天都吃 | 18 | 5.98 | 4 | 1.33 |
| 每周有4～5天吃 | 33 | 10.96 | 9 | 2.99 |
| 每周有1～3天吃 | 146 | 48.51 | 64 | 21.26 |
| 每周少于1天吃 | 100 | 33.22 | 100 | 33.22 |
| 从不吃 | 4 | 1.33 | 124 | 41.20 |

#### 4.4    大学生普遍对零食摄入的次数和数量较少关注和限制

由调查结果可知，对于是否关注和限制每周吃零食的次数和数量，偶尔（一周1~3天）关注和限制的人数最多，分别有122人占40.53%和112人占37.21%，有5.32%的大学生每天关注和限制，有13.95%的大学生经常（一周4~5天）关注和限制，还有28.24%和28.57%的大学生很少（每周少于1天）关注和限制，有11.96%和22.59%的大学生从不关注和限制每周吃零食的次数和数量。从关注和限制每周吃零食的次数和数量的频率来看，大学生普遍对零食摄入的次数和数量较少关注和限制。详见表2-3-18。

**表2-3-18    调查对象关注和限制每周吃零食的次数和数量**

| 选项 | 关注每周吃零食的次数和数量 | | 限制每周吃零食的次数和数量 | |
|---|---|---|---|---|
| | 人数（n）/人 | 百分比/% | 人数（n）/人 | 百分比/% |
| 每天 | 16 | 5.32 | 16 | 5.32 |
| 经常（一周4~5天） | 42 | 13.95 | 19 | 6.31 |
| 偶尔（一周1~3天） | 122 | 40.53 | 112 | 37.21 |
| 很少（每周少于1天） | 85 | 28.24 | 86 | 28.57 |
| 从不 | 36 | 11.96 | 68 | 22.59 |

### 5    零食成瘾分析

由调查结果得出，大学生在对零食成瘾性的认识具有差异，同时对其整体态度不明确，但是零食摄入行为较为合理。根据耶鲁大学食物成瘾评价量表计算得出，受调查的大学生中只有6.98%的学生对零食上瘾。

#### 5.1    大学生对零食是否具有成瘾性的认识存在差别，但零食摄入行为较合理

问卷显示，有47.51%的大学生认同零食具有成瘾性，有27.91%的大学生认为零食不具有成瘾性，还有24.58%的大学生不清楚零食是否具有成瘾性。在调查对象中，有52.49%的大学生不认同或者不清楚零食具有成瘾性，认同零食具有成瘾性的大学生并不多，可以看出，大学生对零食成瘾的认识具有差异，同时对其整体态度不明确。认为每天都吃零食会导致成瘾的大学生有占比40.86%，认为每周吃4~5天会导致成瘾的占比25.58%，有5.32%的大学生认为每周1~3天吃零食会导致成瘾，仅0.33%的大学生认为每周少于1天吃零食会导致成瘾。受访的大学生中每周吃零食少于3天的大学生有占比83.06%，每周有4~5天吃零食占比10.96%，还有5.98%的大学生每天吃零食。详见表2-3-19，图2-3-10、图2-3-11。

表 2 - 3 - 19　调查对象是否认为零食会上瘾

| 选项 | 人数（n）/人 | 百分比/% |
|------|------------|---------|
| 认同 | 143 | 47.51 |
| 不认同 | 84 | 27.91 |
| 不清楚 | 74 | 24.58 |

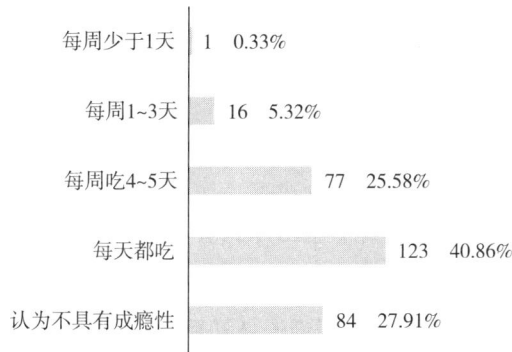

图 2 - 3 - 10　调查对象认为可能会导致零食成瘾的食用频率

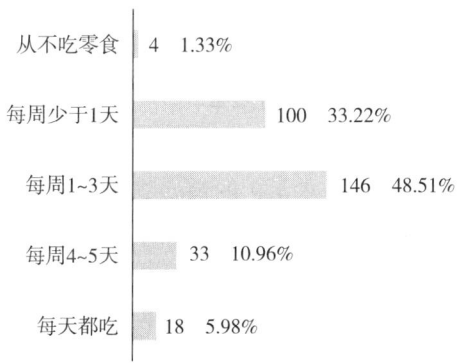

图 2 - 3 - 11　调查对象食用零食的频率

## 5.2　只有少部分大学生对零食上瘾

根据耶鲁大学食物成瘾评价量表，只要同时符合量表中的 2 种症状，可以判断为食物上瘾。

问卷数据显示，其中符合"物质摄入比计划的量更大或时间更长"的大学生占 11.30%，符合"在获得物质、使用物质或从其影响中恢复的必要活动方面花费大量时间"的大学生占 25.58%，同时符合 2 种症状的大学生占 6.98%，详见表 2 - 3 - 20。

表 2 - 3 - 20  耶鲁大学食物成瘾评价量表

| 物质摄入比计划的量更大或时间更长 | | | | 在获得物质、使用物质或从其影响中恢复的必要活动方面花费大量时间 | | | | 同时符合 2 种症状 | |
| --- | --- | --- | --- | --- | --- | --- | --- | --- | --- |
| 分值 < 0 | | 分值 ≥ 1 | | 分值 < 0 | | 分值 ≥ 1 | | | |
| 人数 (n) /人 | 百分比 /% | 人数 (n) /人 | 百分比 /% | 人数 (n) /人 | 百分比 /% | 人数 (n) /人 | 百分比 /% | 人数 (n) /人 | 百分比 /% |
| 267 | 88.70 | 34 | 11.30 | 224 | 74.42 | 77 | 25.58 | 21 | 6.98 |

注：分值 ≥ 1 为符合，分值 < 0 为不符合。

# 讨　论

本研究以广州市大学生对零食成瘾为切入点，讨论大学生对非典型瘾品的知信行。根据问卷数据，对大学生在零食、食品添加及零食成瘾等方面进行讨论分析。

## 1　大学生对零食和食品添加剂的认知存在不足

零食本身及食品添加剂是导致成瘾的因素，从大学生对零食和食品添加剂的认识可以反映大学生对非典型瘾品的认知状态和认识情况。问卷结果显示，大学生对零食和食品添加剂的认知存在不足。下面对这 2 个问题进行讨论，探讨大学生对其认识不足的原因。

### 1.1　大学生对零食缺乏正确的基本认识

随着社会经济的发展和人们生活水平的提高，大学生的消费水平也日益提高，同时大学生形成了趋于多元化的消费结构。原来对食物只追求温饱，到现在追求多样的食物消费。现在各式各样的零食成为大学生的又一新的消费方向，零食消费在大学生日常的饮食消费中也日益增加。从社会学的角度来看，零食消费的提高在一定程度上也体现了当代大学生的生活水平和生活面貌。

根据调查结果，有 79.07% 的大学生认为过量食用零食对身体有害，充分认识到过量摄入零食对身体的危害性，但是分析结果显示，在比较不同种类零食所含卡路里大小和消耗时间大小时，只有 52.16% 和 44.85% 的大学生正确知晓比较结果，可知，大学生虽然对零食的危害性有较深刻的认识，但其对零食的基本认识掌握程度一般。

现当代大学生在最开始接触零食时，其认识是来源于父母和身边的人。现在的大学生父母多数为 20 世纪七六十年代的人，当时对食物问题没有现在的高关注，很多家长误认为零食也是一种食物，只要可以吃的东西就是好的，所以只要孩子要吃就买，结果给孩子养成了喜欢吃零食而不是去了解零食的习惯。根据问卷结果分析，不同的专业对零食的基本认识有所不同，由于大学生在上大学前接触到的知识基本上是为了升学做准备，全身心地投入到备考，对零食几乎没有系统地认识过，在上大学后经过专业课和课外学习的认识后，对零食的基本认识有了新的了解和认识，所以让大学生更好地认识零食和选择零食，开展相关的课程或活动增加大学生对零食的基本认识有一定的必要性。

**1.2 大学生对食品添加剂缺乏必要的认识度和关注度**

食品添加剂与我们的生活息息相关，《食品安全国家标准食品添加剂使用标准》（GB 20760—2014）对食品添加剂定义为：为改善食品品质和色、香、味，以及为防腐、保鲜盒加工工艺的需要而加入食品中的人工合成或者天然物质。由我国对食品添加剂的定义可知，在我们的食品中会存在某种人工合成或者天然的添加剂。

从调查结果看，36.21%的大学生认为肯定没有不含食品添加剂的零食，有50.17%的大学生认为可能有或者不知道，对食品添加剂抱着一种不确定的认识，还有13.62%的大学生认为肯定有不含食品添加剂的零食，这是一种错误的认识。在购买零食时总是关注所含添加剂的大学生仅有9.63%，所以大学生对食品添加剂缺乏认识度和关注度。

通过卡方检验分析数据和访谈得知，不同的年级对食品添加剂的认识度和关注度有所不同，研究生对食品添加剂的认识度会高于本科高年级和本科低年级学生，但是在购买零食时对食品添加剂的关注度却低于本科高年级和本科低年级学生。通过访谈得知，本科高年级和低年级学生在购买零食时更多关注的是零食的品牌、外观和味道，在关注品牌的同时也会去关注零食所含的添加剂，但是频率仅在偶尔和很少占多数，更多的还是关注在品牌和味道上。随着知识的增加和对时事的关注，研究生对食品添加剂的认知较高，但是非专业研究食品的研究生更多地是对食品添加剂的了解，但在购买零食时却较少去关注。

**2 大部分大学生选择零食摄入的种类较为单一**

随着社会的发展和人们生活节奏的加快，食品也向着方便和快捷的方向发展。WHO公布的全球十大类垃圾食品中，膨化食品是其中一类。

问卷显示，膨化食品类（薯片、饼干等）零食是大学生最常食用的零食，占比41.86%，最常食用果脯类、糖类、果仁类、肉脯类和其他零食的大学生分别占11.96%、9.97%、9.30%、8.97%、13.29%和4.65%。

虽然没有十分充足的证据证明精制食物一定会像具有瘾性的物质那样起成瘾的作用，但调查表明引起成瘾行为的对象，在某种程度上就是一些经过加工的精致食物。大学生对经过精致加工的食品的摄入欲望会有所增加，精致加工的食品更容易带有成瘾性的倾向。我们认为食物在未经现代化的加工和提炼（称为自然物质）时是不会产生成瘾性的，人们摄入自然的物质仅仅是为了提供人体保持生存和健康所需要的必要成分，但经过加工后，食物原有的适应性被破坏，可能会形成一种具有成瘾性倾向的物质。精加工过的食物通常是由多种食物成分和多种食品添加剂混合而成的，这样更容易增加人们对其的成瘾性，如人们会强制自己去追求和消费那些精加工的糖类和淀粉类食物。

由于美拉德反应，膨化食品在经过膨化过程后，会增加食品的色、香、味；同时在制作过程中也会添加多种食品添加剂，如糖精、食用色素等。从美拉德反应和添加多种食品添加剂上可以看出，膨化食品是经过精加工的零食，从上述可知精致食物更容易引起成瘾行为，受访大学生摄入零食的种类较单一，多以膨化食品为主，所以大学生对零食成瘾的倾向可能会比较大。

**3 大学生对待零食成瘾的整体态度不明确，但行为倾向较为合理**

有研究人员提出，食物成瘾是指人们对食物的一种非正常的摄入的行为，这种行为是从其他的成瘾现象中延伸而来的。学者们从生理的表现指出了食物成瘾会影响大脑的报偿机制。我们知道在心理上，当摄入成瘾物质时人身心都会有轻松、愉悦的感受，但是当长期食用后，需要摄入更多来满足身心需要。如果减少或者停止食用该食物，往往会伴有特定的瘾性戒断症状，如心慌、烦躁等。

根据问卷结果，有 47.51% 的大学生认同零食具有成瘾性，有 27.91% 的大学生认为零食不具有成瘾性，还有 24.58% 的大学生不清楚零食是否具有成瘾性。在调查对象中，有 52.49% 的大学生不认同或者不清楚零食具有成瘾性，认同零食具有成瘾性的大学生并不多。可以看出，大学生对零食成瘾的认识具有差异性，同时对其整体态度不明确。有 74.75% 的大学生认为吃零食时带来"心情的愉悦感胜过味觉的享受"是上瘾的表现，并且有 78.07% 的调查对象认为吃零食的时候存有"心情的愉悦感胜过味觉的享受"的感觉。在心理上，大部分大学生认为零食具有成瘾性，但是在对单独认为零食是否具有成瘾性做出判断时，大学生的态度不太明确。

根据数据可以看出，大学生对零食是否成瘾态度不明确。调查数据显示，大学生对零食的危害性认识较高，有 53.16% 和 25.91% 的大学生认同及非常认同过量食用零食对身体有害，且有 93.36% 的受访大学生会为了身体健康去关注和控制零食的摄入，每周吃零食少于 3 天的大学生有 250 人占 83.06%，可以看出大学生对零食摄入的行为倾向较为合理。

# 附　录　调查问卷

## 广州市大学生非典型瘾品知信行调查
### ——以零食和饮品的类比研究为例

亲爱的同学：

你好！我们正在进行一项关于大学生对袋装零食等非典型瘾品认知状况的调查，以便为大学生合理购买和食用零食提供相关建议，加深学生对非典型瘾品的客观认识。请你根据你的基本认识逐题作答（请在所选项下画"√"），本次调查采用匿名方式。感谢你的支持和合作，谢谢！

### 一、基本信息

1. 你的性别是：A. 男　B. 女

2. 你的家庭在：A. 农村　B. 城市

3. 你在上大学之前所生活的地区是：

   A. 华东（上海市、江苏省、浙江省、安徽省、江西省、山东省、福建省、台湾地区）

   B. 华北（北京市、天津市、山西省、河北省、内蒙古自治区中部）

   C. 华中（河南省、湖北省、湖南省）

   D. 华南（广东省、广西壮族自治区、海南省、香港特别行政区、澳门特别行政区）

   E. 西南（重庆市、四川省、贵州省、云南省、西藏自治区）

   F. 西北（陕西省、甘肃省、青海省、宁夏回族自治区、新疆维吾尔自治区、内蒙古自治区西部阿拉善盟）

   G. 东北（黑龙江省、吉林省、辽宁省、内蒙古东部）

4. 你的年级是：

   A. 本科低年级（大一、大二）

   B. 本科高年级（大三、大四）

   C. 硕士生

5. 你的专业所属是：

A. 哲学               B. 经济学          C. 法学           D. 教育学

E. 文学               F. 历史学          G. 理学           H. 工学

I. 农学               J. 医学            K. 管理学       L. 艺术学

6. 你1个月的生活费用所属的范围是：

A. 800～1000 元                 B. 1000～1500 元

C. 1500～2000 元               D. 2000 元以上

## 二、零食、添加剂认知（不定项选择）

7. 你认为每100克的M&M巧克力、葡萄干和薯片所含的卡路里大小为：

A. 薯片＞M&M巧克力＞葡萄干

B. 葡萄干＞薯片＞M&M巧克力

C. M&M巧克力＞葡萄干＞薯片

D. 薯片＞葡萄干＞M&M巧克力

8. 你认为每50克的饼干、水果糖、牛肉干的热量大小为：

A. 饼干＝牛肉干＞水果糖       B. 牛肉干＞饼干＞水果糖

C. 水果糖＞饼干＞牛肉干       D. 牛肉干＞水果糖＝饼干

9. 你认为消耗每50克的M&M巧克力、葡萄干和薯片所需的运动时间多少为：

A. 薯片＞M&M巧克力＞葡萄干

B. 葡萄干＞薯片＝M&M巧克力

C. M&M巧克力＞葡萄干＞薯片

D. 薯片＞葡萄干＞M&M巧克力

10. 你认为消耗100克的饼干、水果糖、牛肉干所需的运动时间为：

A. 饼干＞牛肉干＞水果糖       B. 牛肉干＞饼干＞水果糖

C. 水果糖＞饼干＞牛肉干       D. 牛肉干＞水果糖＞饼干

11. 你在购买零食的时候是否关注零食所含的添加剂？

A. 总是         B. 偶尔         C. 很少         D. 从不关注

12. 你认为有不含添加剂的零食饮品吗？

A. 肯定有       B. 可能有       C. 肯定没有     D. 可能有

E. 不知道

13. 你认为食品添加剂有哪些：（多选）

A. 酸度调节剂   B. 营养强化剂   C. 甜味剂      D. 增稠剂

E. 防腐剂      F. 其他_____

### 三、零食需求态度

14. 请根据你个人的情况，在符合自己的选项下打"√"。

| 序号 | 问题 | 非常不符合 | 不太符合 | 一般 | 比较符合 | 非常符合 |
|---|---|---|---|---|---|---|
| 1 | 你喜爱零食 | | | | | |
| 2 | 你过量食用零食会对身体有伤害 | | | | | |
| 3 | 你为了身体健康应该关注和限制每周吃零食的次数和数量 | | | | | |
| 4 | 你心情好的时候会更想食用零食 | | | | | |
| 5 | 你心情不好的时候会更想食用零食 | | | | | |
| 6 | 你在吃零食时带来"心情的愉悦感胜过味觉的享受"是上瘾的表现 | | | | | |
| 7 | 你在吃零食的时候有"心情的愉悦感胜过味觉的享受" | | | | | |

### 四、零食摄入行为

15. 你常食用的零食种类为：

    A. 膨化食品类（薯片、饼干等）

    B. 果脯类（话梅、芒果等）

    C. 糖类（软糖、水果糖、巧克力等）

    D. 果仁类（杏仁、开心果等）

    E. 肉脯类（牛肉干等）

    F. 豆干类（辣条等）

16. 你购买零食的费用为：

    A. <100 元    B. 100 ~ 300 元   C. 300 ~ 500 元   D. 500 元以上

17. 你把零食作为早餐食用的频率是：

    A. 每天都是             B. 每周 4 ~ 5 天

    C. 每周 1 ~ 3 天        D. 每周少于 1 天

18. 你会关注并有所限制自己每周吃零食的次数和数量是：

    A. 每天                B. 经常（一周 4 ~ 5 天）

    C. 偶尔（一周 1 ~ 3 天）    D. 很少（每周少于 1 天）

19. 你食用零食的频率是：

    A. 每天都吃             B. 每周 4 ~ 5 天

    C. 每周 1 ~ 3 天        D. 每周少于 1 天

20. 有观点认为，零食具有成瘾性。你认同这个观点吗？

    A. 非常认同    B. 部分认同    C. 不认同    D. 部分不认同

    E. 非常不认同

21. 你认为食用零食（    ）的频率可能会导致成瘾。

    A. 每天都吃                B. 每周 4~5 天

    C. 每周 1~3 天           D. 每周少于 1 天

## 五、成瘾分析

22. 请根据你个人的情况，在符合自己的选项下打"√"。

| 序号 | 耶鲁大学食物成瘾评价量表（节选） | 从不 | 1个月 1 次 | 1个月 2~4 次 | 1个星期 2~3 次 | 每天 ≥4 次 |
|---|---|---|---|---|---|---|
| 1 | 当我吃某些食物时，往往比预计多吃很多 | | | | | |
| 2 | 即使我不饿，但我还是会去吃某些食物 | | | | | |
| 3 | 我发现我一整天都时不时地吃某些食物 | | | | | |
| 4 | 某些食物的摄入减少或者不吃会使我焦虑 | | | | | |
| 5 | 我会吃到身体不适的程度 | | | | | |
| 6 | 我在吃多了之后会长时间感到迟缓和疲劳 | | | | | |
| 7 | 我发现当某些食物没有了的时候，我会出去采购一些。即使家里还有很多其他食物可供选择，我还是会开车去超市买某些食物 | | | | | |

第三部分　应用研究

# 应用调查一　肿瘤疼痛管理调查

　　国外针对医护人员疼痛管理知识和态度的调查研究以对肿瘤科护理人员的调查居多，调查方法以问卷调查为主，采用较多的是由 Betty 和 Margo Mc Caffery 设计完成的疼痛管理知识和态度的调查（Knowledge and Attitudes Survey Regarding Pain，KASRP）问卷，问卷设计由于已有范例而趋向成熟。国外调查研究普遍结论认为医护人员对疼痛管理的认知不足，对镇痛类药物使用态度消极，需要加强相关知识的教育和培训。

　　国内关于医护人员对疼痛管理的认知和态度调查研究调查对象以护理人员尤其是肿瘤科的护理人员为主，重视癌痛管理与患者生活质量之间的关系。调查研究方法以问卷调查为主，普遍以童莺歌等修订的《疼痛管理知识和态度的调查表（KASRP）》问卷为设计基础，少数学者会采用对照实验的方法。针对医护人员对癌痛管理的认知水平普遍偏低的情况，学者主要建议加强癌痛管理相关知识的继续教育和培训，并且培养医护人员树立健康的止痛观念，从而提高医疗质量和患者满意度。

　　目前国内外关于医护人员疼痛管理知识和态度的研究涉及面广，研究较成熟，以问卷调查的方式为主，调查对象以护理人员尤其是肿瘤科护士为主，忽视了医生在癌痛管理方面发挥的作用；调查结果普遍显示医护人员对癌痛管理的相关知识掌握度不足，对阿片类镇痛药物的使用态度不够积极，且态度与行为上存在偏差，亟需加强相关知识的继续教育和培训，促进医护人员树立正确的止痛观念，以提高患者生活质量。此外，学者们关于医学生对癌痛管理的认知和态度的现状调查研究关注极少，目前缺少成熟的以医学生为调查对象的关于癌痛管理认知和态度现状调查研究。

## 结　果

### 1　调查对象的基本情况

　　本次调查总共发放问卷 811 份，最终有效问卷 806 份，问卷有效率为 99.4%。

在全体调查对象中，性别方面，男大学生有 342 名，占 42.43%；女大学生有 464 名，占 57.57%。在专业类别上，临床医学类专业的占比较大，共 546 名，占比 67.65%。在年级分布上，本科生占比较大，共 504 名，占比 62.53%。其中大五学生占比最多，占比 53.17%；研究生占比 37.27%，其中研究生一年级学生 293 名，占比 97.02%。详情见表 3 - 1 - 1。

表 3 - 1 - 1　调查对象基本情况

| 项目 | 选项 | 人数（n）/人 | 百分比/% |
|------|------|------------|----------|
| 性别 | 男 | 342 | 42.43 |
| | 女 | 464 | 57.57 |
| 专业 | 临床医学类专业 | 546 | 67.74 |
| | 医技类专业 | 132 | 16.38 |
| | 医学人文类专业 | 50 | 6.2 |
| | 药学类专业 | 27 | 3.35 |
| | 公共卫生类专业 | 51 | 6.33 |
| 学历 | 本科 | 504 | 62.53 |
| | 硕士 | 302 | 37.27 |
| 年级 | 大一 | 67 | 13.29 |
| | 大二 | 26 | 5.16 |
| | 大三 | 61 | 12.1 |
| | 大四 | 82 | 16.27 |
| | 大五 | 268 | 53.17 |
| | 研一 | 293 | 97.02 |
| | 研二 | 6 | 1.99 |
| | 研三 | 3 | 0.99 |

在临床医学类专业的调查对象中，性别方面，男大学生有 260 名，占 47.62%；女大学生有 286 名，占 52.38%，男女比例基本持平。学历方面，本科生占比 55.68%，硕士研究生占比 44.32%，本科生占比略高于硕士研究生。年级方面，大五与研一的比例接近，其中大五占比 41.94%，研一占比 43.77%。所有临床医学类专业的调查对象中，符合条件考取执业医师资

格证的有 242 名，其中有执业医师资格证的 217 名，占比 89.67%。临床实习方面，有实习经历的占比较高，为 78.75%，其中实习时长为 0.5～1 年的在所有实习时长中占比超过一半，为 56.51%。实习医院级别方面，在三甲医院实习的占比非常高，达到 93.72%。详情见表 3 - 1 - 2。

表 3 - 1 - 2　临床医学类专业调查对象的一般情况

| 项目 | 选项 | 人数（n）/人 | 百分比/% |
|---|---|---|---|
| 性别 | 男 | 260 | 47.62 |
| | 女 | 286 | 52.38 |
| 学历 | 本科 | 304 | 55.68 |
| | 硕士 | 242 | 44.32 |
| 年级 | 大一 | 21 | 3.85 |
| | 大二 | 5 | 0.92 |
| | 大三 | 27 | 4.95 |
| | 大四 | 22 | 4.03 |
| | 大五 | 229 | 41.94 |
| | 研一 | 239 | 43.77 |
| | 研二 | 2 | 0.37 |
| | 研三 | 1 | 0.18 |
| 执业医师资格证 | 有 | 217 | 89.67 |
| | 没有 | 25 | 10.33 |
| 临床实习经历 | 有 | 430 | 78.75 |
| | 没有 | 116 | 21.25 |
| 临床实习时长 | <0.5 年 | 34 | 7.91 |
| | 0.5～1 年 | 243 | 56.51 |
| | 1～2 年 | 77 | 17.91 |
| | >2 年 | 76 | 17.67 |
| 实习医院级别 | 三甲 | 403 | 93.72 |
| | 非三甲 | 27 | 6.28 |

## 2　认知调查

### 2.1　全体调查对象的认知调查结果

通过摘取《疼痛管理知识和态度的调查表（KASRP）》问卷的部分题目，和自创题目构成本调查问卷的认知调查部分，其中分为单选题和案例分析题，单选题共 10 道题，每小题 2 分，案例分析题共 1 道题 2 小问，每小问 5 分，满分为 30 分。全体调查对象在所有题目中最高正确率为 68.61%，最低正确率为 4.71%，平均正确率为 40% ± 0.19%，总平均分为 10.08 ± 4.34。综上可知，全体调查对象的答题平均正确率不高，总平均分较低。详情见表 3 - 1 - 3。

表 3 - 1 - 3　全体调查对象答题情况

| 序号 | 题目概述 | 正确率/% |
|---|---|---|
| 1 | 生命体征总是判断病人疼痛程度的可靠指标 | 53.35 |
| 2 | 患者如果可以从疼痛中转移注意力，意味着他的疼痛并不严重 | 38.71 |
| 3 | 不应该对有药物滥用史的患者应用阿片类药物 | 25.93 |
| 4 | 应鼓励患者在使用镇痛药物之前尽可能地忍受疼痛 | 57.44 |
| 5 | WHO 癌痛三阶梯止痛治疗原则 | 56.33 |
| 6 | 疼痛患者要求增加止痛药物剂量最可能的原因 | 68.61 |
| 7 | 对于持续性癌性疼痛患者阿片类药物的最佳给药途径 | 30.02 |
| 8 | 对持续的中重度癌痛患者最适用的药物 | 46.4 |
| 9 | 癌痛患者接受吗啡治疗后发生严重呼吸抑制的可能性 | 30.27 |
| 10 | 下面哪种药物用于治疗能够有效治疗癌性疼痛？ | 50.99 |
| 11 | 对安德鲁的疼痛评分 | 13.65 |
| 12 | 给予安德鲁疼痛时吗啡静脉推注的剂量 | 4.71 |

调查发现，全体调查对象得分普遍低于 15 分，正确率低于 50%，对疼痛管理知识掌握程度较低。在性别方面，男、女的答题得分比例基本一致。在专业方面，把医技类专业、医学人文类专业、药学类专业和公共卫生类专业合并为非临床医学类专业与临床医学类专业进行对比，得分 ≥15 分的人数占比中，临床医学类专业的占比是非临床医学类专业的近 1 倍，为 16.48%。在学历方面，得分 ≥15 分的人数占比中，硕士研究生的占比高于本科生，为 20.25%。将调查对象的性别、专业和学历与答题得分进行卡方检验，结果显示，性别同调查对象在疼痛管理知识的答题情况无统计学差异，而专业和学历同调查对象在疼痛管理知识的答题情况均有显著差异（$P < 0.05$），其中不同学历的调查对象在疼痛管理知识的答题情况中差异显著（$P < 0.001$），这可能与调查对象在其专业和所在年级所接触到的知识层面有关：比起非临床医学类专业的学生，由于专业的特殊性，临床医学类专业的学生拥有更多的机会去学习疼痛管理相关知识；比起本科生，由于专业研究的要求，硕士研究生拥有更多的机会和资源去接触疼痛管理相关知识。

详情见表 3 - 1 - 4。

表 3 - 1 - 4  影响全体调查对象答题得分的因素

| 特征 | 选项 | 人数（n）/人 | 人数（占比/%） | | $\chi^2$ 值 | $P$ 值 |
|------|------|------|------|------|------|------|
| | | | <15 分 | ≥15 分 | | |
| 性别 | 男 | 342 | 296 (86.55) | 46 (13.45) | 0.052 | 0.820 |
| | 女 | 464 | 399 (86.00) | 65 (14.00) | | |
| 专业 | 临床医学类专业 | 546 | 456 (83.52) | 90 (16.48) | 11.024 | 0.004 |
| | 非临床医学类专业 | 260 | 239 (91.92) | 21 (8.08) | | |
| 学历 | 本科 | 504 | 452 (89.68) | 52 (10.32) | 15.323 | <0.001 |
| | 硕士 | 302 | 243 (80.46) | 59 (19.54) | | |

### 2.2  临床医学类专业调查对象的认知调查结果

调查发现，在性别方面，男、女比例基本持平，在得分 ≥15 分的人数占比中，女性占比高于男性，为 18.53%。在学历方面，得分 ≥15 分的人数占比中，硕士研究生高于本科生，为 20.25%。在实习时长方面，实习时长为 0.5 ~ 1 年的调查对象占比最高，其次为没有实习经历的，其中在得分 <15 分的人数占比中，没有临床实习经历的为同比最高，占比 88.79%；而得分 ≥15 分的人数占比中，实习时长为 0.5 ~ 1 年的为同比最高，占比 19.34%。在实习医院级别方面，在三甲医院实习的调查对象占比很高；在得分 ≥15 分的人数占比中，在非三甲医院实习的调查对象占比是在三甲医院实习的近 1 倍，为 33.33%。将临床医学类专业调查对象的性别、学历、实习时长和实习医院级别、实习期间是否接受过疼痛知识相关培训与答题得分进行卡方检验，结果显示，学历同临床医学类专业的调查对象在疼痛管理知识的答题得分情况差异显著（$P < 0.05$），而性别、实习时长、实习医院级别和实习期间是否接受过疼痛知识相关培训同调查对象在疼痛管理知识的答题得分情况均无统计学差异（$P > 0.05$），可以认为学历是影响临床医学类专业调查对象答题得分的因素。详情见表 3 - 1 - 5。

表 3 - 1 - 5  影响临床医学类专业调查对象答题得分的因素

| 特征 | 选项 | 频数（n）/人 | 人数（占比/%） | | $\chi^2$ 值 | $P$ 值 |
|------|------|------|------|------|------|------|
| | | | <15 分 | ≥15 分 | | |
| 性别 | 男 | 260 | 223 (85.77) | 37 (14.23) | 1.830 | 0.176 |
| | 女 | 286 | 233 (81.47) | 53 (18.53) | | |

表 3－1－5（续）

| 特征 | 选项 | 频数（n）/人 | 人数（占比/%） | | χ²值 | P 值 |
|---|---|---|---|---|---|---|
| | | | <15 分 | ≥15 分 | | |
| 学历 | 本科 | 304 | 263（86.51） | 41（13.49） | 4.474 | 0.034 |
| | 硕士 | 242 | 193（79.75） | 49（20.25） | | |
| 执业医师资格证 | 有 | 217 | 171（78.80） | 46（21.20） | 1.175 | 0.278 |
| | 没有 | 25 | 22（88.00） | 3（12.00） | | |
| 实习时长/年 | 0 | 116 | 103（88.79） | 13（11.21） | 4.712 | 0.318 |
| | <0.5 | 34 | 28（82.35） | 6（17.65） | | |
| | 0.5～1 | 243 | 196（80.66） | 47（19.34） | | |
| | 1～2 | 77 | 67（87.01） | 10（12.99） | | |
| | >2 | 76 | 62（81.58） | 14（18.42） | | |
| 实习医院级别 | 三甲 | 403 | 335（83.13） | 68（16.87） | 3.611 | 0.057 |
| | 非三甲 | 27 | 18（66.67） | 9（33.33） | | |
| 实习期间接受过疼痛知识相关培训 | 有 | 179 | 142（79.33） | 37（20.67） | 1.593 | 0.27 |
| | 没有 | 251 | 211（84.06） | 40（18.96） | | |

### 2.3　调查对象得分情况影响因素的二元 Logistic 回归分析

二元 Logistic 回归分析的量化分析方法适用于因变量为二分类变量的多元回归分析。Logistic 回归基本方程为 $\ln[p/(1-p)] = b_0 + \sum b_i \times x_i$，将"答题得分情况"作为因变量（1 为≥15 分，0 为 <15 分），将专业和学历这 2 项内容分别作为自变量 $x_1$ 和 $x_2$，进行二元 Logistic 回归分析。结果显示，专业（$x_1$）和学历（$x_2$）均会对全体调查对象的得分情况产生显著影响，Logistic 回归模型为 $\ln[p/(1-p)] = -1.937 - 0.673 x_1 + 0.634 x_2$，即对于全体调查对象而言，专业和学历是影响其对疼痛管理知识掌握情况的因素。详情见表 3－1－6。

表 3－1－6　影响全体调查对象的答题得分因素的二元 logistic 回归分析

| 因素 | B | S. E. | Wals | Sig. | Exp（B） | 95% CI | |
|---|---|---|---|---|---|---|---|
| | | | | | | Lower | Upper |
| 专业 | −0.673 | 0.260 | 6.698 | 0.010 | 0.510 | 0.306 | 0.849 |
| 学历 | 0.634 | 0.210 | 9.086 | 0.003 | 1.885 | 1.248 | 2.845 |
| 常量 | −1.937 | 0.164 | 140.074 | 0.000* | 0.144 | | |

注：* 为 $P < 0.001$。

同理，将"答题得分情况"作为因变量（1 为 ≥15 分，0 为 <15 分），将表 3－1－5 中经卡方检验具有统计学意义的影响因素即学历作为自变量，进行二元 Logistic 回归分析，结果显示，专业（$\chi_1$）会对临床医学类专业调查对象的得分情况产生显著影响，Logistic 回归模型为 $\ln[p/(1-p)] = -1.859 + 0.488\chi_1$，即对于临床医学类专业的调查对象而言，学历是影响其对疼痛管理知识掌握情况的因素，详情见表 3－1－7。

表 3－1－7　影响临床医学类专业调查对象的答题得分因素的二元 logistic 回归分析

| 因素 | B | S. E. | Wals | Sig. | Exp（B） | 95% CI | |
| --- | --- | --- | --- | --- | --- | --- | --- |
| | | | | | | Lower | Upper |
| 学历 | 0.488 | 0.232 | 4.423 | 0.035 | 1.629 | 1.034 | 2.566 |
| 常量 | －1.859 | 0.168 | 122.526 | 0.000* | 0.156 | | |

注：* 为 P < 0.001。

## 3　调查对象的现状调查及其态度分析

### 3.1　全体调查对象的现状调查及其态度分析

调查发现，在全体调查对象的疼痛管理现状中，表示在校期间没有学习过疼痛管理相关知识的人数比学习过疼痛管理相关知识的人数占比高，前者的数量几乎是后者的 3 倍。针对在校期间有多少课程涉及疼痛管理相关内容的教学问题，大多数调查对象表示有 1～2 门课程涉及疼痛管理，占比为 84.29%，其余选项的占比较低。关于平时对肿瘤疼痛管理的关注程度，超过一半的调查对象表示偶尔关注，占比为 54.09%，其次是有学习或考试要求时会关注，占比为 18.11%，而表示不关注和一直很关注的占比分别为 15.88% 和 11.91%，除偶尔关注以外其余选项之间的占比相差不大。而关于是否利用业余时间阅读肿瘤疼痛管理的相关书籍，64.39% 的调查对象表示偶尔会阅读，其次是对此不感兴趣，占比为 27.17%，表示经常会阅读的仅占 8.44%。

在全体调查对象对肿瘤疼痛管理的态度上，关于在校期间对医学生开展癌痛相关知识培训、对医护人员开展癌痛相关知识培训、在临床工作中对患者进行癌痛相关问题的教育、对癌痛患者采取有效的镇痛措施、认为对遭受剧烈疼痛而坚持不用镇痛药的患者进行教育使其接受使用镇痛药、对慢性癌痛的病人应定时给予镇痛药而不是等到其发作时给予这 6 个问题，表示有必要和非常必要的人数占比均超过 90%，即大多数调查对象对以上问题持积极态度。针对在评估病人的癌痛强度时，认为永远相信病人的主诉是重要的占比最高，为 69.85%，其次是认为非常重要，占比为 23.57%，即调查对象普遍持肯定态度。在加强癌痛管理提高患者生命质量的问题上，认为医护均负主要责任的占比最高，为77.92%，其次是认为医生负主要责任，占比为16.13%。关于在校期间学习疼痛管理相关知识的充分程度，59.8%的调查对象认为不充分，其次是认为充分的，占比为18.73%，而认为非常充分和从未学习过的人数占比分别为8.81%和12.66%。在是否参加过疼痛管理相关主题活动或讲座报告的问题上，持否认答复的占比比持肯定答复的接近2倍，前者占比为66%，后者占比为34%。针对持否认答复的调查对象，追问其没有参加疼痛管理相关主题活动或讲座报告的原因时，表示学校没有开展过此类活动的人数占比最高，达到63.72%，表示没有时间参加和对此不感兴趣的占比分别为40.79%和20.86%。由于这道题设置为多选题，可以认为学校没有开展过此类活动为首要原因。关于是否了解我国疼痛管理的相关规范性文件和法律法规，表示听说过一点和不了解的人数占比接近，分别为44.67%和41.69%，而表示了解的仅为13.65%。针对我国现行的疼痛管理相关的规范性文件和相关法律法规是否完善，62.55%的调查对象认为完善程度为一般，认为很完善的占比最低，为17.02%。详情见表3-1-8。

表3-1-8　全体调查对象的疼痛管理现状及其对肿瘤疼痛管理的态度

| 项目 | 选项 | 人数（n）/人 | 百分比/% |
| --- | --- | --- | --- |
| 在校期间是否学习过疼痛管理的相关知识 | 有 | 210 | 26.05 |
| | 无 | 596 | 73.95 |
| 在校期间有多少课程涉及疼痛管理相关内容的教学 | 0 | 17 | 8.10 |
| | 1~2门 | 177 | 84.29 |
| | 3~4门 | 10 | 4.76 |
| | 5门及以上 | 6 | 2.86 |
| 平时对肿瘤疼痛管理关注吗 | 一直很关注 | 96 | 11.91 |
| | 偶尔关注 | 436 | 54.09 |
| | 不关注 | 128 | 15.88 |
| | 有学习或考试要求时会关注 | 146 | 18.11 |
| 利用业余时间阅读肿瘤疼痛管理的相关书籍 | 经常 | 68 | 8.44 |
| | 偶尔 | 519 | 64.39 |
| | 不感兴趣 | 219 | 27.17 |

**表 3 - 1 - 8（续）**

| 项目 | 选项 | 人数（n）/人 | 百分比/% |
|---|---|---|---|
| 在校期间对医学生开展癌痛相关知识培训 | 非常必要 | 328 | 40.69 |
| | 有必要 | 423 | 52.48 |
| | 没有必要 | 18 | 2.23 |
| | 无所谓 | 37 | 4.59 |
| 对医护人员开展癌痛相关知识培训 | 非常必要 | 424 | 52.61 |
| | 有必要 | 360 | 44.67 |
| | 没有必要 | 9 | 1.12 |
| | 无所谓 | 13 | 1.61 |
| 在临床工作中对患者进行癌痛相关问题的教育 | 非常必要 | 423 | 52.48 |
| | 有必要 | 367 | 45.53 |
| | 没有必要 | 10 | 1.24 |
| | 无所谓 | 6 | 0.74 |
| 对癌痛患者采取有效的镇痛措施 | 非常必要 | 446 | 55.33 |
| | 有必要 | 345 | 42.80 |
| | 没有必要 | 10 | 1.24 |
| | 无所谓 | 5 | 0.62 |
| 在评估病人的癌痛强度时，永远相信病人的主诉 | 非常重要 | 190 | 23.57 |
| | 重要 | 563 | 69.85 |
| | 不重要 | 50 | 6.20 |
| | 无所谓 | 3 | 0.37 |
| 如果病人在剧烈疼痛时坚持不用镇痛药，对他进行教育使其接受 | 非常必要 | 286 | 35.48 |
| | 有必要 | 475 | 58.93 |
| | 没有必要 | 35 | 4.34 |
| | 无所谓 | 10 | 1.24 |
| 对于慢性癌痛的病人，镇痛药定时给予而不是等到其发作时给予 | 非常必要 | 316 | 39.21 |
| | 有必要 | 431 | 53.47 |
| | 没有必要 | 52 | 6.45 |
| | 无所谓 | 7 | 0.87 |
| 加强癌痛管理，提高患者生命质量 | 医生负主要责任 | 130 | 16.13 |
| | 护士负主要责任 | 15 | 1.86 |
| | 医护均负主要责任 | 628 | 77.92 |
| | 患者负主要责任 | 33 | 4.09 |

表 3 - 1 - 8（续）

| 项目 | 选项 | 人数（n）/人 | 百分比/% |
|---|---|---|---|
| 在校期间学习的疼痛管理相关知识 | 非常充分 | 71 | 8.81 |
| | 充分 | 151 | 18.73 |
| | 不充分 | 482 | 59.80 |
| | 从未学习过 | 102 | 12.66 |
| 参加过疼痛管理相关主题活动或讲座报告 | 有 | 274 | 34 |
| | 没有 | 532 | 66 |
| 在校期间没有参加疼痛管理相关主题活动或讲座报告的原因 | 学校没有开展过此类活动 | 339 | 63.72 |
| | 没有时间参加 | 217 | 40.79 |
| | 不感兴趣 | 111 | 20.86 |
| 是否了解我国疼痛管理相关的规范性文件和法律法规 | 了解 | 110 | 13.65 |
| | 听说过一点 | 360 | 44.67 |
| | 不了解 | 336 | 41.69 |
| 我国现行的疼痛管理相关的规范性文件和相关法律法规是否完善 | 很完善 | 80 | 17.02 |
| | 一般 | 294 | 62.55 |
| | 有待完善 | 96 | 20.43 |
| 会因为担心药物成瘾问题而选择减少对疼痛病人使用镇痛药物吗 | 会 | 244 | 44.69 |
| | 不会 | 105 | 19.23 |
| | 看情况 | 197 | 36.08 |
| 我国阿片类药物使用率很低，你认为是什么原因导致这一现象 | 医护对成瘾问题的担心 | 670 | 83.13 |
| | 疼痛管理的相关知识和培训欠缺 | 597 | 74.07 |
| | 相关规定的限制 | 546 | 67.74 |
| | 患者及患者家属的观念问题 | 509 | 63.15 |
| | 患者的疼痛程度不足以使用 | 271 | 33.62 |
| | 医护对药物不良反应的考虑 | 485 | 60.17 |

此外，关于我国阿片类药物使用率很低的原因，由于本题设置为多选题，超过 60%的调查对象都选择了"医护对成瘾问题的担心""疼痛管理的相关知识和培训欠缺""相关规定的限制""患者及患者家属的观念问题"和"医护对药物不良反应的考虑"，其中占比最高的为"医护对成瘾问题的担心"，为 83.13%，而选择"患者的疼痛程度不足以使用"的仅占 33.62%，详情见图 3 - 1 - 1。

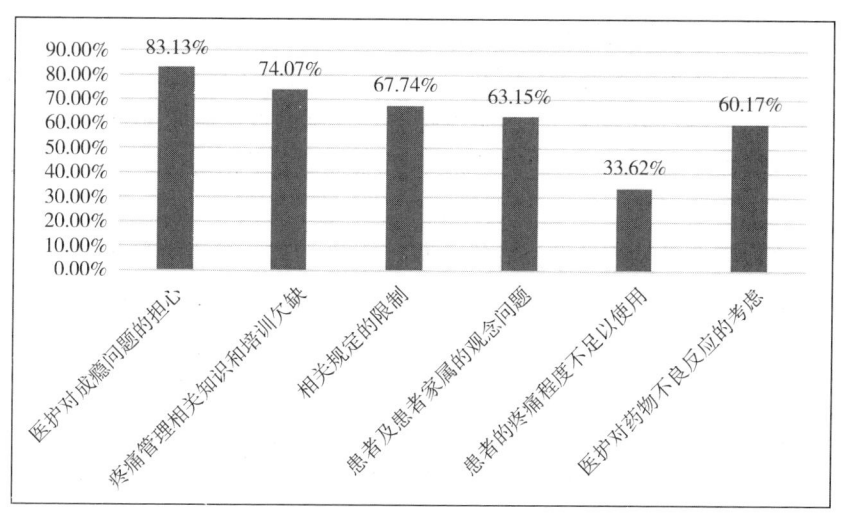

图 3 - 1 - 1　全体调查对象认为我国阿片类药物使用率很低的原因

### 3.2　临床医学类专业调查对象的现状调查及其态度分析

调查发现，在临床医学类专业调查对象的疼痛管理现状中，表示在校期间没有学习过疼痛管理相关知识的占比是学习过疼痛管理相关知识的近 2 倍。针对在校期间有多少课程涉及疼痛管理相关内容的教学的问题，超过 80% 的临床医学类专业调查对象表示有 1~2 门课程涉及疼痛管理，占比为 84.87%，其余选项的占比较低。临床实习方面，近 80% 的临床医学类专业调查对象表示有临床实习经历，占比高达 78.75%。对有临床实习经历的临床医学类专业调查对象进行深入调查，超过 50% 的调查对象表示其实习时长为 0.5~1 年，超过 90% 调查对象有在三甲医院实习的经历，近 60% 调查对象在实习期间没有接受过疼痛知识相关培训。关于平时对肿瘤疼痛管理的关注程度，有 57.33% 的临床医学类专业调查对象表示偶尔关注，表示一直很关注或有学习或考试要求时会关注的人数占比均为 16.30%。而关于利用业余时间阅读肿瘤疼痛管理的相关书籍，近 70% 的临床医学类专业调查对象表示偶尔会阅读，其次是对此不感兴趣，占比为 19.60%，表示经常会阅读的人数仅占 10.62%。

在全体调查对象对肿瘤疼痛管理的态度上，关于在校期间对医学生开展癌痛相关知识培训、对医护人员开展癌痛相关知识培训、在临床工作中对患者进行癌痛相关问题的教育、对癌痛患者采取有效的镇痛措施、认为对遭受剧烈疼痛而坚持不用镇痛药的患者进行教育使其接受使用镇痛药、对慢性癌痛的病人应定时给予镇痛药而不是等到其发作时给予这 6 个问题，表示有必要和非常必要的人数占比均超过 95%，即调查对象对以上问题普遍持积极态度。

针对在评估病人的癌痛强度时，有 68.13% 的临床医学类专业调查对象认为永远相信病人的主诉是重要的，其次是认为非常重要，占比为 26.74%，即调查对象对此普遍持肯定态度。在加强癌痛管理提高患者生命质量的问题上，认为医护均负主要责任的人数占比最高，为 78.02%，其次是认为医生负主要责任，占比为 17.22%。关于在校期间学习的疼痛管理相关知识的充分程度，超过 60% 的临床医学类专业调查对象认为不充分，有 21.79% 的调查对象认为是充分的，仅 6.23% 表示从未学习过。在是否参加过疼痛管理相关主题活动或讲座报告的问题上，有 57.14% 的临床医学类专业调查对象持否认答复。针对持否认答复的临床医学类专业调查对象，追问其没有参加疼痛管理相关主题活动或讲座报告的原因时，表示学校没有开展过此类活动的占比最高，为 72.44%，表示没有时间参加和对此不感兴趣的人数占比分别为 38.78% 和 14.1%。由于这道题设置为多选题，可以认为学校没有开展过此类活动为首要原因。关于对我国疼痛管理相关规范性文件和法律法规的了解程度，约 50% 的临床医学类专业调查对象表示听说过一点，有 31.68% 的调查对象表示不了解。针对我国现行的疼痛管理相关规范性文件和相关法律法规的完善程度，超过 60% 的临床医学类专业调查对象认为完善程度为一般，认为很完善和有待完善的占比接近。在是否会因为担心药物成瘾问题而减少对疼痛病人使用镇痛药物的问题上，有 44.69% 的临床医学类专业调查对象表示会，表示看情况的占比对 36.08%，表示不会的占比不足 20%。详情见表 3-1-9。

表 3-1-9　临床医学类专业调查对象的疼痛管理现状及其对肿瘤疼痛管理的态度

| 项目 | 选项 | 人数 (n)/人 | 百分比/% |
|---|---|---|---|
| 在校期间是否学习过疼痛管理的相关知识 | 有 | 185 | 33.88 |
|  | 无 | 361 | 66.12 |
| 在校期间有多少课程涉及疼痛管理相关内容的教学 | 0 | 14 | 7.57 |
|  | 1~2 门 | 157 | 84.87 |
|  | 3~4 门 | 8 | 4.32 |
|  | 5 门及以上 | 6 | 3.24 |
| 临床实习经历 | 有 | 430 | 78.75 |
|  | 没有 | 116 | 21.25 |
| 临床实习时长 | <0.5 年 | 34 | 7.91 |
|  | 0.5~1 年 | 243 | 56.51 |
|  | 1~2 年 | 77 | 17.91 |
|  | >2 年 | 76 | 17.67 |
| 实习医院级别 | 三甲 | 403 | 93.72 |
|  | 非三甲 | 27 | 6.28 |

表 3 - 1 - 9 （续）

| 项目 | 选项 | 人数（n）/人 | 百分比/% |
|------|------|------------|----------|
| 实习期间是否接受过疼痛知识相关培训 | 有 | 179 | 41.63 |
| | 没有 | 251 | 58.37 |
| 平时对肿瘤疼痛管理关注吗 | 一直很关注 | 89 | 16.30 |
| | 偶尔关注 | 313 | 57.33 |
| | 不关注 | 55 | 1.07 |
| | 有学习或考试要求时会关注 | 89 | 16.30 |
| 利用业余时间阅读肿瘤疼痛管理的相关书籍 | 经常 | 58 | 10.62 |
| | 偶尔 | 381 | 69.78 |
| | 不感兴趣 | 107 | 19.60 |
| 在校期间对医学生开展癌痛相关知识培训 | 非常必要 | 262 | 47.99 |
| | 有必要 | 265 | 48.53 |
| | 没有必要 | 7 | 1.28 |
| | 无所谓 | 12 | 2.20 |
| 对医护人员开展癌痛相关知识培训 | 非常必要 | 305 | 55.86 |
| | 有必要 | 230 | 42.12 |
| | 没有必要 | 4 | 0.73 |
| | 无所谓 | 7 | 1.28 |
| 在临床工作中对患者进行癌痛相关问题的教育 | 非常必要 | 306 | 56.04 |
| | 有必要 | 232 | 42.49 |
| | 没有必要 | 6 | 1.10 |
| | 无所谓 | 2 | 0.37 |
| 对癌痛患者采取有效的镇痛措施 | 非常必要 | 329 | 60.26 |
| | 有必要 | 209 | 38.28 |
| | 没有必要 | 7 | 1.28 |
| | 无所谓 | 1 | 0.18 |
| 在评估病人的癌痛强度时，永远相信病人的主诉 | 非常重要 | 146 | 26.74 |
| | 重要 | 372 | 68.13 |
| | 不重要 | 26 | 4.76 |
| | 无所谓 | 2 | 0.37 |
| 如果病人在剧烈疼痛时坚持不用镇痛药，对他进行教育使其接受 | 非常必要 | 223 | 4.84 |
| | 有必要 | 302 | 55.31 |
| | 没有必要 | 16 | 2.93 |
| | 无所谓 | 5 | 0.92 |

表 3 - 1 - 9（续）

| 项目 | 选项 | 人数（n）/人 | 百分比/% |
|---|---|---|---|
| 对于慢性癌痛的病人，镇痛药定时给予而不是等到其发作时给予 | 非常必要 | 256 | 46.89 |
| | 有必要 | 263 | 48.17 |
| | 没有必要 | 25 | 4.58 |
| | 无所谓 | 2 | 0.37 |
| 加强癌痛管理，提高患者生命质量 | 医生负主要责任 | 94 | 17.22 |
| | 护士负主要责任 | 9 | 1.65 |
| | 医护均负主要责任 | 426 | 78.02 |
| | 患者负主要责任 | 17 | 3.11 |
| 在校期间学习的疼痛管理相关知识 | 非常充分 | 53 | 9.71 |
| | 充分 | 119 | 21.79 |
| | 不充分 | 340 | 62.27 |
| | 从未学习过 | 34 | 6.23 |
| 参加过疼痛管理相关主题活动或讲座报告 | 有 | 234 | 42.86 |
| | 没有 | 312 | 57.14 |
| 在校期间没有参加疼痛管理相关主题活动或讲座报告的原因 | 学校没有开展过此类活动 | 226 | 72.44 |
| | 没有时间参加 | 121 | 38.78 |
| | 不感兴趣 | 44 | 14.10 |
| 是否了解我国疼痛管理相关的规范性文件和法律法规 | 了解 | 96 | 17.58 |
| | 听说过一点 | 277 | 50.73 |
| | 不了解 | 173 | 31.68 |
| 我国现行的疼痛管理相关的规范性文件和相关法律法规是否完善 | 很完善 | 67 | 17.96 |
| | 一般 | 236 | 63.27 |
| | 有待完善 | 70 | 18.77 |
| 会因为担心药物成瘾问题而选择减少对疼痛病人使用镇痛药物吗 | 会 | 244 | 44.69 |
| | 不会 | 105 | 19.23 |
| | 看情况 | 197 | 36.08 |
| 我国阿片类药物使用率很低，你认为是什么原因导致这一现象 | 医护对成瘾问题的担心 | 339 | 62.09 |
| | 疼痛管理的相关知识和培训欠缺 | 208 | 38.10 |
| | 相关规定的限制 | 360 | 65.93 |
| | 患者及患者家属的观念问题 | 377 | 69.05 |
| | 患者的疼痛程度不足以使用 | 422 | 77.29 |
| | 医护对药物不良反应的考虑 | 457 | 83.70 |

表 3 - 1 - 9（续）

| 项目 | 选项 | 人数（n）/人 | 百分比/% |
|---|---|---|---|
| 什么原因会影响你对疼痛病人使用镇痛药物，请你对以下原因进行排序 | 对成瘾问题的担心（第一位） | 300 | 54.95 |
| | 欠缺疼痛管理的相关知识和培训（第二位） | 220 | 42.64 |
| | 相关规定的限制（第三位） | 182 | 36.92 |
| | 患者及患者家属的态度（第四位） | 169 | 37.39 |
| | 对患者疼痛程度的评估（第五位） | 152 | 37.72 |
| | 患者的需求（第六位） | 158 | 43.05 |
| | 对镇痛药物不良反应的考虑（第七位） | 140 | 40.58 |

此外，关于我国阿片类药物使用率很低的原因，由于本题设置为多选题，可知超过60%的临床医学类专业调查对象都选择了"医护对成瘾问题的担心""相关规定的限制""患者及患者家属的观念问题""患者的疼痛程度不足以使用"和"医护对镇痛药物不良反应的考虑"，其中占比最高的为"医护对镇痛药物不良反应的考虑"，而选择"疼痛管理的相关知识和培训欠缺"的人数仅占38.10%，详情见图 3 - 1 - 2。在让临床医学类专业调查对象对影响其对疼痛病人使用镇痛药物的原因进行排序时，超过50%的调查对象将"对成瘾问题的担心"排在首位，其次是"欠缺疼痛管理的相关知识和培训"，占比为42.64%，而有40.58%的临床医学类专业调查对象把"对镇痛药物不良反应的考虑"排在末位，详情见图 3 - 1 - 3。

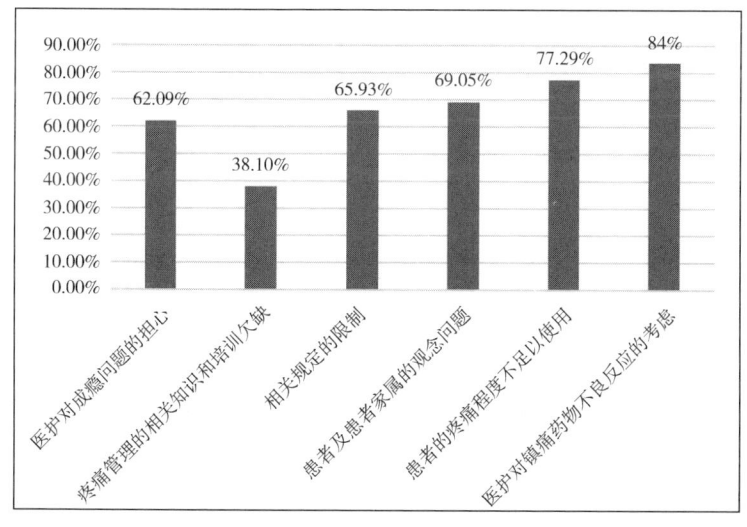

图 3 - 1 - 2　临床医学类专业调查对象认为我国阿片类药物使用率很低的原因

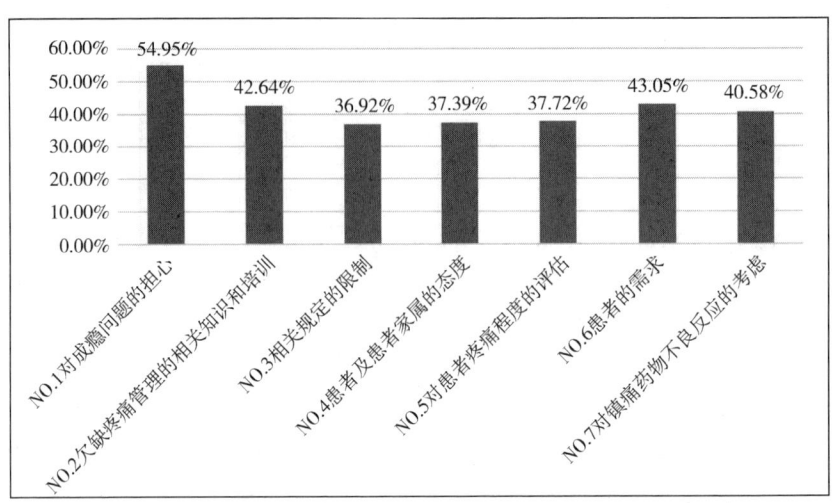

图 3 - 1 - 3　影响临床医学类专业调查对象对疼痛病人使用镇痛药物的原因

# 附　录　调查问卷

## 广东省医学生对肿瘤疼痛管理知识和态度的调查表

　　此问卷将用于毕业论文设计，不要求填写姓名，内容将严格保密，请放心作答。

　　**第一部分　一般情况**

1. 你的性别是（单选题）
　　○男　　　　　○女

2. 你的年龄是（填空题）

_____

3. 你的专业是（单选题）
　　○临床医学类专业（临床医学、中西医临床医学、护理学、口腔医学、儿科学、精神医学、麻醉学）
　　○医技类专业（医学影像学、医学检验技术、康复治疗学、康复物理治疗、康复作业治疗）
　　○医学人文类专业（公共事业管理、市场营销、应用心理学、法学）
　　○药学类专业（药学、临床药学）
　　○公共卫生类专业（预防医学、食品质量与安全、食品卫生、营养学）

4. 你的专业是（单选题）＊当题目3. 你的专业是选择［临床医学类专业（临床医学、中西医临床医学、护理学、口腔医学、儿科学、精神医学、麻醉学）］时，此题才显示
　　○临床医学　　　○护理学　　　○口腔医学　　　○中西医临床医学
　　○儿科学　　　　○精神医学　　　○麻醉学

5. 你现阶段的学历是（请根据目前在读年级选择，如在研究生阶段请选择硕士）（单选题）
　　○本科　　　　　○硕士　　　　　○博士

6. 你的年级？（单选题）＊当题目5. 你现阶段的学历是选择"本科"时，此题才显示
　　○大一　　　　○大二　　　　○大三　　　　○大四
　　○大五

7. 你的年级是（单选题）＊当题目5. 你现阶段的学历是选择"硕士"时，此题才显示
   ○研一　　　　　　　○研二　　　　　　　○研三

8. 你的年级是（单选题）＊当题目5. 你现阶段的学历是选择"博士"时，此题才显示
   ○博士一年级　　　　○博士二年级　　　　○博士三年级

9. 你是否有执业医师资格证（单选题）＊当题目4. 你的专业是选择"临床医学""口腔医学""中西医临床医学""儿科学""精神医学""麻醉学"中的其中一个选项时，当题目5. 你现阶段的学历是选择"硕士""博士"中的其中一个选项时，此题才显示
   ○有　　　　　　　○没有

10. 你是否有护士执业证？（单选题）＊当题目4. 你的专业是选择"护理学"时，此题才显示
    ○有　　　　　　　○没有

## 第二部分　疼痛管理知识
### 单选题部分

11. 生命体征总是判断病人疼痛程度的可靠指标（单选题）
    ○对　　　　　　　○错

12. 一个疼痛患者，如果可以做到从疼痛中转移注意力，通常意味着他的疼痛程度并不严重（单选题）
    ○对　　　　　　　○错

13. 不应该对有药物滥用史的患者应用阿片类药物（单选题）
    ○对　　　　　　　○错

14. 我们应鼓励患者在使用镇痛药物之前，尽可能地忍受疼痛（单选题）
    ○对　　　　　　　○错

15. WHO癌痛三阶梯止痛治疗原则包括（　　　）
    ①口服用药；②按阶梯用药；③按时用药；④个体化用药；⑤注意具体细节（单选题）
    ○A. ①②③④　　　○B. ②③④⑤　　　○C. ①②③⑤
    ○D. ①②④⑤　　　○E. ①②③④⑤

16. 一名疼痛患者要求增加止痛药物剂量最可能的原因是（单选题）
    ○患者感觉疼痛加重
    ○患者焦虑与抑郁的感觉加重

○患者在寻求医务人员的进一步关注

○患者的要求与药物成瘾有关

17. 对于持续性癌性疼痛患者，阿片类药物的最佳给药途径是（单选题）

   ○A. 静脉注射 　　　　　　○B. 肌肉注射

   ○C. 皮下注射 　　　　　　○D. 口服

   ○E. 经直肠给药

18. 对于癌症患者持续的、中重度疼痛，下列哪种药物最适合使用（单选题）

   ○A. 可待因（Codeine） 　　○B. 吗啡（Morphine）

   ○C. 杜冷丁（Meperidine） 　○D. 曲马多（Tramadol）

19. 一名罹患癌症疼痛的病人每天接受阿片类药物治疗已有2个月。昨天，他接受了吗啡200毫克/时静脉注射镇痛治疗。今天，他接受了吗啡250毫克/时静脉注射镇痛治疗。在没有发生其他新的并发症的前提下，他发生严重呼吸抑制的可能性为：（单选题）

   ○A. < 1% 　　　○B. 1% ~ 10% 　　○C. 11% ~ 20%

   ○D. 21% ~ 40% 　○E. > 41%

20. 下面哪种药物能够有效治疗癌性疼痛？（单选题）

   ○A. 布洛芬（Ibuprofen） 　　○B. 美施康定（Morphine）

   ○C. 加巴喷丁（Gabapentin） 　○D. 上述全部

**案例分析部分**

安德鲁，25岁，腹部手术后第一天。当你进入病房时，他对你微笑，然后继续和来访者们聊天及开玩笑。你对他进行评估得到以下信息：BP = 120/80，HR = 80，R = 18；在0 ~ 10疼痛标尺上（0为无痛或没有不适，10为最痛或最不舒适），他给自己的疼痛分值定为8。

21. 你需要在病历上记录病人的疼痛评分，并在下面的疼痛尺度上标示出你评估的病人的疼痛分值。

   [输入0（没有疼痛或不适）到10（严重疼痛或不适）的数字]

_____

22. 你上面的评估结果是在给病人静脉注射吗啡2毫克2小时后进行的，用药半小时后他的疼痛分值介于6 ~ 8分，且没有明显的呼吸抑制、镇静及其他药物副反应发生。他认为2分是他可以接受的疼痛水平。医生给他的医嘱是吗啡1 ~ 3毫克（必要时）镇痛用。此时你将采取

的措施是：（单选题）

○A. 此时不需要用吗啡　　　　○B. 当即给予吗啡 1 毫克

○C. 当即给予吗啡 2 毫克　　　○D. 当即给予吗啡 3 毫克

### 第三部分　疼痛管理现状

23. 你在校期间是否学习过疼痛管理的相关知识（单选题）

○有　　　　　　　　　　　○没有

24. 在校期间有多少课程涉及疼痛管理相关内容的教学（单选题）＊当题目 23. 你在校期间是否学习过疼痛管理的相关知识选择"有"时，此题才显示

○0　　　　　○1～2 门　　　○3～4 门　　　○5 门及以上

25. 你是否有过临床实习经历（单选题）

○有　　　　　　　　　　　○没有

26. 你实习医院的级别（单选题）＊当题目25. 你是否有过临床实习经历选择"有"时，此题才显示

○三甲　　　　　　　　　　○非三甲

27. 你的临床实习时间（单选题）＊当题目 25. 你是否有过临床实习经历选择"有"时，此题才显示

○<0.5 年　　○0.5～1 年　　○1～2 年　　　○>2 年

28. 你在实习期间是否接受过疼痛知识相关培训（单选题）＊当题目 25. 你是否有过临床实习经历选择"有"时，此题才显示

○有　　　　　　　　　　　○没有

29. 你平时对肿瘤疼痛管理关注吗（单选题）

○一直很关注　　　　　　　○偶尔关注

○不关注　　　　　　　　　○有学习或考试要求时会关注

30. 你会利用业余时间阅读肿瘤疼痛管理的相关书籍吗（单选题）

○经常　　　　○偶尔　　　○不感兴趣

### 第四部分　肿瘤疼痛管理的态度

31. 你认为在校期间对医学生开展癌痛相关知识培训（单选题）

○非常必要　　○有必要　　○没有必要　　○无所谓

32. 你认为对医护人员开展癌痛相关知识培训（单选题）

○非常必要　　○有必要　　○没有必要　　○无所谓

33. 你认为在临床工作中对患者进行癌痛相关问题的教育（单选题）

○非常必要　　○有必要　　○没有必要　　○无所谓

34. 你认为对癌痛患者采取有效的镇痛措施（单选题）
    ○非常必要　　○有必要　　　○没有必要　　　○无所谓

35. 你认为在评估病人的癌痛强度时，永远相信病人的主诉（单选题）
    ○非常重要　　○重要　　　　○不重要　　　　○无所谓

36. 如果病人在剧烈疼痛时坚持不用镇痛药，你认为对他进行教育使其
    接受（单选题）
    ○非常必要　　○有必要　　　○没有必要　　　○无所谓

37. 对于慢性癌痛的病人，镇痛药定时给予而不是等到其发作时给予，
    你认为（单选题）
    ○非常必要　　○有必要　　　○没有必要　　　○无所谓

38. 你认为加强癌痛管理，提高患者生命质量（单选题）
    ○A. 医生负主要责任　　　　　○B. 护士负主要责任
    ○C. 医护均负主要责任　　　　○D. 患者负主要责任

39. 你认为在校期间学习的疼痛管理相关知识充分吗（单选题）
    ○非常充分　　○充分　　　　○不充分　　　　○从未学习过

40. 你是否参加过疼痛管理相关主题活动或讲座报告（单选题）
    ○是　　　　　　○否

41. 在校期间你没有参加疼痛管理相关主题活动或讲座报告的原因是
    （多选题）＊当题目40. 你是否参加过疼痛管理相关主题活动或讲
    座报告选择"否"时，此题才显示
    ○学校没有开展过此类活动　　○没有时间参加
    ○不感兴趣

42. 你是否了解我国疼痛管理相关的规范性文件和法律法规（单选题）
    ○了解　　　○听说过一点　　○不了解

43. 你认为我国现行的疼痛管理相关的规范性文件和相关法律法规是否
    完善（单选题）＊当题目42. 你是否了解我国疼痛管理相关的规范
    性文件和法律法规选择"了解""听说过一点"中的其中一个选项
    时，此题才显示
    ○很完善　　　○一般　　　　○有待完善

44. 你会因为担心药物成瘾问题而选择减少对疼痛病人使用镇痛药物吗
    （单选题）＊当题目3. 你的专业是选择［临床医学类专业（临床
    医学、中西医临床医学、护理学、口腔医学、儿科学、精神医学、
    麻醉学）］时，此题才显示

○会          ○不会          ○看情况

45. 我国阿片类药物使用率很低，你认为是什么原因导致这一现象（多选题）

○医护对成瘾问题的担心      ○疼痛管理的相关知识和培训欠缺

○相关规定的限制          ○患者及患者家属的观念问题

○患者的疼痛程度不足以使用  ○医护对药物不良反应的考虑

46. 什么原因会影响你对疼痛病人使用镇痛药物，请你对以下原因进行排序。（排序题，请在括号内依次填入数字）＊当题目3. 你的专业是选择［临床医学类专业（临床医学、中西医临床医学、护理学、口腔医学、儿科学、精神医学、麻醉学）］时，此题才显示

（   ）对成瘾问题的担心

（   ）欠缺疼痛管理相关的知识和培训

（   ）相关规定的限制

（   ）患者及患者家属的态度

（   ）对患者疼痛程度的评估

（   ）患者的需求

（   ）对镇痛药物不良反应的考虑

# 应用调查二 术后疼痛管理调查

医学界关于术后疼痛管理的研究较早，比较重视术后疼痛管理质量的研究和指标应用，一些经典的认知和态度调查问卷到现在都被广泛应用，同时，医护人员对消除患者疼痛必要性的认识较为深刻，并设立专门的科室对患者的疼痛情况进行综合控制。疼痛控制的主要实施人员也从麻醉师转变为护士，并且进行专门的疼痛专科培训及考核。从当前研究现状可见：学术界在术后疼痛管理体系的构建研究上起步较晚，从单个学科即护理角度的研究较多，而由于多数手术患者未接受"标准正规"的术后疼痛管理，导致应用研究也比较少，所建立指标只局限于某个科室如骨科应用，而未得到大范围应用。我国术后疼痛管理研究对象主要集中在在职医护人员和患者身上，针对在校医学生的研究较少，而在校医学生尽早接受疼痛教育更能有效提高术后疼痛管理质量和水平，因而后续研究有必要基于术后疼痛管理的系统性特征和我国国情，构建更系统、更科学、更合理的术后疼痛管理评价体系。国内外研究比较相似且达成共识的是护士在术后疼痛管理中的重要作用，加强护士疼痛知识的教育，特别是专业的继续教育对于术后疼痛管理的意义重大。虽然医生因素对术后疼痛管理效果的研究已被许多研究证实，主要包括开止痛药的意愿、剂量、与护士的交流方面存在的问题，但针对医生所进行的认知调查比起护士还是稍有落后，对在校医学生的调查研究就更显缺失了。

## 结　果

### 1　调查对象的基本情况及学习情况

#### 1.1　调查对象的基本情况

本次调查所用问卷共41题，由调查对象的一般情况、术后疼痛管理认知情况、术后疼痛管理态度调查3个部分组成。此次问卷调查共涉及459人。在性别方面，男性共192人，占总体的41.83%；女性共267人，占总体的58.17%。学历以本科生为主，其中大一70人，占比15.25%；大二68人，占比14.81%；大三71人，占比15.47%；大四52人，占比11.33%；大五198人，数量最多，占比43.14%。在专业方面，临床医学专业306人，共占66.67%；护理学专业153人，共占33.33%。具体情况见表3-2-1。

表3-2-1　调查对象的一般情况

| 项目 | 选项 | 人数（占比/%） |
|------|------|------|
| 性别 | 男 | 192（41.83） |
|      | 女 | 267（58.17） |
| 年级 | 大一 | 70（15.25） |
|      | 大二 | 68（14.81） |
|      | 大三 | 71（15.47） |
|      | 大四 | 52（11.33） |
|      | 大五 | 198（43.14） |
| 专业 | 临床医学 | 306（66.67） |
|      | 护理学 | 153（33.33） |

### 1.2　调查对象的术后疼痛管理学习情况

问卷调查结果显示，459名调查对象中，学习过与术后疼痛管理相关课程及内容的人数占77.12%，从未学习过的人数占22.88%；从专业书籍或学术期刊上获取术后疼痛知识的情况上，选择"是"和"否"的人数相当，占比均接近50%；在参加学校举办的术后疼痛管理讲座或活动方面，仅有1/3的调查对象参加过类似活动，余者皆表示未参加过或学校未举办过相关讲座活动；在术后疼痛管理的主要认识来源上，选择临床实践的最多，占比30.28%，还有25.93%的调查对象选择了学校，书籍期刊以及网络均占比20%左右，选择其他渠道的人数较少，只有2.40%，这些调查对象表示曾通过课题以及亲人从事相关工作了解术后疼痛管理。医院是进行术后疼痛管理的主要场所，因而是否在医院见习或实习过也是影响调查对象术后疼痛管理认知水平的重要因素，在见习或实习方面，去过医院见习或实习的人数有375人，超过80%，仅有18.30%的调查对象未去过医院见习或实习，虽然曾去医院见习或实习的人数较多，但认为医院的见习或实习充分包含术后疼痛管理内容的调查对象仅占20.70%，有超过一半的调查对象表示有包含但很少，剩余23.97%调查对象则表示几乎没有包含术后疼痛管理的内容；在见习或实习中有关疼痛管理内容的时间是否充分这一问题上，调查对象的回答情况接近上一题，各水平情况均可查表得出，其意义明确，这里不再负赘。学校是医学生学习知识，提升素质的主要场所，疼痛教育是生命教育的重要内容，提高学生的术后疼痛管理认知水平，是学校教育教学内容之一。但调查结果显示，有近60%调查对象认为学校提供的疼痛教育一般，觉得较为充分的人数只占17.21%，还有18.74%的调查对象表示不充分。上述情况详见表3-2-2。

表3-2-2 术后疼痛管理学习情况

| 项目 | 选项 | 人数（占比/%） |
|---|---|---|
| 你是否学习过与术后疼痛管理相关的课程或内容 | 学习过 | 91（19.82） |
| | 学习过但较少 | 263（57.30） |
| | 从未学习过 | 105（22.88） |
| 你是否从专业书籍或学术期刊上获取过术后疼痛相关知识 | 是 | 229（49.90） |
| | 否 | 230（50.10） |
| 你是否参加过学校举办的相关活动或讲座 | 参加过 | 153（33.30） |
| | 没参加过 | 237（51.60） |
| | 学校未举办 | 69（15.00） |
| 你对术后疼痛管理的认识主要来源于哪里 | 学校 | 119（25.93） |
| | 书籍期刊 | 93（20.30） |
| | 网络 | 97（21.10） |
| | 临床实践 | 139（30.28） |
| | 其他 | 11（2.40） |
| 你是否到医院进行过见习或实习 | 是 | 375（81.70） |
| | 否 | 84（18.30） |
| 见习或实习是否包含术后疼痛管理的内容 | 充分包含 | 95（20.70） |
| | 有包含但很少 | 254（55.30） |
| | 几乎没有 | 110（23.97） |
| 你觉得见习或实习中有关疼痛管理内容的时间是否充分 | 充分 | 85（18.50） |
| | 一般 | 262（57.10） |
| | 不充分 | 112（24.40） |
| 你认为学校提供的疼痛教育是否充分 | 充分 | 79（17.21） |
| | 一般 | 294（64.10） |
| | 不充分 | 86（18.74） |

## 2　调查对象的术后疼痛管理认知情况

### 2.1　术后疼痛知识调查得分及答对率情况

问卷（见附录）中共有 12 道题目考察调查对象的术后疼痛知识，调查对象平均回答正确 7.86 道题目，换算为百分制得分后，平均得分为 65.54 分，最高分为 100 分，最低分为 8.33 分。6.75% 的调查对象的术后疼痛知识得分在 40 分以下，32.90% 的调查对象得分为 40～60 分，60.35% 的调查对象的得分在 60 分以上，详情见表 3－2－3。其中，答错率最高的 3 道题目依次是第 16 题、第 10 题和第 12 题。第 16 题主要考察使用阿片类药物治疗术后疼痛，药物成瘾的发生率；第 14 题考察术后常用镇痛药物；第 12 题同样涉及阿片类药物，考察对于短暂、剧烈、突发的疼痛，如创伤或手术后疼痛，阿片类药物的最佳给药途径。由此可见，被调查者对阿片类药物在疼痛管理应用上成瘾概率的出现以及给药途径的了解存在一定偏差和缺陷，对阿片类药物的认识还有待进一步提高。具体题目回答情况详见表 3－2－4。

表 3－2－3　术后疼痛管理知识总体回答正确情况

| 回答正确题目 | 疼痛知识得分 | 人数（n）/人 | 百分率/% |
| --- | --- | --- | --- |
| 5～8 | 8.33～39.99 | 31 | 6.75 |
| 9～11 | 40～60（含） | 151 | 32.90 |
| 12～16 | 60（不含）～100 | 277 | 60.35 |

表 3－2－4　疼痛知识调查结果

| 题目内容 | 答对人数（n）/人 | 答对率/% |
| --- | --- | --- |
| 对术后疼痛这种急性疼痛而言，疼痛评估方法宜简单 | 373 | 81.3 |
| 大部分患者的术后疼痛是不可避免的，如不严重，无须处理 | 265 | 57.7 |
| 对于术后第二天的患者，评估休息时的疼痛比运动诱发的疼痛更重要 | 378 | 82.4 |
| 疼痛不应影响患者的深呼吸与咳痰，需同时评估患者静息痛和运动痛，镇痛强度应尽量满足患者术后早期活动的要求 | 408 | 88.9 |
| 麻醉药物/阿片类药物成瘾是一种慢性的神经生物学疾病，特征为下列 1 项或以上行为：失去对麻醉药物使用的控制力、不得不用药、明知药物有损于身体仍继续使用、上瘾 | 365 | 79.5 |

表 3 - 2 - 4（续）

| 题目内容 | 答对人数（n）/人 | 答对率/% |
|---|---|---|
| 联合应用不同作用机制的镇痛药物（如联合应用阿片类和非甾体抗炎镇痛药物）可能能产生较好的镇痛效果，且比使用单一镇痛剂的药物副作用少 | 325 | 70.8 |
| 静脉自控镇痛（PCIA）是利用 PCA 装置经静脉途径用药，操作容易，适用范围较广，但其是全身用药，副作用较高，镇痛效果逊于硬膜外患者自控镇痛 | 343 | 74.7 |
| 对于短暂、剧烈、突发的疼痛，如创伤或手术后疼痛，阿片类药物的最佳给药途径 | 214 | 46.6 |
| 镇痛药物治疗术后疼痛的初始给药方式 | 297 | 64.7 |
| 术后常用镇痛药物不包括哪一项 | 207 | 45.1 |
| 患者刚做完手术后出现疼痛伴随寒战，使用下列哪种止痛药物最佳 | 232 | 50.5 |
| 使用阿片类药物治疗术后疼痛，药物成瘾的发生率 | 203 | 44.2 |

### 2.2 不同属性调查对象术后疼痛认知差异比较

对问卷中用于术后疼痛知识考察的 12 道题目计分，调查对象回答正确计 1 分，回答错误或没有回答计 0 分，满分为 12 分。通过问卷调查结果可知，男生的总得分为（8.04 ± 2.179）分，女生的总得分为（7.74 ± 1.980）分；年级中大一、大二、大三、大四、大五年级的总得分分别为（7.70 ± 2.095）分、（7.44 ± 2.010）分、（7.68 ± 2.371）分、（7.00 ± 2.376）分、（8.36 ± 1.745）分，大五年级的得分最高；临床医学专业的总得分为（8.35 ± 1.742）分，护理专业的总得分为（6.90 ± 2.325）分，其中临床医学专业得分高于护理学专业。

在性别方面，采用独立样本 $t$ 检验研究不同性别在得分上是否存在显著性差异，这里其关键性数据为显著性 $P$ 值，$P = 0.132$，大于 0.05，即说明不同性在疼痛知识得分上不存在显著性差异。由于专业也为二分类变量，也采用独立样本 $t$ 检验研究不同专业在疼痛知识得分上是否存在显著性差异，其 $P = 0.000$，小于 0.05，说明不同专业在疼痛知识得分上存在的差异有统计学意义。年级为多分类变量，故采用单因素方差分析进行差异分析，其显著性 P 值为 0.000，小于 0.05，因此不同年级在疼痛知识得分的差异也有统计学意义。另外，对大三和大五年级进行组间差异比较，结果可见其显著性 P 值为 0.011，小于 0.05，即说明大三和大五年级在疼痛知识得分上存在显著性差异。详见表 3 – 2 – 5、表 3 – 2 – 6。

表 3 – 2 – 5　不同属性术后疼痛知识得分比较

| 组别 | | 人数（n）/人 | 得分（$\bar{\chi} \pm s$） | 最大值 | 最小值 | $t/F$ | $P$ |
|---|---|---|---|---|---|---|---|
| 性别 | 男 | 192 | 8.04 ± 2.179 | 12 | 1 | 1.509 | 0.132 |
| | 女 | 267 | 7.74 ± 1.980 | 12 | 2 | | |
| 年级 | 大一 | 70 | 7.70 ± 2.095 | 11 | 4 | 6.412 | 0.000 |
| | 大二 | 68 | 7.44 ± 2.010 | 11 | 2 | | |
| | 大三 | 71 | 7.68 ± 2.371 | 12 | 1 | | |
| | 大四 | 52 | 7.00 ± 2.376 | 12 | 3 | | |
| | 大五 | 198 | 8.36 ± 1.745 | 12 | 1 | | |
| 专业 | 临床医学 | 306 | 8.35 ± 1.742 | 12 | 3 | 6.791 | 0.000 |
| | 护理学 | 153 | 6.90 ± 2.325 | 12 | 1 | | |

表 3 – 2 – 6　大三、大五年级组间比较

| 年级 | 总答对率/% | 得分（$\bar{\chi} \pm s$） |
|---|---|---|
| 大三 | 64 | 7.68 ± 2.371 |
| 大五 | 69.7 | 8.36 ± 1.745 |
| $t$ | — | − 2.577 |
| $P$ | — | 0.011 |

### 3　调查对象的术后疼痛管理态度分析

### 3.1　对术后疼痛管理重要性的态度分析

只有对术后疼痛管理的重要性和必要性有充分认识，才能更好地投入相关工作和学习中去。本次问卷调查结果显示，有 83.66% 的调查对象认为处理术后疼痛与其他医疗护理内容同等重要，还有 16.34% 的调查对象认为处理术后疼痛的重要性低于其他医疗护理内容；在对术后疼痛患者采取有效镇痛措施是否必要这一问题上，90% 医学生表示有必要，仅 10% 学生认为不确定或没必要。另外，对是否有必要进行术后疼痛管理培训的看法上，91.50% 的调查对象均认为有必要进行培训，能够体现出他们对培训是直接、快速了解术后疼痛管理相关知识和操作的有效方式的认可。与患者以及患者

家属保持信息的对称和良好的沟通，直接影响了医护人员开展工作的顺利程度以及患者的满意度，故此，设置 2 个问题来观察调查对象是否具备相关意识。调查结果显示，有 94.80% 的被调查者认为对术后患者进行相关疼痛知识教育是有必要的，在是否争取家属支持以缓解患者术后疼痛这一看法上，持肯定态度的调查对象也超过了 95%，可以体现出绝大多数调查对象具备了相应的意识。详见表 3 – 2 – 7。

表 3 – 2 – 7　术后疼痛管理重要性态度分析

| 项目 | 选项 | 人数（占比/%） |
|---|---|---|
| 你是否觉得有必要进行关于术后疼痛管理的培训 | 非常必要 | 245（53.40） |
| | 必要 | 175（38.10） |
| | 不确定或没必要 | 39（8.50） |
| 你认为处理术后疼痛与其他医疗护理内容同等重要吗 | 同等重要 | 384（83.66） |
| | 不太重要 | 57（12.42） |
| | 不重要 | 18（3.92） |
| 你认为对术后疼痛患者采取有效的镇痛措施 | 非常必要 | 210（45.80） |
| | 必要 | 203（44.20） |
| | 不确定或没必要 | 46（10.00） |
| 你认为是否有必要对术后患者进行相关疼痛知识教育 | 非常必要 | 244（53.20） |
| | 必要 | 191（41.60） |
| | 不确定或没必要 | 24（5.2） |
| 你认为是否有必要争取家属支持以缓解患者术后疼痛 | 非常必要 | 235（51.20） |
| | 必要 | 202（44.00） |
| | 不确定或没必要 | 22（4.80） |

　　了解造成调查对象术后管理知识不足或欠缺的主要原因，是调查研究的重中之重，利于下一步工作的开展，并可通过提出有针对性的措施以改善相应的情况。调查结果显示，超 70% 的调查对象选择了缺少实践和专业培养缺少相关课程这 2 个因素，还有超过 50% 的学生表示自己学习过术后疼痛管理的知识却忘记了，另外有 34.64% 的调查对象选择了对术后疼痛管理不感兴趣，超 30% 的被调查者认为学校不够重视疼痛教育是主要原因。详见图 3 – 2 – 1。

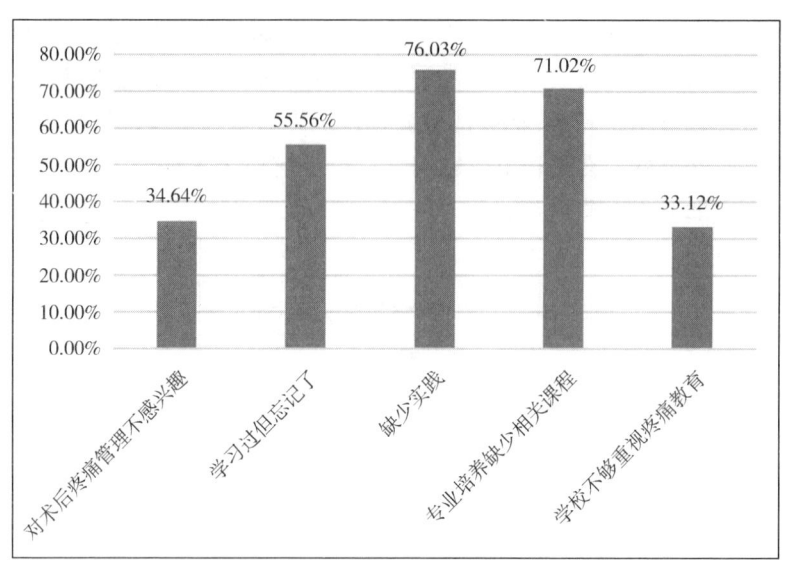

图 3 - 2 - 1　术后疼痛管理知识不足或欠缺的主要原因

### 3.2　对术后疼痛管理兴趣及用药的态度分析

本次调查结果显示，有 30.28% 的调查对象认为自己及周围的同学对术后疼痛一直很关注，44.66% 的被调查者表示偶尔关注，还有 25.05% 则表示不太关注术后疼痛。在对术后疼痛管理相关问题是否感兴趣这一问题上，有 78.90% 的调查对象表示出自己对术后疼痛管理有兴趣。另外，90% 以上的调查对象均表示，如果可以，他们愿意学习术后疼痛管理的相关知识，以期提升自己术后疼痛管理的能力。希望学校增加术后疼痛对机体的影响、术后疼痛评估、术后疼痛管理监测、常用镇痛药物、给药途径和给药方法以及生命教育、疼痛教育等六大方面教育教学均有超 60% 的调查对象选择，对术后疼痛评估的需求最高，其次分别是术后疼痛管理监测和常用镇痛药物，选择生命教育、疼痛教育等思想教育的略少于其他几方面。详见表 3 - 2 - 8、图 3 - 2 - 2。

在术后疼痛管理止痛药应用方面的调查中，有超过一半的调查对象认为术后疼痛控制不够的最常见原因是尽管医嘱开的止痛药和使用的止痛药剂量足够，但药物副作用严重，还有 30% 的调查对象认为是医嘱所开止痛药剂量不足所致。此外，在给病人使用止痛药会造成用药成瘾的担心程度以及止痛药成瘾影响用药决策这 2 个问题上，均有超过 70% 和 90% 调查对象选择了肯定答案，可以看出在校医学生在对止痛药的运用上还是十分谨慎的，但同时也势必会影响患者的疼痛控制质量。详见表 3 - 2 - 8。

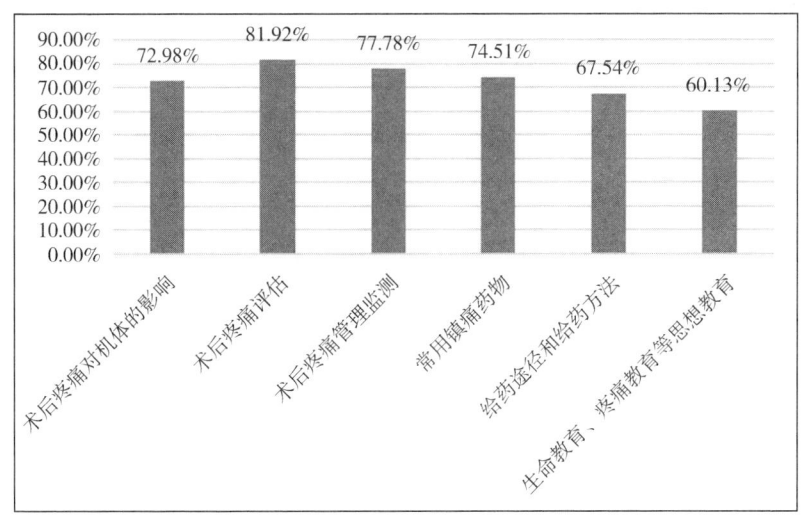

图 3-2-2　希望学校增加的讲授或实践内容

表 3-2-8　术后疼痛管理兴趣及用药的态度分析

| 项目 | 选项 | 人数（占比/%） |
|---|---|---|
| 你认为你及周围的同学对术后疼痛关注吗 | 一直很关注 | 139（30.28） |
| | 偶尔关注 | 205（44.66） |
| | 不太关注 | 115（25.05） |
| 你对术后疼痛管理的相关问题是否感兴趣 | 非常感兴趣 | 122（26.60） |
| | 感兴趣 | 240（52.30） |
| | 不太感兴趣 | 85（18.50） |
| | 不感兴趣 | 12（2.60） |
| 你认为术后疼痛控制不够的最常见原因是什么 | 医嘱所开止痛药剂量不足 | 159（34.60） |
| | 护士给病人使用止痛药的剂量不足 | 47（10.20） |
| | 尽管医嘱开的止痛药和使用的止痛药剂量足够，但药物副作用严重 | 253（55.10） |
| 你是否担心给病人使用止痛药会造成用药成瘾 | 十分担心 | 93（20.30） |
| | 担心 | 236（51.40） |
| | 不太担心 | 110（24.00） |
| | 不担心 | 20（4.40） |

表 3 - 2 - 8（续）

| 项目 | 选项 | 人数（占比/%） |
|---|---|---|
| 止痛药成瘾问题是否会影响你的用药决策 | 一定会 | 130（28.30） |
| | 可能会 | 288（62.80） |
| | 不会 | 41（8.90） |
| 如果可以，你是否愿意学习术后疼痛管理的相关知识 | 非常愿意 | 255（55.60） |
| | 愿意 | 176（38.30） |
| | 不太愿意 | 14（3.10） |
| | 不愿意 | 14（3.10） |

# 附　录　调查问卷

## 术后疼痛管理认知调查表

亲爱的同学：

你好！我们正在进行一项关于大学生对术后疼痛管理的认知状况调查，以探讨更系统、更科学、更合理的术后疼痛管理评价体系。请你根据你的基本认识逐题作答，本次调查采用匿名方式。感谢你的支持和合作，谢谢！

**第一部分　基本情况调查**

1. 你的性别：○男　　○女

2. 你的学历：○本科　　○研究生　　○博士

3. 你的年级：_____

4. 你的专业：○临床医学　　○护理学

**第二部分　术后疼痛管理认知调查**

5. 对术后疼痛这种急性疼痛而言，疼痛评估方法宜简单。

　　○对　　　　　　　　　○错

6. 大部分患者的术后疼痛是不可避免的，如不严重，无须处理。

　　○对　　　　　　　　　○错

7. 对于术后第二天的患者，评估休息时的疼痛比运动诱发的疼痛更重要。

　　○对　　　　　　　　　○错

8. 疼痛不应影响患者的深呼吸与咳痰，需同时评估患者静息痛和运动痛，镇痛强度应尽量满足患者术后早期活动的要求。

　　○对　　　　　　　　　○错

9. 麻醉药物/阿片类药物成瘾是一种慢性的神经生物学疾病，特征为下列1项或以上行为：失去对麻醉药物使用的控制力、不得不用药、明知药物有损于身体仍继续使用、上瘾。

　　○对　　　　　　　　　○错

10. 联合应用不同作用机制的镇痛药物（如联合应用阿片类和非甾体抗炎镇痛药物）可能能产生较好的镇痛效果，且比使用单一镇痛剂的药物副作用少。

○对　　　　　　　　○错

11. 静脉自控镇痛（PCIA）是利用 PCA 装置经静脉途径用药，操作容易，适用范围较广，但其是全身用药，副作用较高，镇痛效果逊于硬膜外患者自控镇痛。

○对　　　　　　　　○错

12. 对于短暂、剧烈、突发的疼痛，如创伤或手术后疼痛，阿片类药物的最佳给药途径是：

A. 静脉注射　　　B. 肌内注射　　　C. 皮下注射　　　D. 口服

E. 经直肠给药

13. 镇痛药物治疗术后疼痛的初始给药方式应该是：

A. 24 小时内按固定的方案给药

B. 仅在患者要求时给药

C. 仅在护士决定患者有中等及以上程度不适时

14. 术后常用镇痛药物不包括哪一项：

A. 对乙酰氨基酚　　　　　　　　B. NSAIDs 类抗炎镇痛药物

C. 阿片类镇痛药　　　　　　　　D. 解痉药

15. 患者刚做完手术后出现疼痛伴随寒战，使用下列哪种止痛药物最佳：

A. 凯纷　　　B. 曲马多　　　C. 特耐　　　D. 吗啡

16. 使用阿片类药物治疗术后疼痛，药物成瘾的发生率是：

A. <1%　　　B. 1%~5%　　　C. 6%~25%　　　D. >25%

## 第三部分　术后疼痛管理态度调查

17. 你认为你及周围的同学对术后疼痛关注吗？

A. 一直很关注　　　B. 偶尔关注　　　C. 不太关注

18. 你对术后疼痛管理的相关问题是否感兴趣？

○非常感兴趣　　　○感兴趣　　　○不太感兴趣　　　○不感兴趣

19. 你是否学习过与术后疼痛管理相关的课程或内容？

○学习过　　　○学习过但较少　　　○从未学习过

20. 你是否从专业书籍或学术期刊上获取过术后疼痛相关知识？

○是　　　　　　　　○否

21. 你是否参加过学校举办的相关活动或讲座？
    ○参加过　　　　○没参加过　　　　○学校未举办

22. 你对术后疼痛管理的认识主要来源于哪里？
    ○学校　　　　○书籍期刊　　　　○网络　　　　○临床实践
    ○其他

23. 你是否觉得有必要进行关于术后疼痛管理的培训？
    ○非常必要　　　○必要　　　　○不确定或没必要

24. 你是否到医院进行过见习或实习？
    ○是　　　　　○否

25. 见习或实习是否包含术后疼痛管理的内容？
    ○充分包含　　　○有包含但很少　　○几乎没有

26. 你觉得见习或实习中有关疼痛管理内容的时间是否充分？
    ○充分　　　　○一般　　　　○不充分

27. 你是否清楚进行疼痛强度和治疗效果评估的方法？
    ○非常清楚　　　○清楚　　　　○不太清楚　　　○不清楚

28. 你认为处理术后疼痛与其他医疗护理内容同等重要吗？
    ○同等重要　　　○不太重要　　　○不重要

29. 你是否了解手术后疼痛的管理模式和监测运作？
    ○非常了解　　　○了解　　　　○不太了解　　　○不了解

30. 你是否熟悉手术后镇痛原则和镇痛方法？
    ○非常熟悉　　　○熟悉　　　　○不太熟悉　　　○不熟悉

31. 你是否对术后常用镇痛药物有深入的了解？
    ○非常了解　　　○了解　　　　○不太了解　　　○不了解

32. 你认为对术后疼痛患者采取有效的镇痛措施
    ○非常必要　　　○必要　　　　○不确定或没必要

33. 你认为术后疼痛控制不够的最常见原因是什么？
    ○医嘱所开止痛药剂量不足
    ○护士给病人使用止痛药的剂量不足
    ○尽管医嘱开的止痛药和使用的止痛药剂量足够，但药物副作用严重

34. 你是否担心给病人使用止痛药会造成用药成瘾？
    ○十分担心　　　○担心　　　　○不太担心　　　○不担心

35. 止痛药成瘾问题是否会影响你的用药决策？
    ○一定会　　　　○可能会　　　　○不会

36. 你认为是否有必要对术后患者进行相关疼痛知识教育？
    ○非常必要　　　　○必要　　　　　　○不确定或没必要

37. 你认为是否有必要争取家属支持以缓解患者术后疼痛
    ○非常必要　　　　○必要　　　　　　○不确定或没必要

38. 你认为学校提供的疼痛教育是否充分？
    ○充分　　　　　　○一般　　　　　　○不充分

39. 你认为造成你术后疼痛管理知识不足或欠缺的主要原因是（多选）：
    ○对术后疼痛管理不感兴趣　　　　○学习过但忘记了
    ○缺少实践　　　　　　　　　　　○专业培养缺少相关课程
    ○学校不够重视疼痛教育

40. 你希望学校增加哪些内容的讲授或实践（多选）？
    ○术后疼痛对机体的影响　　　　　○术后疼痛评估
    ○术后疼痛管理监测　　　　　　　○常用镇痛药物
    ○给药途径和给药方法　　　　　　○生命教育、疼痛教育等思想教育

41. 如果可以，你是否愿意学习术后疼痛管理的相关知识？
    ○非常愿意　　　○愿意　　　　○不太愿意　　　○不愿意